高职高专机电一体化专业规划教材

U0325955

单片机原理与应用——基于可仿真的 STC15 系列

冯铁成　主　编

清华大学出版社

北　京

内 容 简 介

本书选用增强型 STC15W4K32S4 系列单片机进行讲解。第 1 章介绍单片机的基本结构和存储器结构；第 2 章介绍单片机中的数制及单片机开发平台；第 3 章介绍单片机的指令系统和汇编语言编程；第 4 章介绍 C51 语言语法规则和 C51 语言编程；第 5 章到第 13 章分别介绍单片机 I/O 口、中断、定时/计数器、串行口、ADC、PCA、EEPROM、PWM、SPI 等各功能模块的工作原理及应用实例。

本书可作为高等专科、高等职业院校计算机类、电子类、电气自动化及机械等专业教材，也可作为世界技能大赛、职业技能大赛、电子设计竞赛、电子设计工程师考证、职业技能鉴定的培训教材和单片机应用工程技术人员及单片机应用技术爱好者的参考书。

图书在版编目(CIP)数据

单片机原理与应用——基于可仿真的 STC15 系列/冯铁成主编. —北京：清华大学出版社，2019
(高职高专机电一体化专业规划教材)
ISBN 978-7-302-50887-8

Ⅰ.①单…　Ⅱ.①冯…　Ⅲ.①单片微型计算机—高等职业教育—教材　Ⅳ.①TP368.1

中国版本图书馆 CIP 数据核字(2018)第 189853 号

责任编辑：陈立静
装帧设计：王红强
责任校对：吴春华
责任印制：董　瑾
出版发行：清华大学出版社
　　　　　网　　　址：http://www.tup.com.cn, http://www.wqbook.com
　　　　　地　　　址：北京清华大学学研大厦 A 座　　　邮　　编：100084
　　　　　社 总 机：010-62770175　　　　　　　　邮　　购：010-62786544
　　　　　投稿与读者服务：010-62776969, c-service@tup.tsinghua.edu.cn
　　　　　质量反馈：010-62772015, zhiliang@tup.tsinghua.edu.cn
　　　　　课件下载：http://www.tup.com.cn, 010-62791865
印 装 者：三河市龙大印装有限公司
经　　销：全国新华书店
开　　本：185mm×260mm　　　印　　张：20.75　　　字　　数：498 千字
版　　次：2019 年 1 月第 1 版　　印　　次：2019 年 1 月第 1 次印刷
定　　价：58.00 元

产品编号：072369-01

前　言

"单片机应用技术"说得通俗些就是用单片机来解决实际问题。用单片机，就是"通过指令(使用单片机的存储器)经 I/O 口与外部电路相联系"，使用单片机实际上就是使用它的存储器。

要学好"单片机应用技术"这门课，首先要弄清楚单片机的资源，知道怎样使用这些资源；其次，要仔细研读、演练给出的实例，进一步理解、掌握单片机资源的使用；最后，由浅入深、先易后难地解决实际问题。所谓实际问题，是千变万化的，需要具体问题具体分析；所谓解决实际问题，实际上是单片机资源的综合应用，是一个系统工程。

51 系列单片机是以 MCS51 为内核的 8 位微控制器，不同厂家生产的不同型号的 51 系列单片机其硬件资源不尽相同，但指令系统相同，因此，掌握一种型号的单片机是充分和必要的，本书选用增强型 STC15W4K32S4 系列单片机进行讲解。

STC15W4K32S4 系列单片机是深圳宏晶科技有限公司最新研发生产的增强型 51 系列单片机，采用增强型 8051 内核，片内集成了中央处理器(CPU-8051 内核)、程序存储器(Flash)、数据存储器(SRAM)、非易失数据存储器(EEPROM)、I/O 口、中断系统、定时/计数器、UART 串口、高速 A/D 转换、捕获/比较单元(CCP/PWM/PCA)、增强型 PWM 输出、SPI 串行端口、硬件看门狗(WDT)、低功耗控制、片内高精度 R/C 振荡时钟及高可靠复位电路等资源，几乎包含了数据采集和控制中需要的所有单元模块，是名副其实的单片机(片上系统)，并具有在系统可编程(ISP)功能和在系统调试(ISD)仿真功能，可以省去价格较高的专门编程器，STC15W4K32S4 系列单片机是嵌入式低端应用系统的主流机型。

本书第 1 章介绍单片机的基本结构和存储器结构；第 2 章介绍单片机中的数制及单片机开发平台，都是单片机应用的基础；第 3 章详细介绍单片机的指令系统和汇编语言编程；第 4 章介绍 C51 语言语法规则和 C51 语言编程；第 5 章介绍单片机的 I/O 四种工作模式的结构及应用注意事项，通过几个应用实例介绍单片机应用系统中的"指示""显示"和"键盘"，这是单片机应用的重点。后续各章介绍单片机的其他功能模块，可以按教学课时节选。

本书主要特点如下。

(1) 全书以硬件资源介绍为基础，应用项目为驱动，突出实用，突出技能训练，突出工学结合。

(2) 本书将应用项目嵌入相关章节中，既突出了理论知识的实际应用，又兼顾了理论知识的系统性和完整性。

(3) 本书例题均按模块化设计，后续章节应用的电路和子程序(函数)多数能在前面例题中找到；提供的应用实例软硬件都经过实践验证。建议读者仔细研习，在日常学习与训练中创建自己的"文件夹"，积累单片机应用的实践经验。

(4) 全书各章均按基础理论、基本应用、应用项目的顺序编写，读者可根据需要选修。

(5) 本书中的实例以 STC15W4K32S4 为主体,内容也适用于其他 51 系列单片机。

为了进一步理解、掌握、使用单片机,作者设计了一块"学习电路板",书中给出的各"应用项目"的硬件电路和应用程序(汇编语言及 C51 语言)均在这块"学习电路板"上调试通过。

本书内容精练、实用、新颖,可作为高等专科、高等职业院校计算机类、电子类、电气自动化及机械等专业教材,也可作为世界技能大赛、职业技能大赛、电子设计竞赛、电子设计工程师考证、职业技能鉴定的培训教材和单片机应用工程技术人员及单片机应用技术爱好者的参考书。

本书由冯铁成担任主编,在编写过程中,还得到了复旦大学涂时亮教授、STC 姚永平总裁和宏晶科技同仁的大力支持和帮助,在此谨表示最诚挚的感谢!

由于作者水平有限,书中难免有错误和不妥之处,恳请读者批评指正。

编　者

目　录

第1章 单片机概述

学习目标：本章简单介绍了单片机的定义、发展，较详细地介绍单片机的基本结构，包括 STC15W4K32S4 系列单片机的封装、内部结构、CPU 结构、存储结构、时钟、复位及最小系统等概念。这是单片机最基本的硬件资源，所以，学习时要尽快熟悉并掌握它们。

知识要点：熟悉单片机结构，理解和掌握与应用有关的硬件资源，了解单片机最小系统的组成。

真正弄懂单片机的硬件结构和工作原理不是一件容易的事，也没有必要，但作为单片机用户，理解和掌握与应用有关的硬件资源是必要的。这些资源都是以 SFR(特殊功能寄存器)的形式体现的。硬件资源的 SFR 是软件编程的主要对象。

STC15W4K32S4 系列单片机是宏晶科技公司在 2014 年推出的 8 位增强型 51 系列单片机。与此前的 51 系列单片机相比，该系列单片机在性能上得到了很大的提高，因此，本书以 STC15W4K32S4 系列单片机为典范进行学习。

1.1 单片机的发展概况

1.1.1 什么是单片机

随着大规模集成电路的出现及发展，将计算机的 CPU、RAM、ROM、定时/计数器和多种 I/O 接口集成在一块半导体芯片上，形成了芯片级的计算机，因此单片机早期被称为单片微型计算机(Single Chip Microcomputer)，简称单片机，并被沿用至今。准确反映单片机本质的叫法应是微控制器(Microcontroller)。目前国外大多数厂家和学者已普遍改用 Microcontroller 一词，其缩写为 MCU(Microcontroller Unit)，以与 MPU(Microprocesser Unit)相对应。国内虽仍沿用单片机一词，但其含义应是 Microcontroller，而非 Microcomputer，这是因为单片机无论从功能还是从形态来说都是作为控制领域用计算机的要求而诞生的。

目前也有人根据单片机的结构和微电子设计特点将单片机称为嵌入式微处理器(Embedded Microprocesser)或嵌入式微控制器(Embedded Microcontroller)。本书仍沿用传统的叫法——单片机。

1.1.2 单片机的特点

一块单片机芯片就是一台计算机。由于这种特殊的结构形式，单片机在某些应用领域承担了大中型计算机和通用微型计算机无法完成的一些工作，进而使其具有很多显著的特性，也因此在各个领域都得到了迅猛发展和应用。单片机的特点可归纳为以下几点。

1. 具有优异的性能价格比

单片机的高性能低价格是其最显著的特点。单片机尽可能把应用所需要的存储器和各种功能的 I/O 口都集成在一块芯片内，使之成为名副其实的单片机。有的单片机为了提高速度和执行效率，开始采用 RISC(Reduced Instruction Set Computer，精简指令集计算机)流水线和 DSP(Digital Signal Processing，数字信号处理)设计技术，使单片机的性能明显优于同类型微处理器，有的单片机片内的 ROM 容量可达 64KB(B 为字节)，片内 RAM 容量可达 2KB，单片机的寻址已突破 64KB 的限制，八位和十六位单片机寻址可达 1MB 和 16MB。

单片机的另一个显著特点是量大面广，因此世界上各大单片机生产厂商在提高单片机性能的同时，进一步降低价格，性能和价格之比是各厂商竞争的主要策略。

> **知识链接** RISC 的特点是所有指令的格式都是一致的，所有指令的指令周期也是相同的，并且采用流水线技术。DSP 是利用计算机或专用处理设备，以数字形式对信号进行采集、变换、滤波、估值、增强、压缩、识别等处理，以得到符合人们需要的信号形式。

2. 集成度高，体积小，可靠性高

单片机把各功能部件集成在一块很小的芯片上，采用内部总线相连，易于屏蔽，大大提高了单片机的可靠性与抗干扰能力，适合在恶劣环境下工作。

3. 控制功能强

单片机虽体积小，却"五脏俱全"，具有丰富的指令系统，能高速地进行算术逻辑运算和位处理，非常适用于专门的控制用途。

4. 低电压，低功耗

大多数单片机都可在 2.2V 电压下工作，有的已能在 1.2V 电压或 0.9V 电压下工作，功耗降至微安级，极大地提高了单片机系统的工作寿命。

1.1.3 单片机的应用

单片机特点显著，因此用途也很广泛。

1. 在智能仪器仪表中的应用

这是单片机应用最活跃的领域之一。在各种仪器仪表中引入单片机，使仪器仪表智能化，提高测试的自动化程度和精度，简化仪器仪表的硬件结构，提高其性能价格比。

2. 在机电一体化中的应用

机电一体化是机械工业发展的方向，它集机械技术、微电子技术和计算机技术于一体，极大地提高了机械设备的功能。

3. 在实时过程控制中的应用

单片机广泛地用于工业过程控制、过程监测、航空航天、尖端武器、机器人系统等各种实时控制系统中，实现实时数据处理和控制，使系统保持最佳工作状态。

4. 在人类生活中的应用

当前的家电产品，如洗衣机、电冰箱、空调机、微波炉、电饭煲、音响及许多高级电子玩具，都使用单片机作为控制器，从而提高了家电产品的自动化程度，并增强了其功能。

5. 在其他方面的应用

单片机还广泛应用在办公自动化领域、汽车、通信、计算机外部设备等系统中。

1.1.4 单片机的发展

自诞生至今，单片机技术已走过了 30 多年的发展历程。从这 30 多年的发展历程可以看出，单片机技术的发展是以微处理器(MPU)技术及超大规模集成电路技术的发展为先导，以广泛的应用领域为动力，表现出较微处理器更具个性的发展趋势。目前，把单片机嵌入式系统和 Internet 连接已是一种趋势。

1. 单片机的发展阶段

单片机的发展大致经历了以下三个阶段。

(1) 单片机的初级阶段。单片机始于 20 世纪 70 年代中期，人们把 1978 年以前的单片机称为单片机的初级阶段。当时，美国的仙童公司(Fairchild)首先推出了第一款单片机 F-8。随后，Intel 公司推出了具有代表初级阶段单片机意义的 MCS-48 单片机。此阶段的单片机是 8 位机，有并行口，没有串行口，寻址范围小于 4KB。

(2) 单片机的中级(成熟)阶段。1978—1982 年，单片机的性能得到了很大发展，硬件结构日趋成熟，指令系统逐渐完善。最具代表意义的单片机就是 Intel 公司的 8051、Motorola 公司的 6801 以及 Zilog 公司的 Z8 等。这些单片机具有多级中断处理系统、16 位定时/计数器、串行端口。存储器寻址范围达 64KB，有些芯片还扩展了 A/D 转换接口。这一类单片机应用领域极其广泛，在我国工业控制领域和电子测量方面得到了广泛应用。

> **知识链接** 计算机存储信息的最小单位为位(bit，又称比特)。存储器中所包含存储单元的数量称为存储容量，其基本计量单位是字节(Byte，简称 B)，8 个二进制位称为 1 字节，此外还有 KB、MB、GB、TB 等，它们之间的换算关系是 1Byte=8bit，1KB=1024B，1MB=1024KB，1GB=1024MB，1TB=1024GB。通常所说的 8 位机是指计算机数据总线宽度为 8 位，所谓 8 位处理器就是一次只能处理 8 位，也就是 1 字节的数据。

(3) 单片机的高级(发展)阶段。1982 年以后，单片机的发展进入了高级阶段，这一时期的单片机的主要特征是速度越来越快，功能越来越强，品种越来越多。8 位机进入改良阶段，16 位机和 32 位机相继出现，8 位、16 位、32 位单片机共同发展。目前，单片机技术的发展以 8 位机和 32 位机为主。

2. 单片机技术的发展方向

随着单片机需求的发展，各生产厂商都在不断地改善单片机的功能，如提高运算速度，降低功耗，提高抗干扰能力和存储能力等。

Motorola 单片机使用了锁相环技术或内部倍频技术，使内部总线速度大大高于时钟产生的频率。

CMOS 工艺的单片机代替 NMOS 工艺单片机，使得功耗大幅度下降，随着超大规模集成电路技术由 3μm 工艺发展到 1.5μm、1.2μm、0.8μm、0.5μm 以及 0.35μm，进而实现 0.2μm 工艺，全静态设计都使功耗不断下降。有些厂商生产的单片机可在 1.8V 电压下以 50/48MIPS 全速工作，功耗约为 20mW。0.9V 供电的单片机已经问世。几乎所有的单片机都有 Wait、Stop 等省电运行方式。允许使用的电源电压范围也越来越宽，一般单片机都能在 3～6V 电压范围内工作，有的可用电池直接供电。

为了提高单片机系统的抗电磁干扰能力，使产品能适应恶劣的工作环境，满足电磁兼容性方面更高标准的要求，各单片机厂商在单片机内部电路中增加了抗 EMI(Electromagnetic Interference，电磁干扰)电路等措施。

过去的单片机存储器是以掩膜型为主的，现在推出的单片机不再使用掩膜型的，而是具有在线可编程功能的单片机，宏晶科技公司研发生产的 STC15W4K32S4 系列单片机可在线仿真，目前，可在线仿真的 STC15W4K32S4 系列单片机已被普遍使用。

1.2 单片机的封装和内部结构框图

STC15W4K32S4 系列单片机的主要性能如下。

- 增强型 8051CPU，单时钟/机器周期(1T)，速度比传统 8051 快 7～12 倍。
- 宽工作电压：2.5～5.5V。
- 内部集成高可靠复位电路，16 级可选复位门槛电压。
- 内部集成高精度 R/C 时钟(±0.3%)，频率 5MHz～35MHz 可选定。
- 低功耗设计：低速模式，空闲模式，掉电模式/停机模式。
- 在系统可编程/在应用可编程(ISP/IAP)，无须编程器/仿真器。
- 支持掉电唤醒功能。
- 片内集成 4096B 大容量数据存储器(片内 RAM)。
- 片内集成 16KB/32KB/40KB/48KB/56KB/60KB/63.5KB Flash 程序存储器(片内 ROM)。
- 片内集成大容量 EEPROM，擦写次数达 10 万次以上。

- 5 个 16 位可编程定时/计数器 T0/T1/T2/T3/T4。
- 8 通道 10 位高速 ADC。
- 2 通道捕获/比较单元(CCP/PWM)。
- 6 通道 15 位增强型 PWM。
- 1 路比较器。
- 6 路可编程时钟输出功能。
- 4 个完全独立的 UART 串口。
- 高速 SPI 串行通信端口。
- 兼容 8051 指令集，有硬件乘法/除法指令。
- 通用 I/O 口(62/46/42/38/30/26 个)，4 种工作模式可设定。
- 有 LQFP、QFN、SOP、SKDIP、PDIP 等封装形式。
- 硬件看门狗(WDT)。

1.2.1　封装和引脚功能

1. 单片机封装

STC15W4K32S4 系列单片机的封装形式有 LQFP64S、LQFP64L、QFN64、LQFP48、QFN48、LQFP44、PDIP40、LQFP32、SOP28、SKDIP28 等种类。各种封装形式的引脚定义如图 1-1 所示。

2. 单片机引脚功能

单片机的引脚可分为两大类，即主电源引脚和通用 I/O 引脚，有的 I/O 引脚必要时可设定成时钟引脚和控制引脚。

1)　主电源引脚 GND 和 VCC

GND：电源地。

VCC：主电源。STC15W4K32S4 系列单片机可接+2.5～+5.5V 电源。

2)　通用 I/O 口(62/46/42/38/30/26 个)

不同封装形式的 STC15W4K32S4 系列单片机的 I/O 口数量也不同，在这些 I/O 口中，有的可根据需要设置为特殊端口。(关于 I/O 口的结构和使用详见第 5 章)

不同封装形式(型号)的 STC15W4K32S4 单片机的片上资源不尽相同，可根据具体应用要求选择合适的型号。STC15W4K32S4 系列单片机选型一览表如表 1-1 所示。

1.2.2　内部结构

图 1-2 为 STC15W4K32S4 系列单片机的内部结构图，共分三部分：CPU、存储器和外围设备。图中以 SFR(特殊功能寄存器)的形式体现资源，硬件资源的 SFR 是软件编程的主要对象。

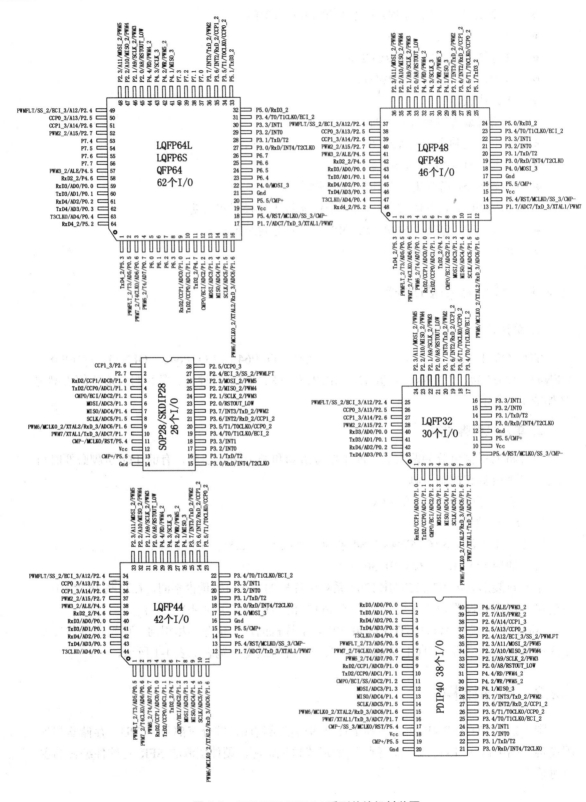

图 1-1　STC15W4K32S4 系列单片机封装图

表 1-1 STC15W4K32S4 系列单片机选型一览表

型 号	工作电压/V	程序存储器容量/KB	数据存储器容量/KB	串行口数	SPI	16位定时器	15位PWM10位CCP	掉电唤醒	10位A/D	看门狗	内置复位	EEPROM容量/KB	低压检测中断	复位门槛电压	支持USB下载
STC15W4K16S4	2.5～5.5	16	4	4	有	5	6-ch 2-ch	有	8-ch	有	有	42	有	16级	有
STC15W4K32S4	2.5～5.5	32	4	4	有	5	6-ch 2-ch	有	8-ch	有	有	26	有	16级	有
STC15W4K40S4	2.5～5.5	40	4	4	有	5	6-ch 2-ch	有	8-ch	有	有	18	有	16级	有
STC15W4K48S4	2.5～5.5	48	4	4	有	5	6-ch 2-ch	有	8-ch	有	有	10	有	16级	有
STC15W4K56S4	2.5～5.5	56	4	4	有	5	6-ch 2-ch	有	8-ch	有	有	2	有	16级	有
IAP15W4K58S4 可仿真	2.5～5.5	58	4	4	有	5	6-ch 2-ch	有	8-ch	有	有	IAP	有	16级	有
IAP15W4K61S4 可仿真	2.5～5.5	61	4	4	有	5	6-ch 2-ch	有	8-ch	有	有	IAP	有	16级	有
IRC15W4K63S4	2.5～5.5	63.5	4	4	有	5	6-ch 2-ch	有	8-ch	有	有	IAP	有	16级	否

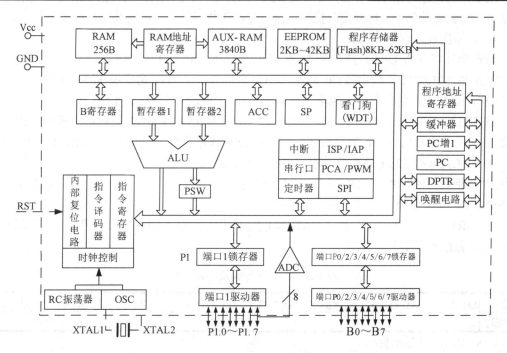

图 1-2 STC15W4K32S4 系列单片机内部结构图

单片机内部最核心的部分是 CPU，它是单片机的大脑和心脏。CPU 由控制器和运算器组成，其主要功能是产生各种控制信号，控制存储器、输入/输出端口的数据传送、数据的算术运算与逻辑运算以及位操作处理等。

1. 控制器

STC15W4K32S4 系列单片机控制器由程序计数器 PC(Program Counter)、数据指针寄存器 DPTR、指令寄存器、指令译码器、定时控制与条件转移逻辑电路等组成。它的功能是对来自程序存储器的程序指令进行译码，通过定时控制电路，在规定的时刻发出各种操作所需的全部(包括内部和外部的)控制信号，使各部分协调工作，完成指令所规定的功能。控制器各功能部件简述如下。

1) 程序计数器 PC

PC 是一个 16 位专用寄存器，用来存放下一条指令(程序经编译后产生的机器码存放在程序存储器中)的地址。它具有自动加 1 的功能。当 CPU 要取指令时，将 PC 的内容送到地址总线上，从程序存储器中取出指令后，PC 的内容则自动加 1，即指向下一条指令，以保证程序按顺序执行。

因为 PC 是一个 16 位寄存器，所以可寻址 64KB 程序存储器空间，地址范围为0000H～0FFFFH。单片机复位后，PC 的值为 0000H，因此程序是从 0000H 开始执行的。

2) 指令寄存器

指令寄存器是一个 8 位寄存器，用于暂存待执行的指令，等待译码。

3) 指令译码器

指令译码器是对指令寄存器中的指令进行译码，将指令转变为执行指令所需的电信号。根据译码器输出的信号，再经定时控制电路定时产生执行该指令所需要的各种控制信号。

4) 数据指针寄存器 DPTR

数据指针寄存器 DPTR 是一个 16 位专用寄存器，由 DPL(低 8 位)和 DPH(高 8 位)组成，地址是 82H(DPL，低字节)和 83H(DPH，高字节)。DPTR 是传统 8051 机中唯一可以直接进行 16 位操作的寄存器，也可分别对 DPL 和 DPH 按字节进行操作。

LQFP32、SOP32、SOP28、SKDIP28 封装的 STC15W4K32S4 系列单片机不能扩展外部数据总线，该系列单片机只设计了一个 16 位的数据指针。LQFP44、PDIP40、PLCC44封装的 STC15W4K32S4 系列单片机可以扩展外部数据总线，该系列单片机设计了两个 16位的数据指针 DPTR0 和 DPTR1。这两个数据指针共用同一个地址空间，可通过设置DPS/AUXR1.0 来选择具体被使用的数据指针。

AUXR1 被称为辅助寄存器 1，AUXR1 的字节地址为 A2H，不可位寻址，AUXR1 的结构及位名称如表 1-2 所示。

表 1-2　AUXR1 结构及位名称表

位号	AUXR1.7	AUXR1.6	AUXR1.5	AUXR1.4	AUXR1.3	AUXR1.2	AUXR1.1	AUXR1.0
位名称								DPS

注：DPS：DPTR 寄存器选择位。

　　0：选择 DPTR0 为数据指针寄存器；

　　1：选择 DPTR1 为数据指针寄存器。

2. 运算器

运算器由算术/逻辑运算部件 ALU(Arithmetic Logical Unit)、累加器 ACC、暂存器、程序状态字寄存器 PSW、BCD 码运算调整电路等组成。为了提高数据处理和位操作功能，片内增加了一个通用寄存器 B 和一些专用寄存器，还增加了位处理逻辑电路的功能。

1) 累加器 ACC

ACC 是一个 8 位寄存器，简称为 A，地址为 0E0H。它是 CPU 工作中使用最频繁的寄存器，用来存储一个操作数或中间结果。

2) 算术/逻辑运算部件 ALU

ALU 是由加法器和其他逻辑电路等组成的，它用于对数据进行算术四则运算、逻辑运算、移位操作、位操作等，运算结果的状态送 PSW。

3) 程序状态字寄存器 PSW

PSW 是一个 8 位的特殊功能寄存器，地址为 0D0H，用于存放程序运行中的各种状态信息，可位寻址。PSW 的结构、位名称和位地址如表 1-3 所示。

表 1-3 PSW 结构、位名称及位地址表

位　号	PSW.7	PSW.6	PSW.5	PSW.4	PSW.3	PSW.2	PSW.1	PSW.0
位名称	CY	AC	F0	RS1	RS0	OV	F1	P
位地址	D7H	D6H	D5H	D4H	D3H	D2H	D1H	D0H

① CY：进位标志。在进行加运算或减运算时，如果操作结果最高位有进位或借位时，CY 由硬件置 1，否则清 0。在进行位操作时，CY 又可以被认为是位累加器，它的作用相当于 CPU 中的累加器 A。

② AC：辅助进位标志。在进行加运算或减运算时，低四位向高四位产生进位或借位时，将由硬件置 1，否则清 0。AC 位可用于 BCD 码调整时的判断位。

③ F0：用户标志位。F0 由用户置位或复位。它可作为用户自行定义的一个状态标记。

④ RS1、RS0：工作寄存器组指针。RS1、RS0 用以选择 CPU 当前工作的寄存器组。STC15W4K32S4 系列单片机有 8 个工作寄存器 R0~R7，称作工作寄存器组，它对应片内 RAM 中的 8 个存储单元，用户用软件来改变 RS1、RS0 的组合，就能改变寄存器组与片内 RAM 存储单元的对应关系。RS1、RS0 与寄存器组的对应关系如表 1-4 所示。

表 1-4 RS1、RS0 与寄存器组的对应关系表

RS1	RS0	当前使用的工作寄存器组(R0~R7)
0	0	0 组(00H~07H)
0	1	1 组(08H~0FH)
1	0	2 组(10H~17H)
1	1	3 组(18H~1FH)

单片机复位后，PSW 的值为 00H，即 RS1、RS0=00，CPU 选中的是第 0 组的 8 个单元作为当前工作寄存器。根据需要，用户可以利用传送指令或位操作指令来改变其状态，这样的设置为程序中保护现场提供了方便。

⑤ OV：溢出标志。当进行算术运算时，如果产生溢出，则由硬件将 OV 位置 1，否则清 0。

当执行有符号数的加法指令 ADD 或减法指令 SUBB 时，当 D6 位向 D7 位进位或借位(即 $C_{6Y}=1$)，而 D7 位没向 CY 位进位或借位(即 $C_{7Y}=0$)时，或当 $C_{6Y}=0$，$C_{7Y}=1$ 时，OV=1，所以溢出的逻辑表达式为：

$$OV=C6Y \odot C7Y$$

溢出即结果超出了一个字长所能表示的数据范围。例如，有符号数字长为 8 位，最高位(D7)用于表示正负号，数据有效位为 7 位，能表示 -128～+127 之间的数，超出此范围即产生溢出。例：

```
MOV A,#84          ;常数84→A中
ADD A,#105         ;(A)+105→A中
NOP                ;空操作

    0 1 0 1 0 1 0 0      (+84)
+)  0 1 1 0 1 0 0 1      (+105)
  0 1 0 1 1 1 1 0 1      (+189)
```

CY =0，结果为负数产生了下溢出。

$$C_{6Y}=1，C_{7Y}=0，OV=C_{6Y} \odot C_{7Y}=1 \odot 0=1$$

在 STC15W4K32S4 系列单片机中，无符号数乘法指令 MUL 的执行结果也会影响溢出标志位。当置于累加器 A 和寄存器 B 中的两个乘数的积超过 255 时，OV=1，否则为 0，有溢出时积的高 8 位在 B 中，积的低 8 位在 A 中。因此，OV=0，积没有超出 255，B 中无高位积，意味着只要从 A 中取得乘积即可，否则要从 B、A 寄存器对中取得乘积。例：

```
MOV  A, #250       ;常数200→A中
MOV  B, #200       ;常数200→A中
MUL  AB            ;A*B，积的低8位存于A中，高8位存于B中
NOP
```

积超过 255，OV=1。

除法指令 DIV 也会影响溢出标志。当除数为 0 时，OV=1，否则为 0。例：

```
MOV  A, #120
MOV  B, #0
DIV  AB            ;A/B，商存于A中，余数存于B中
NOP
```

除数为 0，OV=1。

⑥ F1：用户标志位。F1 同 F0，此处不再赘述。

⑦ P：奇偶标志位。该位始终跟踪累加器 A 内容的奇偶性。如果 A 中有奇数个 1，则 P 置 1，否则置 0。凡是改变累加器 A 中内容的指令，均会影响 P 标志位。此标志位对串行通信中的数据传输有重要的意义。在串行通信中常采用奇偶校验的办法来校验数据传输的可靠性。

1.3 单片机的存储器结构

1.3.1 存储器的划分方法

STC15W4K32S4 系列单片机与一般微机的存储器配置方法大不相同。一般微机通常只有一个逻辑空间,可以随意安排 ROM 或 RAM。访问存储器时,同一地址对应唯一的存储单元,可以是 ROM 也可以是 RAM,并用同类指令访问。而 STC15W4K32S4 系列单片机的存储器配置在物理结构上有 4 个存储空间:片内程序存储器 ROM、片内数据存储器 EEPROM、片内数据存储器 RAM、片外数据存储器 RAM。对应 4 个存储器地址空间:64KB 的程序存储器 ROM 地址空间、若干容量的片内数据存储器 EEPROM 地址空间、256B 的片内数据存储器 RAM 地址空间和片内片外统一编址的 64KB 的数据存储器 RAM 地址空间。在访问不同逻辑空间时采用不同形式的指令。将程序存储器和数据存储器在物理上设计成两个独立空间的结构称为哈佛结构,如图 1-3 所示。

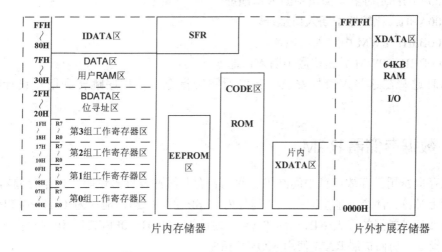

图 1-3 STC15W4K32S4 存储器地址空间

1.3.2 程序存储器 ROM

STC15W4K32S4 系列单片机程序存储器(CODE 区)用于存放编好的程序代码和表格常数。不同型号的 STC15W4K32S4 系列单片机内部集成的 Flash 程序存储器容量也不同,详见表 1-1。

STC15W4K32S4 系列的程序存储器中有 22 个单元地址具有特殊功能,具体如下所述。

- 0000H:STC15W4K32S4 系列单片机复位后,PC=0000H,即程序从 0000H 开始执行。
- 0003H:外部中断 0 中断入口地址。
- 000BH:定时器 0 溢出中断入口地址。
- 0013H:外部中断 1 中断入口地址。

- 001BH：定时器 1 溢出中断入口地址。
- 0023H：串行口 1 中断入口地址。
- 002BH：A/D 转换完成中断入口地址。
- 0033H：电源电压下降到低于 LVD 检测电压中断入口地址。
- 003BH：可编程计数阵列(PCA)中断入口地址。
- 0043H：串行口 2 中断入口地址。
- 004BH：同步串行口(SPI)中断入口地址。
- 0053H：外部中断 2 中断入口地址。
- 005BH：外部中断 3 中断入口地址。
- 0063H：定时器 2 溢出中断入口地址。
- 0083H：外部中断 4 中断入口地址。
- 008BH：串行口 3 中断入口地址。
- 0093H：串行口 4 中断入口地址。
- 009BH：定时器 3 溢出中断入口地址。
- 00A3H：定时器 4 溢出中断入口地址。
- 00ABH：比较器中断入口地址。
- 00B3H：PWM 中断入口地址。
- 00BBH：PWM 异常检测中断入口地址。

使用时通常在这些入口处安放一条绝对跳转指令，使程序跳转到用户设计的程序入口处。

1.3.3 数据存储器 RAM

数据存储器用于存放运算中间结果、数据暂存和缓冲、标志位等。数据存储器在物理上和逻辑上都分为两个地址空间：一个是片内 256B 的 RAM，地址为 00H～0FFH；另一个是片内或片外扩展的最大 64KB 的 RAM，地址为 0000H~-0FFFFH。访问片内 RAM 使用 MOV 指令，访问扩展 RAM 使用 MOVX 指令。

对扩展 RAM 通常采用间接寻址方式，用 R0、R1 和 DPTR 作为间址寄存器；前两者是 8 位地址指针，寻址范围为 256B，而 DPTR 是 16 位地址指针，寻址范围可达 64KB。

1. 片内数据存储器(内部 RAM)

片内数据存储器在物理上又可分为以下两个不同的区。

1) 00H～7FH(0～127)单元组成低 128B 的片内 RAM 区(DATA 区)

对其访问采用直接寻址或间接寻址的方式。

在低 128B RAM 中，00H～1FH 共 32 个单元通常作为工作寄存器区，共分为 4 组，每组由 8 个单元组成通用寄存器 R0～R7。表 1-5 为工作寄存器的地址表。每组寄存器均可选作 CPU 当前的工作寄存器，通过 PSW 状态字中 RS1、RS0 的设置来改变 CPU 当前使用的工作寄存器。CPU 复位后，选中第 0 组工作寄存器。若程序中并不需要 4 组，那么其余的可作为常见的数据缓冲器使用。

表 1-5　工作寄存器地址表

组号	RS1	RS0	R0	R1	R2	R3	R4	R5	R6	R7
0	0	0	00H	01H	02H	03H	04H	05H	06H	07H
1	0	1	08H	09H	0AH	0BH	0CH	0DH	0EH	0FH
2	1	0	10H	11H	12H	13H	14H	15H	16H	17H
3	1	1	18H	19H	1AH	1BH	1CH	1DH	1EH	1FH

低 128B 中的 20H～2FH 共 16 个字节(BDATA 区)，可用位寻址方式访问其各个位，共有 128 个位，位地址(位地址指的是某个二进制位的地址)为 00H～7FH，其分布见表 1-6。这些位单元可以构成布尔处理机的存储器空间，这种位寻址能力是 STC15W4K32S4 系列单片机的一个重要特点。

表 1-6　RAM 位地址区地址表

字节地址	B7	B6	B5	B4	B3	B2	B1	B0
2FH	7F	7E	7D	7C	7B	7A	79	78
2EH	77	76	75	74	73	72	71	70
2DH	6F	6E	6D	6C	6B	6A	69	68
2CH	67	66	65	64	63	62	61	60
2BH	5F	5E	5D	5C	5B	5A	59	58
2AH	57	56	55	54	53	52	51	50
29H	4F	4E	4D	4C	4B	4A	49	48
28H	47	46	45	44	43	42	41	40
27H	3F	3E	3D	3C	3B	3A	39	38
26H	37	36	35	34	33	32	31	30
25H	2F	2E	2D	2C	2B	2A	29	28
24H	27	26	25	24	23	22	21	20
23H	1F	1E	1D	1C	1B	1A	19	18
22H	17	16	15	14	13	12	11	10
21H	0F	0E	0D	0C	0B	0A	09	08
20H	07	06	05	04	03	02	01	00

低 128B 中的 30H～7FH 共 80 个单元为用户 RAM 区，作堆栈或数据缓冲。

2) 80H～FFH(128～255)单元组成高 128B 的片内 RAM 区(IDATA 区)

这 128B 为用户 RAM 区，作堆栈或数据缓冲，只能采用间接寻址方式。

2. 片内扩展数据存储器(内部扩展 RAM)

STC15W4K32S4 单片机片内除了集成 256B 的内部 RAM 外，还集成了 3840B 的扩展 RAM(XDATA 区)，地址范围是 0000H～0FFFH。访问内部扩展 RAM 的方法和传统 8051 单片机访问外部扩展 RAM 的方法相同，但是对"三总线"P0 口、P2 口、RD、WR 和 ALE 不影响。在汇编语言中，内部扩展 RAM 通过 MOVX 指令访问，即使用 MOVX @DPTR 或者 MOVX @Ri 指令访问。在 C 语言中，使用 xdata 声明存储类型即可，如 unsigned char xdata i=0；。

STC15W4K32S4 系列单片机内部扩展 RAM 是否可以访问，受特殊功能寄存器 AUXR(地址为 8EH)中的 EXTRAM 位控制。

AUXR 是辅助寄存器，地址为 8EH，不可位寻址，AUXR 的结构、位名称如表 1-7 所示。

表 1-7　AUXR 结构、位名称表

位号	AUXR.7	AUXR.6	AUXR.5	AUXR.4	AUXR.3	AUXR.2	AUXR.1	AUXR.0
位名称							EXTRAM	

EXTRAM：内部扩展 RAM 存取控制位。

0——内部扩展的 RAM 可以存取。STC15W4K32S4 系列单片机内部扩展 RAM (0000H~0FFFH)使用 MOVX @DPTR 指令访问，超过 0FFFH 的地址空间总是访问片外扩展数据存储器，MOVX @Ri 只能访问 00H~FFH 单元。

1——外部数据存储器存取。禁止访问内部扩展 RAM，此时 MOVX @DPTR/MOVX @Ri 的使用与普通 8051 单片机相同。

> **知识链接**　单片机应用程序可以用汇编语言编写，也可以用 C 语言编写。若用 C 语言编写单片机应用程序，在程序中出现的变量或数组，除定义其类型以外，还需指定其存放在单片机的哪种存储器中，具体的存储器空间用特定的标识符指定：程序存储器的标识符为"CODE"，低 128B 的片内 RAM 区的标识符为"DATA"，高 128B 的片内 RAM 区的标识符为"IDATA"，片内 RAM 中能够进行位操作的存储空间的标识符为"BDATA"，扩展 RAM 存储器的标识符为"XDATA"。

1.3.4　特殊功能寄存器 SFR

特殊功能寄存器(Special Function Register，SFR)是用来对片内各功能模块进行管理、控制和监视的控制寄存器和状态寄存器，是一个具有特殊功能的 RAM 区。STC15W4K32S4 系列单片机内的特殊功能寄存器与高 128B RAM 共用相同的地址范围，都使用 80H~FFH，特殊功能寄存器必须用直接寻址指令访问。

特殊功能寄存器并未占满 80H~FFH 整个地址空间，对空闲地址的操作是无意义的。若访问到空闲地址，则读入的是随机数。

要掌握的特殊功能寄存器如下。

1. ACC 寄存器

ACC 是 8051 单片机内部最常用的寄存器，也称作累加器，可写作 A。ACC 寄存器常用于存放参加算术或逻辑运算的操作数及运算结果。

2. B 寄存器

乘法指令的两个操作数分别取自 A 和 B，其结果存放在 BA 寄存器对中。B 存储积的高 8 位，A 存储积的低 8 位。除法指令中被除数取自 A，除数取自 B，商存放在 A 中，余数存放在 B 中。在其他指令中，B 可以作为 RAM 中的一个单元来使用。

3. 堆栈指针 SP

堆栈是一个特殊的存储区，用来暂存数据和地址，它是按后进先出的原则存取数据的。堆栈指针 SP 是一个特殊的寄存器，它指示出堆栈顶部在片内 RAM 中的位置。系统复位后，SP 初始化为 07H，使得堆栈实际上从 08H 单元开始。但 08H～1FH 单元分属于工作寄存器 1～3 区，若程序中要用到这些区，则最好把 SP 值改为 7FH 或更大，使堆栈占用高端 RAM 区。STC15W4K32S4 系列单片机的堆栈是向上生长的，即将数据压入堆栈后，SP 内容增大。

4. 程序状态字寄存器 PSW

其功能在 1.2.2 中已述，此处不再赘述。

5. 数据指针寄存器 DPTR

其功能在 1.2.2 中已述，此处不再赘述。

其他的特殊功能寄存器，将在以后各章节中再作介绍。

STC15W4K32S4 系列单片机的特殊功能寄存器的地址、名称及复位值如表 1-8 所示。

表 1-8　单片机特殊功能寄存器地址、名称及复位值表

地址 \ 复位值	0/8	1/9	2/A	3/B	4/C	5/D	6/E	7/F
0F8H	P7 1111,1111b	CH 0000,0000b	CCAP0H 0000,0000b	CCAP1H 0000,0000b	CCAP2H 0000,0000b			
0F0H	B 0000,0000b	PWMCFG 0000,0000b	PCA_PWM0 0000,0000b	PCA_PWM1 0000,0000b	PCA_PWM2 0000,0000b	PWMCR 0000,0000b	PWMIF 0000,0000b	PWMFDCR 0000,0000b
0E8H	P6 1111,1111b	CL 0000,0000b	CCAP0L 0000,0000b	CCAP1L 0000,0000b	CCAP2L 0000,0000b			
0E0H	ACC 0000,0000b	P7M1 0000,0000b	P7M0 0000,0000b				CMPCR1 0000,0000b	CMPCR2 0000,1001b
0D8H	CCON 0011,0000b	CMOD 0000,0000b	CCAPM0 0000,0000b	CCAPM1 0000,0000b	CCAPM2 0000,0000b			
0D0H	PSW 0000,0100b	T4T3M 0000,0000b	T4H RL_TH4 0000,0000b	T4L RL_TL4 0000,0000b	T3H RL_TH3 0000,0000b	T3L RL_TL3 0000,0000b	T2H RL_TH2 0000,0000b	T2L RL_TL2 0000,0000b
0C8H	P5 xx11,1111b	P5M1 xx00,0000b	P5M0 xx00,0000b	P6M1 0000,0000b	P6M0 0000,0000b	SPSTAT 00xx,xxxxb	SPCTL 0000,1100b	SPDAT 1111,1111b
0C0H	P4 1111,1111b	WDT_CONTR 0000,0000b	IAP_DATA 1111,1111b	IAP_ADDRH 0000,0000b	IAP_ADDRL 0000,0000b	IAP_CMD xxxx,xx00b	IAP_TRIG xxxx,xxxxb	IAP_CONTR 0000,0000b
0B8H	IP 0000,0000b	SADEN 0000,0000b	P_SW2 0000,0000b		ADC_CONTR 0000,0000b	ADC_RES 0000,0010b	ADC_RESL 0000,0000b	
0B0H	P3 1111,1111b	P3M1 1000,0000b	P3M0 0000,0000b	P4M1 0011,0100b	P4M0 0000,0000b	IP2 0000,0000b	IP2H 0000,0000b	IPH 0000,0000b
0A8H	IE 0000,0000b	SADDR 0000,0000b	WKTCL WKTCL_CN 11111111b	T WKTCH WKTCH_CN 01111111b	S3CON 0000,0000b	S3BUF xxxx,xxxxb		IE2 x000,0000b
0A0H	P2 1111,1111b	BUS_SPEED xxxx,xx10b	AUXR1 P_SW1 0000,0000b					
098H	SCON 0000,0000b	SBUF xxxx,xxxxb	S2CON 0000,0000b	S2BUF xxxx,xxxxb	P1ASF 0000,0000b			
090H	P1 1111,1111b	P1M1 1100,0000b	P1M0 0001,0001b	P0M1 1100,0000b	P0M0 0000,0000b	P2M1 1000,1110b	P2M0 0000,0000b	CLK_DIV PCON2 0000,0000b
088H	TCON 0000,0000b	TMOD 0000,0000b	TL0 RL_TL0 0000,0000b	TL1 RL_TL1 0000,0000b	TH0 RL_TH0 0000,0000b	TH1 RL_TH1 0000,0000b	AUXR 0000,0001b	INT_CLKO AUXR2 0000,0000b
080H	P0 1111,1111b	SP 0000,0111b	DPL 0000,0000b	DPH 0000,0000b	S4CON 0100,0000b	S2BUF xxxx,xxxxb		PCON 0011,0000b

1.3.5 片内集成电可擦写 ROM

STC15W4K32S4 系列单片机在片内集成了大容量的电可擦写 ROM(EEPROM，也写作 E^{2}PROM)，E^{2}PROM 与程序存储器空间是分开的，擦写次数在 10 万次以上。E^{2}PROM 分若干个扇区，每个扇区 512B，按扇区进行擦除操作。

E^{2}PROM 可用于保存一些在应用过程中需要修改并且要求掉电不丢失的数据或者参数。

1.4 单片机的时钟与复位

1.4.1 时钟

STC15W4K32S4 系列单片机有两个时钟源：内部 R/C 振荡时钟和外部晶体时钟。

1. 内部 R/C 振荡时钟

内部 R/C 振荡时钟在-40～+85℃范围内最大温飘为±1%，常温下温飘为±0.6‰，频率为 5MHz～35MHz，具体使用频率值在下载程序代码时设置，如图 1-4 所示。

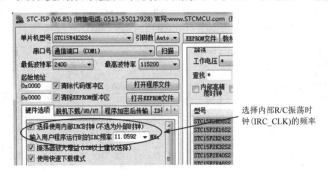

选择内部R/C振荡时钟(IRC_CLK)的频率

图 1-4 设置使用频率值

2. 外部晶体时钟

STC15W4K32S4 系列单片机的引脚 XTAL1(P1.7) 和 XTAL2(P1.6)两端跨接晶体或陶瓷谐振器就构成了稳定的自激振荡器，其发出的脉冲直接送入内部的时钟电路。外部振荡电路如图 1-5 所示。

当外接晶振时，C1 和 C2 值通常选择 30pF；外接陶瓷谐振器时，C1 和 C2 的典型值是 47pF。在设计印制电路板时，晶体或陶瓷谐振器和电容应尽可能安装

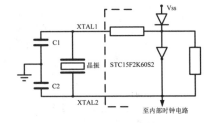

图 1-5 外部振荡电路

在单片机芯片附近，以减少寄生电容，保证振荡器稳定和可靠工作。为了提高温度稳定性，应采用 NPO 电容。C1、C2 对频率有微调作用，振荡频率范围是 1.1MHz～35MHz。

NPO 电容是一种常用的具有温度补偿特性的陶瓷电容器，它的填充介质是由铷、钐和其他一些稀有氧化物组成的，是电容量和介质损耗最稳定的电容器之一。

3. CPU 的系统时钟

CPU 是在系统时钟驱动下工作的，如果希望降低系统功耗，可对振荡时钟进行分频。利用时钟分频控制寄存器 CLK_DIV(PCON2) 可进行时钟分频，从而使单片机在较低频率下工作。

CLK_DIV 是时钟分频控制寄存器，地址为 97H，不可位寻址，CLK_DIV 的结构、与时钟分频有关的位名称如表 1-9 所示。

表 1-9　CLK_DIV 结构、位名称表

位号	CLK_DIV.7	CLK_DIV.6	CLK_DIV.5	CLK_DIV.4	CLK_DIV.3	CLK_DIV.2	CLK_DIV.1	CLK_DIV.0
位名称						CLKS2	CLKS1	CLKS0

CLKS2、CLKS1 和 CLKS0 为分频控制位，与系统工作时钟的关系如表 1-10 所示。

表 1-10　分频控制位与系统工作时钟关系表

CLKS2	CLKS1	CLKS0	分频后 CPU 的实际工作时钟(系统时钟)
0	0	0	振荡时钟/1，不分频
0	0	1	振荡时钟/2
0	1	0	振荡时钟/4
0	1	1	振荡时钟/8
1	0	0	振荡时钟/16
1	0	1	振荡时钟/32
1	1	0	振荡时钟/64
1	1	1	振荡时钟/128

STC15W4K32S4 系列单片机实际上是在系统时钟驱动下工作的，CPU 执行指令的一系列动作都是在时序电路控制下一拍一拍进行的，又由于指令字节数不同，操作数的寻址方式也不相同，故执行不同指令所需的时间差异较大。为了便于说明，按指令的执行过程规定了几种周期，即时钟周期、机器周期和指令周期。STC15W4K32S4 系列单片机是 1T 单片机，即时钟周期和机器周期是相等的。

1) 机器周期

计算机把执行一条指令的过程划分为若干阶段，每一个阶段完成一项规定操作，例如取指令、存储器读、存储器写等。完成某一个规定操作所需的时间称为一个机器周期。STC15W4K32S4 系列单片机的一个机器周期由一个系统时钟周期组成。

2) 指令周期

指令周期是执行一条指令所需要的时间，一般由若干个机器周期组成，不同的指令所需要的机器周期数也不相同。在取指令周期中，大部分指令取到 CPU 内即可立即执行，因此不再需要其他的机器周期；对于一些比较复杂的指令，如转移指令、乘除法指令等则需要两个以上的机器周期。

STC15W4K32S4 系列单片机系统时钟结构图如图 1-6 所示。

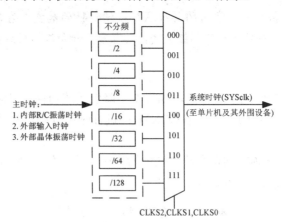

图 1-6 系统时钟结构图

1.4.2 复位

复位的目的是使 CPU 和系统中的其他部件处于一个确定的初始状态，并从这个状态开始工作。

STC15W4K32S4 系列单片机有 16 种复位方式：外部 RST 引脚复位、软件复位、掉电复位/上电复位(并可选择增加额外的复位延时 180ms，也叫 MAX810 专用复位电路，其实就是在上电复位后增加 180ms 的复位延时)、内部低压检测复位、MAX810 专用复位电路复位、看门狗复位等。

1. 外部 RST 引脚复位

外部 RST 引脚复位就是从外部向 RST 引脚施加一定宽度的复位脉冲，从而实现单片机的复位。P5.4/RST 管脚出厂时被配置为 I/O 口，要将其配置为复位管脚，可在 ISP 烧录程序时设置。如果 P5.4/RST 管脚已在 ISP 烧录程序时被设置为复位脚，那么 P5.4/RST 就是芯片复位的输入脚。将 RST 复位管脚拉高并维持至少 24 个时钟周期加 20μs 后，单片机会进入复位状态，将 RST 复位管脚拉回低电平后，单片机结束复位状态并将特殊功能寄存器 IAP_CONTR 中的 SWBS/IAP_CONTR.6 位置 1。若是"冷启动"复位，将从系统 ISP 监控程序区启动；若是"热启动"复位，从用户程序区的 0000H 处开始正常工作。

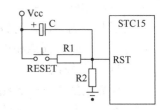

图 1-7 复位电路

单片机的外部 RST 引脚复位分上电自动复位和人工复位两种，图 1-7 为常用的复位电路。

上电复位是利用电容 C 充电来实现的。上电瞬间，RST/V_{PD} 端的电位与 Vcc 相同，随着充电电流的减少，RST 的电位逐渐下降。图 1-7 中的电阻 R2 是施密特触发器输入端的一个下拉电阻。上电复位所需的最短时间是 RST 复位管脚拉高并维持至少 24 个时钟周期加 20μs。在这个时间内，RST 复位管脚的电平应维持高于施密特触发器的下阈值。

按钮复位电路是按下复位按钮时，电源通过电阻 R1 和 R2 分压使 RST 端为高电平，同时对外接电容充电，复位按钮松开后，电容通过下拉电放电，逐渐使 RST 端恢复低电平。

在图 1-7 所示的复位电路中，电容 C 取 10μF，R2 取 5.1kΩ，R1 取 510Ω。

2. MAX810 专用复位电路复位

STC15W4K32S4 系列单片机内部集成了 MAX810 专用复位电路。若 MAX810 专用复位电路在 STC-ISP 编程器中被允许，则以后掉电复位/上电复位后将再产生约 180ms 复位延时，复位才能被解除。

1.4.3　单片机最小系统及制作流程

1. 单片机最小系统

STC15W4K32S4 系列单片机内部集成了 R/C 振荡时钟和 MAX810 专用复位电路，因此，只要芯片外接电源就构成 STC15W4K32S4 系列单片机最小应用系统(简称 STC15W4K32S4 系列单片机最小系统)，成为真正意义上的"单片机"，如图 1-8 所示。

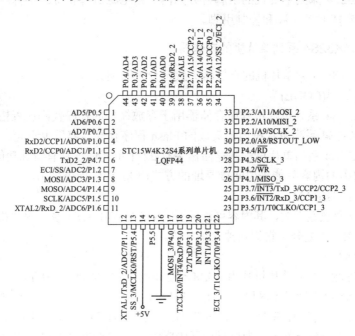

图 1-8　STC15W4K32S4 系列单片机最小应用系统原理图

由于资源有限，这种最小应用系统只能作一些小型的控制单元，其特点是有最多的 I/O 口可供用户使用。

2. 单片机最小系统的制作流程

(1) 在配套实验电路板上焊接 STC15W4K32S4 单片机(CPU)及两只电容(滤波电容)。

(2) 在配套实验电路板上焊接 SB1204、电阻、电容、LED 及按钮。

(3) 在配套实验电路板上焊接 CH340G 及配套的 12MHz 晶振、33pF 电容、10pF 电容、USB 口连接端子 J8、300Ω电阻和 IN60 二极管。

(4) 用万用表测试 Vcc 电源线与 GND，确保不短路。

(5) 用 USB 线连接电路板与计算机。

(6) 按下、松开按钮，观察现象并记录。

本 章 小 结

本章介绍了 STC15W4K32S4 系列单片机的基本硬件资源，包括封装引脚、CPU、存储器、时钟及复位。本章知识要点如下。

1. STC15W4K32S4 系列单片机的封装形式

STC15W4K32S4 系列单片机有多种封装形式，可根据需要选用。

2. STC15W4K32S4 系列单片机的引脚定义

STC15W4K32S4 系列单片机的引脚可分为两类：电源引脚和 I/O 引脚。在需要时，有的 I/O 引脚可设定成时钟引脚和控制引脚。

3. STC15W4K32S4 系列单片机的存储器

STC15W4K32S4 系列单片机的存储器大致可分为四类。

1) 程序存储器(CODE)

STC15W4K32S4 系列单片机程序存储器用于存放编好的程序代码和表格常数，不同型号的 STC15W4K32S4 系列单片机内部集成的 Flash 程序存储器容量也不同，详见表 1-1。

STC15W4K32S4 系列单片机程序存储器中有 22 个单元地址具有特殊功能。

程序存储器中的内容只能采用间接寻址的方式用 MOVC 指令读出。

2) 数据存储器(RAM)

RAM 是用来存放数据的，其内容可读可写。STC15W4K32S4 系列单片机的 RAM 有内部 RAM 和扩展 RAM 之分，它们是独立编址的。

(1) 片内 RAM。

STC15W4K32S4 系列单片机片内 RAM 有 256B，地址是 00H～0FFH。

低 128B(DATA)分为三个区段：00H～1FH，共 32 个单元，称作寄存器组区，8 个单元为一组，共四组，与工作寄存器 R0～R7 对应，至于对应哪一组，是由 RS1、RS0 指定的；20H～2FH，共 16 个单元，为位寻址区(BDATA)，每个字节 8 位，共 128 位，位地址为 00H～7FH，这是专为实现位控制(运算)而设计的区域；30H～7FH，共 80 个单元，为普通 RAM 区。当然，寄存器组区和位寻址区在没有特殊用途时，也可以作为普通 RAM 使用，系统默认堆栈就从 08H 单元开始。对低 128B 片内 RAM 的操作可用直接寻址或间接寻址方式用 MOV 指令实现。

高 128B(IDATA)只能作为普通 RAM 使用，其操作只能用间接寻址方式并用 MOV 指令实现。

(2) 扩展 RAM(XDATA)。

STC15W4K32S4 系列单片机扩展 RAM 有片内和片外之分，最多 64KB，地址是

0000H～0FFFFH。

STC15W4K32S4 系列单片机集成了 3840B 的扩展 RAM，地址范围是 0000H～0FFFH。访问内部扩展 RAM 的方法和传统 8051 单片机访问外部扩展 RAM 的方法相同，但是不影响 P0 口、P2 口、RD、WR 和 ALE；内部扩展 RAM 是否可以访问，受特殊功能寄存器 AUXR 中的 EXTRAM 位控制。EXTRAM=0 时允许访问内部扩展 RAM；EXTRAM=1 时则禁止访问内部扩展 RAM。

片内及片外扩展 RAM 中的内容只能采用间接寻址的方式并用 MOVX 指令访问。

3)　特殊功能寄存器(SFR)

本章介绍了 6 个特殊功能寄存器，它们是累加器 A、程序状态字寄存器 PSW、堆栈指针 SP、寄存器 B 和数据指针寄存器 DPTR(可分为 DPH 和 DPL)。其中要特别注意 PSW 各个位的含义并能熟练应用，其他 SFR 将在后续章节中加以介绍。

单片机资源都是以 SFR 的形式体现的，硬件资源的 SFR 是软件编程的主要对象，因此，熟悉并掌握 SFR 是至关重要的。

4)　片内集成电可擦写 ROM(EEPROM 或 E^2PROM)

STC15W4K32S4 系列单片机在片内集成了大容量的 E^2PROM，其与程序存储器空间是分开的，擦写次数在 10 万次以上。E^2PROM 分若干个扇区，每个扇区 512B，按扇区进行擦除操作。E^2PROM 可用于保存一些在应用过程中修改并且要求掉电不丢失的数据。

4. 时钟和时序

单片机是在时钟信号的驱动下工作的，STC15W4K32S4 系列单片机有两个时钟源：内部 R/C 振荡时钟和外部晶体时钟。

1)　内部 R/C 振荡时钟

内部 R/C 振荡时钟在-40～+85℃范围内最大温飘为±1%，常温下温飘为±0.6‰，频率为 5M～35MHz，具体使用频率值在下载程序代码时设置。

2)　外部晶体时钟

STC15W4K32S4 系列单片机的引脚 XTAL1(P1.7)和 XTAL2(P1.6)两端跨接晶体或陶瓷谐振器就构成了稳定的自激振荡器，其发出的脉冲直接送入内部的时钟电路。

时钟周期、机器周期和指令周期是三个关于时间的概念，读者要清楚它们的含义。

时序是指单片机及其外围电路的工作(动作)顺序，有了时序，单片机系统才能按指令有条不紊地工作，这是一个精确而又复杂的过程，读者应在应用过程中逐渐掌握。只有掌握了时序，才能更好地应用单片机。

5. 复位

复位的意义在于使单片机应用系统(其实也包括其他计算机系统)从一个确定的初始状态开始工作。对单片机应用系统而言，这个确定的初始状态包含以下两方面含义。

(1) 程序指针 PC 的值为 0000H，即复位后系统是从 ROM 的 0000H 单元开始执行程序的，也就是一定要将应用程序的第一条指令代码存放在 ROM 的 0000H 单元。

(2) SFR 有确定的初始值，即 I/O 口输出高电平，SP 的值为 07H(默认堆栈从 08H 单元开始)，其余 SFR 的值几乎均为 00H。

思考与练习

1. STC15W4K32S4 系列单片机内部有哪些功能部件？

2. STC15W4K32S4 系列单片机有哪些品种？结构有什么不同？

3. STC15W4K32S4 系列单片机的存储器可划为几个空间？各自的地址范围和容量是多少？在使用上有什么不同？

4. 在单片机内 RAM 中哪些字节有位地址？特殊功能寄存器 SFR 中哪些可以位寻址？

5. 程序存储器和数据存储器可以有相同的地址，而单片机在对这两个存储区的数据进行操作时不会发生错误，为什么？

6. 当外接振荡器时，STC15W4K32S4 系列单片机是如何使用 XTAL1、XTAL2 引脚的？ 画出电路图。

7. STC15W4K32S4 系列单片机的振荡周期、机器周期、指令周期是如何定义的？它们之间有什么关系？

8. 若单片机使用频率为 6MHz 的晶振，那么振荡周期、机器周期和单周期指令的指令周期分别是多少？

9. STC15W4K32S4 系列单片机为什么要复位？指出复位后 SFR、PC、内部 RAM 的状态。

10. STC15W4K32S4 系列单片机的程序存储器低端的几个特殊单元的用途是什么？

11. 若对片内 84H 进行读写操作，将产生什么结果？

第 2 章　单片机必备知识

学习要点：本章介绍了开发单片机系统所必备的知识，包括单片机的数制和码制、ISP 程序代码下载控制软件的使用方法及 Keil 集成调试软件应用基础，读者要熟记于心，以熟练使用。

知识目标：掌握单片机中的数制和码制，熟练使用 ISP 下载软件和 Keil 调试软件。

2.1　单片机的数制与码制

2.1.1　数制的概念

数制即进位计数制，是按进位原则进行计数的一种方法。在生产实践中，人们最常使用的是十进制数；由于计算机本身的硬件结构，在计算机中采用二进制数来表示和存储数据，但直接使用二进制数，位数较长，书写、阅读和记忆都很不方便，因此通常在计算机语言的表达形式上，常采用十六进制数。

在采用进位计数制中，使用的数可写成下述按权展开式：

$$N=a_{n-1}\times R^{n-1}+a_{n-2}\times R^{n-2}+\cdots+a_0\times R^0+a_{-1}\times R^{-1}+\cdots+a_{-m}\times R^{-m}$$

其中 a_i 可以是 $0\sim(R-1)$ 中任意一个数码；m、n 为正整数；R 为基数。当 R 取不同的数值时，N 为不同进制的数。

$R=10$ 就是十进制的表示形式，N 称为十进制数；

$R=2$ 就是二进制的表示形式，N 称为二进制数；

$R=16$ 就是十六进制的表示形式，N 称为十六进制数。

1. 数制

1）十进制

十进制数是人们最熟悉的一种数制，它的基数 R 为 10，数码为 0，1，2，3，4，5，6，7，8，9，进位规则是"逢十进一"。

例如，十进制数 4261.2 按权位展开可表示为：

$$4261.2=4\times10^3+2\times10^2+6\times10^1+1\times10^0+2\times10^{-1}$$

其中第一个"2"的权是 10^2，表示 200；小数点后的"2"的权是 10^{-1}，表示 0.2。

2）二进制

计算机采用二进制数，它的基数 R 为 2，只有 0 和 1 两个数字符号，进位规则是"逢二进一"。

例如，二进制数 $(1101.1)_2$ 按权位展开可表示为：

$$(1101.1)_2=1\times2^3+1\times2^2+0\times2^1+1\times2^0+1\times2^{-1}$$

3) 十六进制

十六进制数的基数 R 为 16，有效的数码是 0，1，2，3，4，5，6，7，8，9，A，B，C，D，E，F，其中 A，B，C，D，E，F 分别对应十进制的 10，11，12，13，14，15，进位规则为"逢十六进一"。

例如，十六进制 $(A80C.3E)_{16}$ 按权位展开可表示为：

$$(A80C.3E)_{16}=A\times16^3+8\times16^2+0\times16^1+C\times16^0+3\times16^{-1}+E\times16^{-2}$$

在表示数的时候，为了区分不同的数制，可在数的右下脚注明数制，或者在数的后面加一个字母，通常用 B(Binary)表示二进制，D(Decimal)表示十进制(十进制数通常不加字母)， H(Hexadecimal)表示十六进制。

十进制数、二进制数与十六进制数之间的对应关系如表 2-1 所示。

表 2-1　十进制数、二进制数与十六进制数的对应关系

十进制	二进制	十六进制	十进制	二进制	十六进制
0	0000	0	8	1000	8
1	0001	1	9	1001	9
2	0010	2	10	1010	A
3	0011	3	11	1011	B
4	0100	4	12	1100	C
5	0101	5	13	1101	D
6	0110	6	14	1110	E
7	0111	7	15	1111	F

2. 数制之间的转换

人们习惯的进制数是十进制数，而计算机内部唯一能识别的是二进制数，因此，各种数制之间的转换是单片机课程中很重要的内容。

1) 二进制数、十六进制数转换为十进制数

二进制数和十六进制数转换为十进制数的方法是：

将二进制数或十六进制数写成按权展开式，然后各项相加，则得相应的十进制数。

【例 2-1】 把二进制数 1011.101B 转换成十进制数。

$$1011.101B=1\times2^3+0\times2^2+1\times2^1+1\times2^0+1\times2^{-1}+0\times2^{-2}+1\times2^{-3}=11.625D$$

将十六进制数转换成十进制数的方法类似，只是将基数 2 换成 16 即可。

【例 2-2】 把十六进制数 0F3DH 转换成十进制数。

$$0F3DH=0\times16^3+F\times16^2+3\times16^1+D\times16^0=15\times256+3\times16+13\times1=3901D$$

2) 十进制数转换为二进制数

十进制数转换为二进制数时，其整数部分和小数部分是分别转换的，转换规律如下：十进制数的整数部分第一次除以 2 所得的余数，就是对应二进制数的"个"位；其商再除 2 所得的余数就是对应二进制数的"十"位，依此类推，即可获得对应二进制数的整数部分，这种方法称为"除 2 取余法"。

十进制数的小数部分乘以 2 所得的整数就是对应二进制数小数部分的小数点后第一位，乘积中的小数部分再乘以 2 所得的整数就是对应二进制小数部分的小数点后第二位，依此类推，即可得到对应二进制数的小数，这种方法称为"乘 2 取整法"。

【例 2-3】　把十进制数 14.625 转换成对应的二进制数。

整数部分的计算过程如下：

14 除以 2，商为 7，余数为 0，即二进制数的个位为 0；

7 除以 2，商为 3，余数为 1，即二进制数的十位为 1；

3 除以 2，商为 1，余数为 1，即二进制数的百位为 1，千位也为 1。

所以，整数 14 相当于二进制数 1110B。

小数部分的计算过程如下：

0.625×2=1.25，整数部分为 1，小数部分为 0.25，即小数点后第一位为 1；

0.25×2=0.5，整数部分为 0，小数部分为 0.5，即小数点后第二位为 0；

0.5×2=1.0，整数部分为 1，小数部分为 0.0，即小数点后第三位为 1。

所以，小数 0.625 相当于二进制数 0.101B。

因此，十进制数 14.625=1110.101B。

3）二进制数与十六进制数之间的相互转换

由于二进制数与十六进制数正好满足 2^4 关系，因此它们之间的转换十分方便。

把二进制数整数部分转换为十六进制数，方法是将整数部分从右(低位)向左(高位)每 4 位分为一组，最高位一组不足 4 位时在左边加 0，以凑成 4 位一组，每一组用一位十六进制数表示即可；把二进制数小数部分转换为十六进制数，方法是从小数点起从左至右将二进制数每 4 位分为一组，最低位一组不足 4 位时在右边加 0，以凑成 4 位一组，每一组用一位十六进制数表示。

【例 2-4】　将二进制数 1111000111.100101B 转换为十六进制数。

1111000111.100101B=001111000111.10010100B=3C7.94H

把十六进制数转换成为二进制数，只需用一个 4 位二进制数代替每一位十六进制数即可。

【例 2-5】　将十六进制数 2FB5H 转换成为二进制数。

2FB5H=0010111110110101B=10111110110101B

2.1.2　码制的概念

1. 计算机中数的表示

计算机中处理的数常常是带符号数，即有正数与负数之分。为便于计算机识别与处理，通常在数的最高位上用 0 表示正数，用 1 表示负数。在工程中常把用 "+" 或 "−" 表示的数叫真值(用十进制数表示)，而把二进制数表示的数称为机器数，若一个机器数的最高位是符号位，则称这个机器数为带符号的机器数(通常用 0 代表 "+"，用 1 代表 "−")。例如：

真值	机器数
+9(+1001B)	01001
−9(−1001B)	11001

一个带符号的机器数在计算机中可以有原码、反码和补码三种表示方法，由于补码表示法在加减运算中的优点，现在计算机中的带符号数都采用补码表示法。

1) 原码

带符号数中，最高位表示带符号数的正负，其余各位表示该数的绝对值，这种表示称为原码表示法。例如：

$$+74=+1001010B，[+74]_原=01001010B=4AH$$
$$-74=-1001010B，[-74]_原=11001010B=CAH$$

8 位二进制数的原码表示数的范围为-127～+127。

2) 反码

带符号数也可以用反码表示，仍规定最高位为符号位，反码与原码的关系如下。

正数的反码与原码相同，负数的反码是符号位不变，其余各位按位取反。例如：

$$+74=+1001010B，[+74]_反=01001010B=4AH$$
$$-74=-1001010B，[-74]_反=10110101B=B5H$$

8 位二进制数的反码表示数的范围为-127～+127。

3) 补码

在计算机中，带符号数并不用原码或反码表示，而是用补码表示的。补码仍然用最高位来表示符号位，正数的补码与反码、原码相同；负数的补码和原码的关系是符号位不变，其余各位按位求反后再加 1。例如：

$$+74=+1001010B，[+74]_补=01001010B=4AH$$
$$-74=-1001010B，[-74]_补=10110110B=B6H$$

计算机中所有带有符号的数均是以补码形式来存放的。对于 8 位二进制数来说，补码表示的范围为-128～+127(即 80H～FFH 对应-128～-1，00H～7FH 对应 0～+127)。

在进行程序调试时，常需要由一个数的补码来计算该数的真值。主要有以下两种方法。

(1) 由补码→反码→原码→真值。

如：在计算机中有一个有符号数为 E6H，其真值的求解方法为：

补码 E6H=11100110B→反码，11100101B→原码，10011010B→真值-26。

(2) 采用模的概念来计算补码的真值。

模就是一个计算机所能表示的最大的数，不同位数的计算机，其模各不相同。比如 8 位计算机，其所能表示的最大数为 $2^8=256=100H$，则称 100H 就是 8 位计算机的模；同样的，10000H 就是 16 位计算机的模。

了解了模的概念，就可以利用模来计算补码的真值。根据模的概念和补码的定义，可以有这样的结论：两个互为相反数的补码之和就等于它们的模。

如在 8 位计算机中，+5 和-5 是互为相反数的两个数，+5 的补码为 05H，-5 的补码为 FBH，它们的和为 05H+FBH=100H，因此，在实际应用中常采用模的概念来计算真值。

如：计算机中有一个带符号数为 E6H，则它所对应的相反数为 100H-E6H=1AH=26，因此可以得知 E6H 的真值就为-26。

在计算机中存储的一个数据可能就是无符号数，也有可能是有符号数，具体由编程者决定。如：在计算机中有一个数为 95H，若编程者认为它是无符号数，则它的值为 149；若编程者认为它是有符号数，则 95H 一定为补码，其真值为-107。

2. 二进制编码

由于计算机中的数是用二进制表示的，因而在计算机中表示的数、字母、符号等都要以特定的二进制数的组合来表示，称为二进制编码。

1) BCD 码

十进制数包含 0～9 这 10 个数码，表示这 10 个数可以用 4 位二进制数来表示，这种用 4 位二进制数表示的十进制数称为二进制编码的十进制数，简称 BCD 码(Binary Coded Decimal)。表 2-2 列出用 4 位二进制数编码表示 1 位十进制数较常用的 8421BCD 码。

表 2-2 8421BCD 码

十进制数	8421BCD 码	十进制数	8421BCD 码
0	0000B(0H)	5	0101B(5H)
1	0001B(1H)	6	0110B(6H)
2	0010B(2H)	7	0111B(7H)
3	0011B(3H)	8	1000B(8H)
4	0100B(4H)	9	1001B(9H)

例如：十进制数 7206.29 的 BCD 码是 0111001000000110.00101001BCD。

可见，十进制数与 BCD 码的转换是比较直观的，BCD 码与二进制数之间的转换是不直接的，要先将 BCD 码转换成十进制数才能再转换为二进制数；反之亦然。

【例 2-6】 用 BCD 码计算 47+78。

$$47D=01000111BCD，78D=01111000BCD$$

```
      0 1 0 0   0 1 1 1
   +) 0 1 1 1   1 0 0 0
      1 0 1 1   1 1 1 1
   +)           0 1 1 0 加6调整
      1 1 0 0   0 1 0 1
   +) 0 1 1 0           加6调整
    1 0 0 1 0   0 1 0 1
```

计算结果为 000100100101BCD=125D。

由此可见，两个 BCD 码相加，结果显然还应该是 BCD 码，它必须符合十进制数的"逢十进一"的进位原则，但是计算机只能做二进制运算，即低 4 位向高 4 位的进位原则"逢十六进一"，因此，当两个 BCD 码相加结果大于 9 时，并不会自然进位，而是出现意外的结果。为了得出正确的结果，必须人为再加 6(十六进制与十进制的进位差距 16-10=6)，以修正 BCD 码的进位。如例 1-6 中低 4 位相加得到 1111 后，人为再加 6 的方法，称为 BCD 码的"十进制调整"。

> **知识链接** 8421 码是 BCD 代码中最常用的一种编码方式。在这种编码方式中，每一位二进制值代码的 1 都代表一个固定数值，把每一位的 1 代表的十进制数加起来，得到的结果就是它所代表的十进制数码。由于代码中从左到右每一位的 1 分别表示 8，4，2，1，所以把这种代码叫作 8421 代码。每一位的 1 代表的十进制数称为这一位的权。8421 码中的每一位的权是固定不变的，它属于恒权代码。

2) ASCⅡ码

计算机使用的字符普遍采用美国标准信息交换码(American Standard Code for

Information Interchange)，简称 ASCⅡ。它是用 7 位二进制数码来表示的，所以它可以表示 128 个字符。用字节表示 ASCⅡ码时，最高位通常作 0 处理(除非另有规定，如作奇偶校验位)。常用的 ASCⅡ码如表 2-3 所示。

表 2-3　ASCⅡ码字符表

d3～d0	d6～d4							
	000	001	010	011	100	101	110	111
0000	NUL	DLE	SP	0	@	P	`	p
0001	SOH	DC1	!	1	A	Q	a	q
0010	STX	DC2	"	2	B	R	b	r
0011	ETX	DC3	#	3	C	S	c	s
0100	EOT	DC4	$	4	D	T	d	t
0101	ENQ	AND	%	5	E	U	e	u
0110	ACK	SYN	&	6	F	V	f	v
0111	BEL	ETB	'	7	G	W	g	w
1000	BS	CAN	(	8	H	X	h	z
1001	HT	EM	)	9	I	Y	i	y
1010	LF	SUB	*	:	J	Z	j	z
1011	VT	FSC	+	;	K	[	k	{
1100	FF	FS	,	<	L	\	L	|
1101	CR	GS	-	=	M	]	m	}
1110	SO	RS	。	>	N	^	n	～
1111	SI	US	/	?	O		o	DEL

2.2　下载编程烧录软件 ISP 的使用

2.2.1　ISP 程序窗口

STC-ISP 是一款针对 STC 系列单片机设计的下载编程烧录软件(以下简称 ISP 程序)，可到宏晶科技官方网站 www.stcmcu.com 下载。图 2-1 所示为 ISP 6.85 版本主窗口。

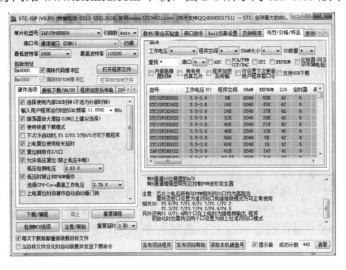

图 2-1　ISP 6.85 版本主窗口

2.2.2　ISP 程序的使用步骤

ISP 程序的使用步骤如图 2-2 所示。

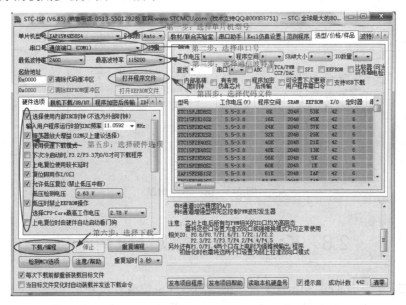

图 2-2　ISP 程序使用步骤

(1) 选择所使用的单片机型号，如 IAP15W4K58S4。

(2) 选择所使用的 RS232 串行口端口号，如 COM1、COM2 等。有的笔记本电脑可能没有 RS232 串行口，此时须加装 USB-RS232 转换器，其端口号可在硬件设备管理器中找到。

(3) 选择通信波特率上下限，一般取默认值即可。

(4) 打开文件，调入用户程序代码(*.bin 或*.hex)。

(5) 选择相关硬件选项。如选择系统时钟为内部 R/C 振荡时钟还是外部晶体时钟，若选用内部 R/C 振荡时钟，还须选择频率。

(6) 单击"下载/编程"或"重复编程"按钮后，给单片机系统上电，等待下载结束。

注意：若下载波特率上下限设定不合理、下载电缆连接不良或单击"下载/编程"或"重复编程"按钮后不是冷启动，都会导致下载不成功，必须严格按照上述步骤操作。

> **知识链接**　　冷启动是计算机的一种启动方式，就是切断计算机的电源后重新启动，一旦冷启动，单片机内部 RAM 的数据将全部丢失，并重新复位单片机。STC15W4K32S4 系列单片机中的"监控程序"只有在冷启动复位后才运行，因此，下载程序代码时一定要在单击"下载/编程"或"重复编程"按钮后给单片机系统上电。

2.2.3 ISP 下载电路

ISP 下载可以使用 RS232 串行口、RS485 串行口、USB 转串行口或 USB 口，下载电路有所不同，详见 www.stcmcu.com 说明资料。使用 USB 转串行口的下载电路如图 2-3 所示。

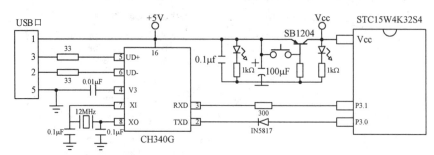

图 2-3 ISP 下载电路

2.3 Keil 集成调试软件应用基础

Keil C51 是美国 Keil Software 公司出品的单片机集成开发环境(Integrated Development Environment，IDE)，其有许多版本，对于 51 系列单片机开发，最常用的版本有 Keil μVision 2、Keil μVision 3 和 Keil μVision 4，这里简单介绍 Keil μVision 4 的使用方法。

2.3.1 安装 Keil μVision 4

要使用 Keil C51 软件，必须先安装，读者可到 Keil C51 的官方网站(https://www.keil.com/demo/eval/c51.htm)下载，在网页中填写个人资料就可下载免费版。此免费版有 2KB ROM 大小的限制，不过对于初学者而言，2KB ROM 的免费版就绰绰有余了。若在使用中程序代码超过 2KB ROM，就必须购买正式版了。

Keil μVision 4 的安装步骤如下。

(1) 运行 Keil μVision 4 安装软件，如图 2-4 所示。

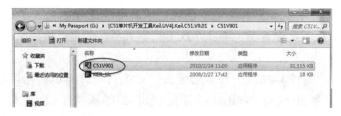

图 2-4 Keil μVision 4 安装步骤 1

(2) 在图 2-5 中单击 Next 按钮。

(3) 在图 2-6 中选中 I agree…复选框并单击 Next 按钮。

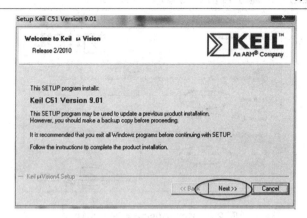

图 2-5　Keil μVision 4 安装步骤 2

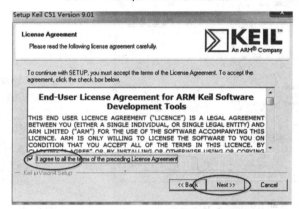

图 2-6　Keil μVision 4 安装步骤 3

(4) 选择安装路径，一般选择 C 盘，如图 2-7 所示，单击 Next 按钮。

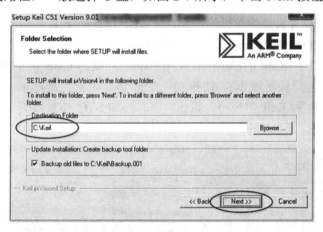

图 2-7　Keil μVision 4 安装步骤 4

(5) 如图 2-8 所示，在对话框中输入用户名及 Email 等信息，单击 Next 按钮，开始安装。

(6) 安装结束，如图 2-9 所示，单击 Finish 按钮，完成安装。

安装结束后，在桌面上自动添加如图 2-10 所示的 Keil μVision 4 图标。

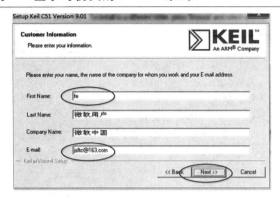

图 2-8　Keil μVision 4 安装步骤 5

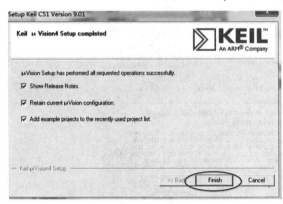

图 2-9　Keil μVision 4 安装步骤 6　　　　　　　图 2-10　Keil μVision 4 图标

2.3.2　添加 STCMCU 型号到 Keil μVision 4 中

由于 STC 系列单片机是新发展的芯片，在 Keil μVision 设备库中找不到 STC 系列单片机，因此用户必须在 Keil μVision 设备库中增加 STC 型号 MCU，步骤如下。

(1) 在已经安装了 Keil 的 μVision 2、μVision 3 或 μVision 4 的前提下，打开 STC-ISP(V6.85)(尽可能选择较新版本)，切换到"Keil 仿真设置"选项卡，单击该选项卡中的"添加型号和头文件到 Keil 中……"按钮，同时添加 STC 仿真器驱动到 Keil，如图 2-11 所示。

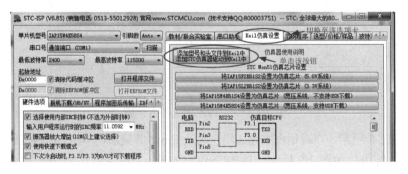

图 2-11　添加 STCMCU 型号到 Keil 中

(2) 在弹出的图 2-12(a)所示的"浏览文件夹"对话框中选择 Keil 安装目录(一般为"C:\Keil"),然后单击"确定"按钮,这样就将 STCMCU 型号、头文件和 STC 仿真驱动成功添加到 Keil 中了,如图 2-12(b)所示。

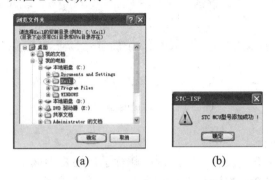

(a)   (b)

图 2-12 成功添加 STCMCU 型号

STCMCU 型号、头文件和 STC 仿真驱动安装成功后,会在 Keil 文件夹下看到如图 2-13 所示的文件。

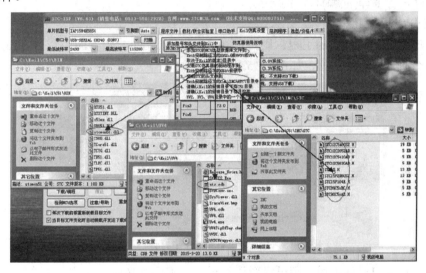

图 2-13 STC 仿真驱动文件

2.3.3 Keil μVision 4 的使用

Keil μVision 4 的使用主要包括新建项目、项目设置和编辑、编译、调试应用程序等,详述如下。

1. 启动 Keil μVision 4

Keil 软件启动后,程序窗口的左边有一个工程管理窗格,该窗格中有 4 个标签,分别是 Project、Books、Functions 和 Templates。这 4 个标签分别显示当前项目的文件结构、CPU 的寄存器及部分特殊功能寄存器的值(调试时才出现)和所选 CPU 的附加说明文件。如果是第一次启动 Keil,那么这 4 个标签全是空的,如图 2-14 所示。

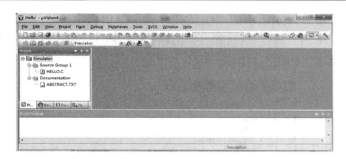

图 2-14 Keil μVision 4 主界面

2. 工程

在项目开发中，并不是仅有一个源程序就行了，还要为这个项目选择 CPU(Keil 支持数百种 CPU，而这些 CPU 的特性并不完全相同)，确定编译、汇编、连接的参数，指定调试的方式，有一些项目还会包含多个文件等，为方便管理和使用，Keil 使用工程(Project)这一概念，将这些参数设置和所需的所有文件都加在一个工程中。只能对工程而不能对单一的源程序进行编译(汇编)和连接等操作。

1) 打开或新建工程

若用户已经建有自己的工程，则可以在 Keil μVision 4 主界面中选择 Project→Open Project 命令打开已有的工程，如图 2-15 所示。

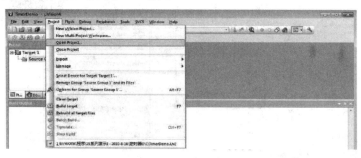

图 2-15 在 Keil μVision 4 中打开已有工程

若用户没有自己的工程，则可以新建工程。在 Keil μVision 4 主界面中选择 Project→New μVision Project 命令新建工程，如图 2-16 所示。

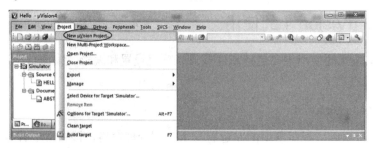

图 2-16 在 Keil μVision 4 中新建工程

在弹出的对话框中选择新建工程要保存的路径和工程名称，如：保存路径为

D:\Demo，工程名为 Demo，单击"保存"按钮即可。Keil μVision 4 的工程文件扩展名默认为.uvproj，如图 2-17 所示。

图 2-17 在 Keil μVision 4 中新建工程 Demo

2) 选择 MCU 型号

保存工程后，会弹出 Select a CPU Data Base File(选择 CPU 数据库文件)对话框，如图 2-18(a)所示；因之前已经将 STCMCU 型号添加到 Keil μVision 4 的设备库中，单击图 2-18(a)中下拉列表框右侧的下拉按钮，在弹出的下拉列表中可以选择 Generic CPU Database(通用 CPU 数据库)或 STC MCU Database(STC MCU 数据库)，如图 2-18(b)所示；这里选择 STC MCU Database(STC MCU 数据库)，单击 OK 按钮，如图 2-18(c)所示；弹出 Select Device for Target 对话框，如图 2-18(d)所示，在左侧的数据库列表框中选择自己所使用的具体单片机型号，如 STC15W4K32S4，单击 OK 按钮。

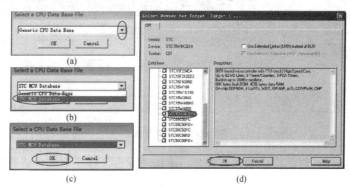

图 2-18 在工程中添加 MCU 型号

3) 添加启动文件

型号确定后，Keil 会弹出如图 2-19 所示的对话框，问是否要将启动代码文件(STARTUP.51)添加到工程中，一般单击"是"按钮(也可以单击"否"按钮)。

图 2-19 添加启动文件

至此，基本的工程文件就建好了。

3. 文件

工程建好后，就要开始编写应用程序(源代码文件)。

1) 打开或新建文件

若已有编写好的源代码文件，则在 Keil μVision 4 主界面中选择 FileOpen 命令，查找源代码文件并打开；若要新建源代码文件，则在 Keil μVision 4 主界面中选择 File→New 命令，如图 2-20 所示。

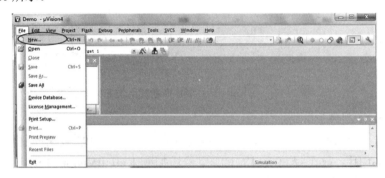

图 2-20　新建源代码文件

在源代码编辑框中输入相应的源代码，然后选择 File→Save 命令，如图 2-21 所示。

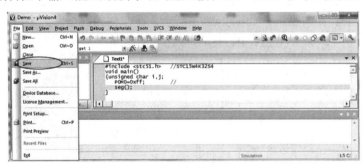

图 2-21　保存文件

在弹出的 Save As 对话框中输入文件名，单击"保存"按钮对文件进行保存，如图 2-22 所示。

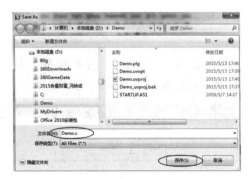

图 2-22　Save As 对话框

2) 将源代码文件添加到工程

源代码文件保存完成后，在 Project 选项卡中单击 Target 1 前面的+号，然后在 Source Group 1 项上单击鼠标右键，在出现的快捷菜单中选择 Add Files to Group 'Source Group 1' 命令，如图 2-23 所示。

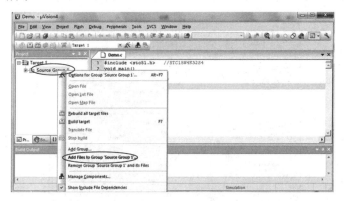

图 2-23　执行添加源代码文件的命令

在图 2-24 所示的对话框中，选择刚才保存的源代码文件，单击 Add 按钮，将源代码文件添加到工程中，单击 Close 按钮关闭对话框。

图 2-24　选择源代码文件

此时可以看到在工程列表中已经多了刚才添加的源代码文件，如图 2-25 所示。

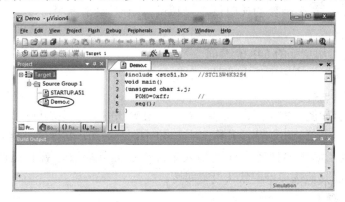

图 2-25　添加的源代码文件

4. 工程设置

工程建立好以后，还要对工程进行进一步的设置，以满足要求。

按 Alt+F7 快捷键或者选择 Project→Options for Target 'Target 1'命令或者单击快捷按钮 进入 Options for Target 'Target 1' 目标硬件环境设置对话框，如图 2-26 所示。Options for Target 'Target 1'对话框有多个选项卡，用于设备(Device)选择、目标(Target)属性、输出 (Output)属性、C51 编译器属性、A51 编译器属性、调试(Debug)属性等的设置。

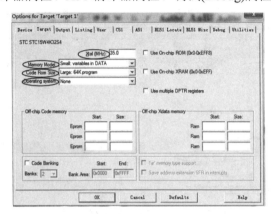

图 2-26　目标硬件环境设置对话框

下面对部分选项设置进行介绍。

(1) Target 选项卡。

Xtal 选项用于设置晶振频率值，默认值是所选目标 CPU 的最高可用频率值，该值与最终产生的目标代码无关。

Memory Model 选项用于设置 RAM 的使用情况，其下拉列表中有三个选项供选择。

● Small：所有变量都在单片机的内部 RAM 中。

● Compact：可以使用一页(256B)外部扩展 RAM。

● Large：可以使用全部的外部扩展 RAM。

Code Rom Size 选项用于设置 ROM 空间的使用，同样也有三个选项供选择。

● Small：只用低于 2KB 的程序空间。

● Compact：单个函数的代码量不能超过 2KB，整个程序可以使用 64KB 的程序空间。

● Large：可用全部的 64KB 空间。

这些选项必须根据所用硬件来设置，在本书实例中均不重新选择，按默认值设置。

(2) Output 选项卡。

Output 选项卡如图 2-27 所示，其中，Creat HEX file 用于生成可执行代码文件，该文件可以用编程器写入单片机芯片，其格式为 Intel HEX 格式，文件的扩展名为.HEX，默认不选中该复选框，如果要把程序代码写入单片机做硬件实验，就必须选中该复选框。Output 选项卡中的其他选项保留默认设置即可。

(3) Listing 选项卡。

在汇编或编译完成后将产生*.lst 格式的列表文件，在连接完成后也将产生*.m51 格式的列表文件，该选项卡用于对列表文件的内容和形式进行细致的调节，其中比较常用的选项是"C Compiler Listing"下的"Assembly Code"复选框，如图 2-28 所示。选中该复选框后就可以在列表文件中生成 C 语言源程序所对应的汇编代码，建议会使用汇编语言的 C51 初学者选中该复选框，在编译完成后多观察相应的 List 文件，查看 C51 源代码与对应的汇编代码，这对于提高 C51 语言编程能力大有好处。

图 2-27　Output 选项卡

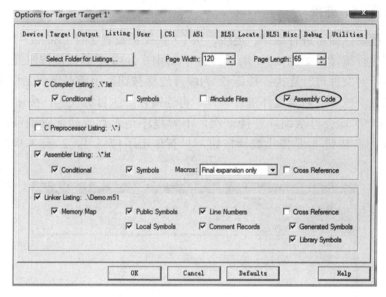

图 2-28　Listing 选项卡

(4) C51 选项卡。

该选项卡用于对 Keil 的 C51 编译器的编译过程进行控制，其中比较常用的是 Code Optimization 选项组，如图 2-29 所示。其中，Level 下拉列表框用于设置优化等级，C51 在对源程序进行编译时，可以对代码进行 9 级优化，默认使用第 8 级，一般采用默认值即可，如果在编译中出现问题，可以降低优化级别试一试；Emphasis 下拉列表框用于设置编译优先方式，第一项是代码量优化(最终生成的代码量小)；第二项是速度优先(最终生成的代码速度快)；第三项是默认选项，默认采用速度优先，可根据需要更改。

(5) Debug 选项卡。

该选项卡用于设置调试器。Keil 提供了仿真器和一些硬件调试方法，如果没有相应的硬件调试器，应选择 Use Simulator，其余设置一般不必更改，有关该选项卡的详细情况将在程序调试部分再详细介绍。

在实际应用中，工程设置要具体问题具体分析。

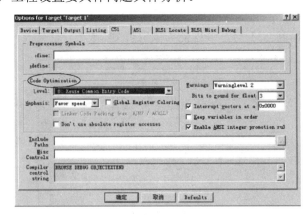

图 2-29　C51 选项卡

5. 工程的编译、连接

设置好工程后，即可进行编译、连接。按 F7 快捷键或者选择 Project→Build Target 命令对当前工程进行编译，如图 2-30 所示。也可以用图 2-30 中的快捷按钮操作：按钮 1 为编译按钮，但不对文件进行连接；按钮 2 为编译连接按钮，用于对当前工程进行连接，若当前文件已修改，软件会对该文件进行编译，再连接以产生目标代码；按钮 3 是重新编译按钮，每单击一次均会再次编译连接一次，不管程序是否有改动，以确保最终产生的目标代码是最新的；按钮 4 是停止编译按钮，只有单击了按钮 1、2 或 3 中的一个该按钮才有效。

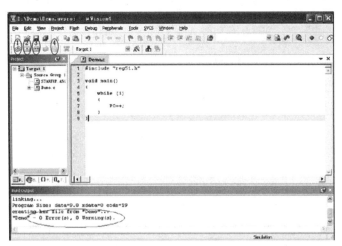

图 2-30　工程编译界面

编译过程中的信息将出现在 Build Output 窗口中，如果源程序中有语法错误，会有错误报告出现。双击错误提示行，可以定位到出错的位置，对源程序修改之后再次编译，最终得到如图 2-30 所示的结果，提示获得了名为 Demo.hex 的文件。该文件即可通过 ISP 下载软件写到芯片中(也可以被编程器读入并写到芯片中)，同时还可看到，该程序的代码量(code=19)，内部 RAM 的使用量(data=9)，外部 RAM 的使用量(xdata=0)等信息。除此之外，编译、连接还产生了一些其他的文件，可用于 Keil 的仿真与调试。

6. 程序调试

成功地对工程进行汇编连接，仅仅代表源程序没有语法错误，对于源程序中可能存在的其他错误，必须通过调试才能发现并解决。事实上，除了极简单的程序以外，绝大部分的程序都要通过反复调试才能得到正确的结果，因此，调试是软件开发中的一个重要环节。

按 Ctrl+F5 快捷键，或者使用菜单命令 Debug→Start/Stop Debug Session，或者单击软件菜单栏下面的快捷按钮 🔍，即可进入调试状态。Keil 内建了一个仿真 CPU 用来模拟执行程序，该仿真 CPU 功能强大，可以在没有硬件和仿真机的情况下进行程序的调试。

进入调试状态后的界面与编辑状态相比有明显的变化，即 Debug 菜单中原来不能用的命令现在已可以使用了，工具栏中也会多出一个用于调试工具条，如图 2-31 所示。Debug 菜单中的大部分命令都可以在此找到对应的快捷按钮，这些快捷按钮的名称从左到右依次是复位、运行、暂停、单步、过程单步、执行完当前子程序、运行到当前行、下一状态、打开跟踪、观察跟踪、反汇编窗口、观察窗口、代码作用范围分析、1＃串行窗口、内存窗口、性能分析、工具按钮等。

图 2-31 调试工具条

关于 Keil μVision 4 程序调试和硬件仿真的使用，参见后续相关章节或查阅相关资料。

本 章 小 结

本章介绍了学习和应用单片机所必备的基础知识，读者务必熟练掌握。本章知识要点如下。

(1) 探讨了单片机的定义，简单介绍了单片机的特点、用途和发展，并通过一个简单例子说明了单片机应用系统的开发过程，以使读者对单片机及其应用有粗略的认识。

(2) 较详细地讨论了单片机中使用的数，包括数制和码制。

数制是指二进制数、八进制数、十进制数和十六进制数，单片机中用得最多的是十进制数和十六进制数(二进制数)，读者要能熟练地进行相互转换。实际上，单片机只"认识"二进制数，其他的数制都是为了符合人们的习惯或书写方便。

码制是指 BCD 码和 ASCII 码，在单片机中用得较多的是 BCD 码，要掌握压缩 BCD 码和非压缩 BCD 码的存放形式。

(3) 介绍了 ISP 软件的使用方法，在后面的应用实例中要将应用程序代码下载，这是单片机应用系统开发所必经的一步，请读者一定要掌握其使用方法。

(4) 简单介绍了 Keil μVision 软件的使用，这也是单片机应用系统开发所必需的，读者可以在后面的应用实例中逐步掌握其使用方法。

思考与练习

1. 数在单片机中是怎样存放的？

2. 在单片机应用程序中，如何对所使用的二进制数、十进制数和十六进制数进行区别？

3. 原码、反码、补码是怎样定义的？

4. 在单片机中，"加法"运算是怎样进行的？"减法"运算又是如何实现的？

5. 对压缩 BCD 码进行运算时要注意什么？

6. 简述 ISP 软件的使用步骤。

7. 简述 Keil μVision 4 软件的使用步骤。

第3章 单片机指令系统

学习要点： 本章简单介绍了汇编指令的基本概念以及汇编程序寻址方式，详细介绍了单片机的 111 条汇编指令，通过实例介绍了应用汇编指令编写应用程序的思路和方法。这些例程将会应用在后面章节的应用系统中，希望读者仔细研读，认真积累。

知识目标： 熟悉与指令相关的基本概念，理解和掌握 111 条指令，了解单片机应用程序的编写方法。

指令是单片机 CPU 执行某种操作的命令。单片机 CPU 所能执行的全部指令的集合叫作指令系统。STC15W4K32S4 单片机的硬件结构是其指令和指令系统的基础。

STC15W4K32S4 系列单片机的指令系统与 MCS51 单片机指令系统相同，分为传送类指令、算术运算类指令、逻辑运算类指令、转移类指令和位操作指令，共有 111 条，这是编写程序的基础。

3.1 基 本 概 念

3.1.1 指令、指令系统和机器代码

指令是单片机 CPU 执行某种操作的命令。单片机 CPU 所能执行的全部指令的集合叫作指令系统。STC15W4K32S4 系列单片机的指令系统共有 111 条指令，其中有 53 条是单字节指令，43 条是双字节指令，15 条是三字节指令。

指令是用单片机 CPU 能识别和执行的 8 位二进制代码来表示的，如：

```
01110101 10010000 11110001   ;将数据11110001传送到片内RAM10010000单元中
10000000 11111110            ;程序转移到相对地址为11111110的"地方"去执行
11111000                     ;将寄存器A中的内容传送到寄存器R0中
```

每条指令都有表示功能操作(传送、运算、转移等)的部分，叫作操作码(上例中用下画线标出的部分)。其余部分表示参与操作的数据、地址、寄存器等，叫作操作数。有的操作数是在指令中给出的，有的是隐含在操作码中的。

由于指令是用 8 位二进制代码表示的，因此指令又称机器代码，简称机器码。为方便书写和阅读，机器码通常用十六进制表示，如上述机器码可表示为：

```
75 90 f1                     ;将数据F1H传送到片内RAM 90H单元中
80 fe                        ;程序转移到相对地址为FEH的"地方"去执行
F8                           ;将寄存器A中的内容传送到寄存器R0中
```

3.1.2 程序、程序设计和机器语言

要使单片机按人的意志完成某项任务，就要求设计者按单片机指令系统的规则来编写

指令序列，这种按人的意志编写的符合单片机指令系统规则的指令序列称作程序。显然，程序包含两大要素：单片机指令系统规则(语法)、解决实际问题的思路和方法(算法)，因此可以用下列式子来表示程序：

程序=语法+算法

设计者编写程序的过程叫作程序设计，是人们根据指令系统规则与单片机交流信息的过程。

用机器码编写的程序叫作机器码程序，单片机 CPU 能识别和直接执行机器码程序，所以机器码程序又叫目标代码程序，可视为人与单片机相互交流的"语言"，即机器语言。

3.1.3　汇编语言、汇编语言指令格式和常用符号

1. 汇编语言

用机器语言编写程序是编程的基础，但机器语言程序难记、难阅读，检查和修改都很困难。为了易记、易读、易修改，常用助记符、字符串和数字来表示指令，简化后的指令集就叫作汇编语言。汇编语言的助记符多是与指令操作相关的英文缩写，比较接近人类的自然语言，便于记忆，明显提高了编程效率。如前述三条语句，可用汇编语言编写如下：

```
MOV P1,#0F1H        ;将数据F1H传送到端口P1(P1地址为90H)
MOV R0,A            ;将寄存器A中的内容传送到寄存器R0中
SJMP    $           ;程序转移到相对地址为FEH的"地方"去执行
```

其中，助记符 MOV 是 move 的前三个字母，意为"传送"；SJMP 是 short jump 的缩写，意为短转移；P1 即 P1 口，地址为 90H。

STC15W4K32S4 的指令系统与 51 单片机指令系统相同，共有 111 条汇编指令，33 个功能，用汇编语言编程时，只需要 42 个助记符就能指明这 33 个功能操作。

汇编语言比机器语言有了很大进步，但因不同系列的单片机有不同的指令系统，用汇编语言编写的程序不易移植，这就出现了更高级的编程语言，如 C51 语言等。虽然用汇编语言或 C51 语言提高了编程效率，但用汇编语言或 C51 语言编写的程序单片机是不认识也不能直接执行的，需要借助相应编程平台(如 Keil)将用汇编语言或 C51 语言编写的程序"翻译"成单片机能直接执行的机器代码。

2. 汇编语言指令格式

STC15W4K32S4 汇编语言指令格式由以下几部分组成：

[标号:] 操作码[操作数][;注释]

- 标号：由字母、数字、下画线等组成的字符串，但不能使用系统中已定义过的字符(如 MOV、DB 等)，它表示该条指令的首地址。标号位于一条指令的开始，以":"结束。
- 操作码：由助记符表示的字符串，它规定了指令的操作功能。操作码是指令的核心，不可缺少。
- 操作数：参加操作的数据或数据的地址。在 STC15W4K32S4 指令系统中，操作

数可以为 1～3 个，也可以没有。不同功能的指令，操作数的作用不同。例如，大多传送类指令有两个操作数，写在左面的称为目的操作数(表示操作结果存放的单元地址)，写在右面的称为源操作数(指出操作数的来源)。操作码与操作数之间必须用空格分隔，操作数与操作数之间必须用逗号"，"分隔。

- 注释：该条指令的说明，以便于阅读。注释以"；"开始，可以采用字母、数字、中文等多种表示形式。

注意：指令格式中所使用的"："""","；"、空格等均应为英文格式，且每行只能有一条指令。

3. 汇编语言常用符号

指令系统中除使用了 42 种助记符外，还使用了一些符号。关于符号的意义说明如下。

- Rn：表示当前选中的寄存器区的 8 个工作寄存器 R0～R7(n=0～7)。
- Ri：表示当前选中的寄存器区中的 2 个寄存器 R0、R1，作间址寄存器(i=0、1)。
- direct：表示内部数据存储器单元的 8 位地址。它可以是内部 RAM 的单元地址 0～255，也可以是特殊功能寄存器(SFR)的地址，如 I/O 端口(128～256)。
- #data：表示包含在指令中的 8 位立即数(即常数)。
- #data16：表示包含在指令中的 16 位立即数。
- addr16：表示 16 位目的地址，用于 LCALL 和 LJMP 指令，目的地址范围是 64KB 的程序存储器地址空间。
- addr11：表示 11 位的目的地址，用于 ACALL 和 AJMP 指令，目的地址范围必须与下一条指令的第一个字节在同一个 2KB 程序存储器地址空间中。
- rel：表示 8 位带符号的偏移量，用于 SJMP 和所有的条件转移指令。偏移量相对于下一条指令的第一个字节计算，在-128～+127 范围内取值。
- DPTR：数据指针，可用作 16 位的地址寄存器。
- bit：表示内部 RAM 或特殊功能寄存器中的直接寻址位。
- A：累加器 Acc。
- B：特殊功能寄存器，用于 MUL 和 DIV 指令。
- C：进位标志(进位位)，或布尔处理机中的累加器。
- @：间接寄存器或基址寄存器的前缀，如@Ri，@A+PC，@A+DPTR。
- /：位操数的前缀，表示对该位操作数取反，但该位内容并不改变，如/bit。
- X：表示片内 RAM 的直接地址或寄存器。
- (X)：X 中的内容。
- ((X))：X 中的内容为地址的单元中的内容。
- ←：表示将箭头右边的内容送至箭头的左边。
- $：本条指令的首地址。

3.1.4　编译与固化

用汇编语言或 C51 语言编写的程序叫作源程序，单片机不认识也不能直接执行源程序，必须用专用的编译系统(如 Keil 等)将它们转换成机器语言，这个转换的过程就叫作编译。将机器语言程序(二进制或十六进制形式的文件)下载到单片机的程序存储器(ROM)中的过程叫作固化或编程。固化通常需要一定的硬件和软件的支持。

由于单片机复位后 PC 的值为 0000H，因此程序中第一条指令的第一个机器码必须固化在单片机 ROM 的 0000H 单元中，其余的依次固化，如上述程序段固化在 ROM 中的排列如图 3-1 所示。

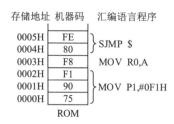

图 3-1　程序在 ROM 中的排列示意图

3.2　寻　址　方　式

3.2.1　寻址、寻址方式和寻址存储器地址范围

1. 寻址

寻址是指单片机 CPU 寻找指令中参与操作的数据的地址。

2. 寻址方式及其寻址存储器地址范围

寻址方式是指单片机 CPU 寻找指令中参与操作的数据地址的方法。STC15W4K32S4 单片机的硬件结构是寻址方式的基础。STC15W4K32S4 系列单片机采用了 7 种寻址方式。寻址方式与对应的寻址存储器地址范围如表 3-1 所示。

表 3-1　寻址方式与对应寻址存储器地址范围一览表

寻址方式	寻址存储器地址范围
立即寻址	程序存储器 ROM
直接寻址	片内 RAM 低 128B、特殊功能寄存器
寄存器寻址	工作寄存器 R0～R7、A、B、DPTR 等
寄存器间接寻址	片内 RAM 用@Ri、SP(仅对 PUSH、POP 指令)；扩展 RAM 用@Ri、@DPTR
变址寻址	程序存储器 ROM(@A+PC、@A+DPTR)
相对寻址	程序存储器 ROM(相对寻址指令的下一条指令的 PC 值加偏移量)
位寻址	片内 RAM 中 20H～2FH 字节地址中的所有位、可位寻址的特殊功能寄存器

3.2.2　立即寻址

采用立即寻址的指令一般是双字节的。第一个字节是指令的操作码，第二个字节是立即数。因此，操作数就是放在程序存储器中的常数。立即数前面应加前缀"#"号。
例如：

　　汇编指令：**MOV A,#3AH**　　　　;将立即数3AH传送至A中。
　　机器代码：**74H　data**　　　　;data为3AH

该指令的执行示意图如图 3-2 所示。

3.2.3　直接寻址

采用直接寻址的指令一般是双字节或三字节指令，第一字节为操作码，第二、三字节
为操作数的地址码。STC15W4K32S4 单片机中，直接地址只能用来表示片内低 128B 单
元、特殊功能寄存器和片内 RAM 的位地址空间。其中，特殊功能寄存器和位地址空间只
能用直接寻址方式来访问。例如：

　　汇编指令：**MOV A, 3AH**　　　　;将片内RAM 3AH单元中的内容送至A中。
　　机器代码：**E5H　3AH**

设 3AH 单元的内容为 90H，该指令的执行示意图如图 3-3 所示。

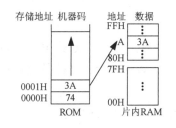
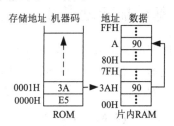

图 3-2　立即寻址指令 MOV A,#3AH 的执行示意图　　图 3-3　直接寻址指令 MOV A,3AH 的执行示意图

3.2.4　寄存器寻址

寄存器寻址方式可用于访问选定的工作寄存器 R0～R7、A、B、DPTR 和进位 CY 并
进行操作。其中，R0～R7 由操作码低三位的 8 种组合表示，A、B、DPTR、CY 则隐含在
操作码之中。这种寻址方式中被寻址的寄存器中的内容就是操作数。例如：

　　汇编指令：**MOV　A, R0**　　　　;R0中的内容就是操作数，将R0中的数传至A中。
　　机器代码：**E8H**

该指令的执行示意图如图 3-4 所示。

3.2.5　寄存器间接寻址

寄存器间接寻址方式中，指令指定寄存器中的内容作为操作数的地址。寄存器间接寻
址用于访问片内 RAM 或扩展 RAM。当访问片内 RAM 或扩展 RAM 的低 256B 空间时，
可用 R0 或 R1 作为间址寄存器。这类指令为单字节的指令，操作码的最低位表示是采用
R0 还是 R1 作间址器。

当访问扩展 RAM 时，用 DPTR 作间址寄存器。DPTR 为 16 位寄存器，因此它可访问

整个 64KB 扩展 RAM 的地址空间。

在执行 PUSH 和 POP 指令时，也采用寄存器间接寻址，此时用堆栈指针 SP 作间址寄存器。例如：

汇编指令：**MOV A, @R0**　　;将R0指示的地址单元中的内容传送至A中。
机器代码：**E6H**

该指令的执行示意图如图 3-5 所示。

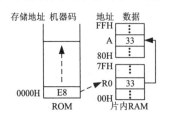

图 3-4　寄存器寻址指令 MOV A,R0
　　　　的执行示意图

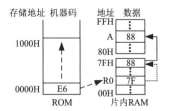

图 3-5　寄存器间接寻址指令 MOV A,@R0
　　　　的执行示意图

3.2.6　基址加变址寻址

基址加变址寻址方式用于访问程序存储器中的某个字节。以 DPTR 或 PC 作为基址寄存器，累加器 A 作为变址寄存器，两者的内容之和为操作数的地址。这种寻址方式常用于查表操作。例如：

汇编指令：**MOVC A, @A+DPTR**　　;将ROM中地址为(DPTR)+(A)单元的内容送至A中。
机器代码：**93H**

设该指令放在 1000H 单元，A 的原内容为 E1H，DPTR 中的值为 3000H，则操作数的地址等于 E1H+3000H=30E1H，即将 ROM 中地址为 30E1H 单元中的内容传送至 A 中。该指令的执行过程如图 3-6 所示。

3.2.7　相对寻址

相对寻址是将程序计数器 PC 中的当前内容与指令第二字节所给出的数相加，其和为跳转指令的转移地址。转移地址也称为转移目的地址。PC 中的当前值称为基地址，指令第二字节的数据称为偏移量。偏移量为带符号的数，其值为-128～+127。故指令的跳转范围相对 PC 的当前值(即跳转指令下一条指令的地址)在-128～+127 之间跳转。此种寻址方式一般用于相对跳转指令。例如：

汇编指令：**SJMP 08H**　　;程序跳转到下条指令地址加8的地址继续运行。
机器代码：**80H 08H**

设 PC=2000H 为本指令的地址，转移目的地址=(2000+02)(PC 当前值)+08H=200AH。该指令的执行过程如图 3-7 所示。

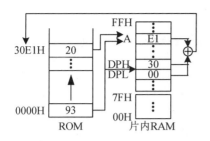

图3-6 基址加变址寻址指令 MOVC A, @A+DPTR 的执行示意图

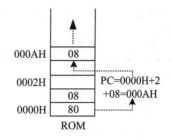

图3-7 相对寻址指令 SJMP 08H 的执行示意图

3.2.8 位寻址

位寻址是指令对片内 RAM 的位寻址区(20H～2FH)和可以位寻址的特殊功能寄存器 (SFR)进行位操作时的寻址方式。在进行位操作时，借助于进位 CY 作为位操作累加器。操作数直接给出该位的地址，然后根据操作码来区分，使用时须注意。例如：

汇编指令：**MOV 20H,C**　　　;20H是位寻址的位地址
机器代码：**92H　20H**
汇编指令：**MOV 20H,A**　　　;20H是直接寻址的字节地址
机器代码：**F5H　20H**

3.3 指 令 系 统

STC15W4K32S4 的指令系统共有 111 条指令，分为五大类，本节分别介绍各类指令的功能、寻址方式、指令代码及其使用。

3.3.1 数据传送类指令

1. 数据传送类指令的特点及指令表

数据传送类指令一共 29 条，除了可以通过累加器进行数据传送之外，还有不通过累加器的数据存储器之间或工作寄存器与数据存储器之间直接进行数据传送的指令。这是最常用的一类指令。这类指令一般是把源操作数送到目的操作数，指令执行后，源操作数不变，目的操作数修改为源操作数。传送类指令一般不影响标志位，只有对目的操作数为 A 的指令影响奇偶标志 P 位。

数据传送类指令用到的助记符有 MOV、MOVC、MOVX、XCH、XCHD、SWAP、PUSH、POP 共 8 种。源操作数可以采用寄存器寻址、寄存器间接寻址、直接寻址、立即寻址和变址加基址寻址 5 种寻址方式。目的操作数可以采用前三种寻址方式。29 条传送指令按存储器空间划分可分为 5 类。

2. 片内 RAM 数据传送类指令

片内 RAM 数据传送类指令与对应的机器代码(也叫操作码)、操作功能、机器周期数

等如表 3-2 所示。此类指令的特征是机器代码为 MOV。

表 3-2　片内 RAM 数据传送类指令及其机器代码、操作功能、机器周期数一览表

目的操作数	指令	机器代码	操作功能	字节数	机器周期数
A	MOV　A，Rn	11101rrr	(A)←(Rn)	1	1
	MOV　A，@Ri	1110011i	(A)←((Ri))	1	2
	MOV　A，#data	74H data	(A)←data	2	2
	MOV　A，direct	E5H direct	(A)←(direct)	2	2
Rn	MOV　Rn，A	11111rrr	(Rn)←(A)	1	1
	MOV　Rn，direct	10101rrrdirect	(Rn)←(direct)	2	3
	MOV　Rn，#data	01111rrrdata	(Rn)←data	2	2
Direct	MOV　direct，A	F5H Direct	(direct)←(A)	2	2
	MOV　direct，Rn	10001rrrdirect	(direct)←(Rn)	2	2
	MOV　direct1，direct2	85H direct2 direct1	(direct1)←(direct2)	3	3
	MOV　direct，@Ri	1000011i direct	(direct)←((Ri))	2	3
	MOV　direct，#data	75H directdata	(direct)←data	3	3
@Ri	MOV　@Ri，A	1111011i	((Ri))←(A)	1	3
	MOV　@Ri，direct	1010011i direct	((Ri))←(direct)	2	2
	MOV　@Ri，#data	0111011i data	((Ri))←data	2	1
DPTR	MOV　DPTR，#data16	90H data16H data16L	(DPTR)←data16	3	2

注：表中 n 的取值范围为 0～7，i 的取值范围为 0～1。

【例 3-1】　写出下列指令的机器代码、源操作数的寻址方式及操作功能。

```
MOV R5, #33H        ;7DH33H，立即寻址，立即数33H送至R5中
MOV @R0, 40H        ;A6H40H，直接寻址，40H单元内容送至R0内容为地址的单元中
MOV 50H, R2         ;8AH50H，寄存器寻址，R2内容送至50H单元中
MOV 60H, @R1        ;87H69H，寄存器间接寻址，R1内容为地址单元中的内容送到60H单元
```

【例 3-2】指出以下指令的操作功能，写出顺序执行的执行结果和带下画线操作数的寻址方式。

```
ORG 00H            ;伪指令，下列程序段首地址为0000H
MOV A, #33H        ;(A)=33H，立即寻址
MOV R1, #30H       ;(R1)=30H，寄存器寻址
MOV 40H, #20H      ;(40H)=20H，直接寻址
MOV @R1, #30H      ;(30H)=30H，寄存器间接寻址
MOV A, 40H         ;(A)=20H，寄存器寻址
MOV R0, 40H        ;(R0)=20H，直接寻址
MOV 30H, 40H       ;(30H)=20H，直接寻址
MOV @R0, 30H       ;(20H)=20H，寄存器间接寻址
MOV A, @R1         ;(A)=20H，寄存器间接寻址
MOV 33H, @R0       ;(33H)=20H，直接寻址
MOV DPTR, #1233H   ;(DPTR)=1233H，立即寻址
MOV 33H, DPH       ;(33H)=12H，寄存器寻址
MOV R1, DPL        ;(R1)=33H，寄存器寻址
MOV A, @R1         ;(A)=12H，寄存器间接寻址
MOV A, R1          ;(A)=33H，寄存器寻址
SJMP $             ;短转到本指令的首地址，相对寻址
END                ;伪指令，结束汇编
```

3. 扩展 RAM 数据传送类指令

扩展 RAM 数据传送类指令与对应的机器代码、操作功能、机器周期数等如表 3-3 所示。此类指令的特征是机器代码为 MOVX。

表 3-3　扩展 RAM 数据传送类指令、机器代码、功能、执行机器周期数一览表

目的操作数	指　令	机器代码	操作功能	字节数	机器周期数
A	MOVX　A，@Ri	1110001i	(A)←((Ri))	1	1
	MOVX　A，@DPTR	E0H	(A)←((DPTR))	1	2
@Ri	MOVX　@Ri，A	1111001i	((Ri))←(A)	1	2
@DPTR	MOVX　@DPTR，A	F0H	((DPTR))←(A)	1	2

注：表中 i 的取值范围 0~1。

该类指令对扩展 RAM 的 64KB 地址单元操作，而指令 MOVX A，@Ri 和 MOVX @Ri，A 的 Ri 只提供扩展 RAM 地址的低 8 位地址，对片外扩展 RAM 而言，高 8 位地址由 P2 口提供，使用时要特别注意。

【例 3-3】　将立即数 30H 写到片外扩展 RAM 的 1000H 单元，再将片外扩展 RAM 中 2010H 单元中的内容传送到 20FFH 单元中去。

解：完成上述任务的汇编语言程序如下。

```
ORG 0000H          ;伪指令,下列程序段首地址为0000H
MOV A,#30H         ; (A)←30H
MOV DPTR,#1000H    ; (DPTR)←1000H
MOVX @DPTR,A       ;片外RAM(1000H)←30H
MOV DPTR,#2010H    ; (DPTR)←2010H
MOVX A,@DPTR       ; (A)←(2010H)(片外RAM)
MOV R0,#0FFH       ; (R0)←0FFH
MOVX @R0,A         ;片外RAM(20FFH)←(2010H)
SJMP $
END
```

4. ROM 数据传送类指令(查表指令)

ROM 数据传送类指令与对应的机器代码、操作功能、机器周期数等如表 3-4 所示。此类指令的特征是机器代码为 MOVC。

表 3-4　ROM 数据传送类指令及其机器代码、操作功能、机器周期数一览表

目的操作数	指　令	机器代码	操作功能	字节数	机器周期数
A	MOVC　A，@A+PC	83H	(PC)←(PC)+1 (A)←((A)+(PC))	1	2
	MOVC　A，@A+DPTR	93H	(A)←((A)+(DPTR))	1	2

MOVC A，@A+PC 指令首先将 PC 的值修正到该指令的下一条指令地址，即当前 PC 值加 1，然后与 A 中的值进行 16 位无符号数加法操作，将和作为地址，再将该地址(ROM) 中的值传送到 A 中。

MOVC A，@A+DPTR 指令将 DPTR 中的值与 A 中的值进行 16 位无符号数加法操作，将和作为地址，再将该地址(ROM)中的值传送到 A 中。

【例 3-4】　已知 ROM 的 1030H 单元中的内容为 01H，指出下列程序段每条指令的机

器代码以及每条指令执行后的结果。

```
ORG    0000H
MOV    A, #30H
MOV    DPTR, #1000H
MOVC   A, @A+DPTR
MOVC   A, @A+PC
SJMP   $
END
```

解：

ORG	**0000H**	;伪指令，下列程序段首地址为0000H
MOV	**A, #30H**	;机器代码为74H 30H，(A)=30H
MOV	**DPTR, #1000H**	;机器代码为90H 10H 00H，(DPTR)=1000H
MOVC	**A, @A+DPTR**	;机器代码为93H，(A)=1
MOVC	**A, @A+PC**	;机器代码为83H，(A)=FEH
SJMP	**$**	;机器代码为80H FEH，短转到本指令的首地址
END		;伪指令，结束汇编

5. 数据交换类指令

数据交换类指令与对应的机器代码、操作功能、机器周期数等如表 3-5 所示。此类指令的机器代码为 XCH、XCHD、SWAP。

表 3-5　数据交换类指令、机器代码、操作功能、机器周期数一览表

目的操作数	指　令	机器代码	操作功能	字节数	机器周期数
A	XCH　A, Rn	11001rrr	$(A) \leftrightarrow Rn$	1	12
	XCH　A, @Ri	1100011i	$(A) \leftrightarrow (Ri)$	1	12
	XCH　A, direct	C5H　direct	$(A) \leftrightarrow (direct)$	2	12
	XCHD　A, @Ri	1101011i	$(A)_{0\sim3} \leftrightarrow ((Ri))_{0\sim3}$	1	12
	SWAP　A	C4H	$(A)_{7\sim4} \leftrightarrow (A)_{3\sim0}$	1	12

注：表中 n 的取值范围为 0～7；i 的取值范围为 0～1。

【例 3-5】 指出下列程序段每条指令执行后的结果。

```
ORG    0000H
MOV    30H, #68H
MOV    R1, #39H
MOV    A, #30H
XCH    A, R1
XCHD   A, @R1
SWAP   A
SJMP   $
END
```

解：

ORG	**0000H**	;伪指令，下列程序段首地址为0000H
MOV	**30H, #68H**	;片内RAM中 (30H)=68H
MOV	R1, #39H	;(R1)=39H
MOV	**A, #30H**	;(A)=30H
XCH	**A, R1**	;(A)=39H，(R1)=30H
XCHD	**A, @R1**	;(A)=68H，(30H)=39H
SWAP	**A**	;(A)=86H
SJMP	**$**	;机器代码为80 FE，短转到本指令的首地址
END		;伪指令，结束汇编

6. 堆栈操作指令

堆栈操作指令与对应的机器代码、操作功能、机器周期数等如表 3-6 所示。此类指令的机器代码为 PUSH 和 POP。

表 3-6 堆栈操作指令及其机器代码、操作功能、机器周期数一览表

指 令	机器代码	操作功能	字节数	机器周期数
PUSH direct	C0H direct	(SP)←(SP)+1 ((SP))←(direct)	2	2
POP direct	D0H direct	(direct)←((SP)) (SP)←(SP)-1	2	2

PUSH 指令是入栈指令(或称压栈指令或进栈指充),其功能是先将栈指针 SP 的内容加 1,然后将直接寻址单元中的数压入 SP 所指示的单元中。POP 是出栈指令(或称弹出指令),其功能是先将栈指针 SP 所指示的单元内容弹出送到直接寻址单元中,然后将 SP 的内容减 1,仍指向栈顶。

使用堆栈时,一般需要重新设置 SP 的初始值。系统复位或上电时 SP 的值为 07H,而 07H~1FH 正好也是 CPU 的工作寄存器区,故为不占用寄存器区,程序中需要使用堆栈时,应先给 SP 设置初值,但其值不宜太大,一般可以设为 1FH 或大一些,确保堆栈不超出内部 RAM 的地址范围。

【例 3-6】 将片外扩展 RAM 2500H 单元中的内容压入堆栈,然后弹出到内部 RAM 40H 单元中。

解:汇编语言程序如下。

```
ORG     0000H          ;伪指令,下列程序段首地址为0000H
MOV     DPTR,#2500H    ;(DPTR)←2500H
MOVX    A,@DPTR        ;(A)←(2500H)
MOV     20H,A          ;(20H)←(A)
MOV     SP,#30H        ;(SP)←30H
PUSH    20H            ;20H单元内容压入堆栈
POP     40H            ;堆栈内容弹出到40H单元
SJMP    $
END
```

3.3.2 算术运算类指令

1. 算术运算类指令的特点

算术运算类指令共有 24 条,其中包括 4 种基本的算术运算指令,即加、减、乘、除。这 4 种指令能对 8 位无符号数进行直接的运算,借助溢出标志也能对有符号的二进制整数进行加减运算。同时借助进位标志,可以实现多精度的加减和循环移位,也可以对压缩的 BCD 数进行运算(压缩 BCD 数是指在一个字节中存放两位 BCD 数)。

算术运算指令对程序状态字寄存器(PSW)中的 CY、AC、OV 和 P 标志位都有影响,根据运算的结果可将它们置 1 或清除。但是加 1 和减 1 指令不影响这些标志位。算术运算类指令用到的助记符有 ADD、ADDC、SUBB、INC、DEC、DA、MUL 和 DIV 八种。

2. 不带进位加法指令

不带进位加法指令与对应的机器代码、操作功能、机器周期数等如表 3-7 所示。此类指令的机器代码为 ADD。

表 3-7　不带进位加法指令及其机器代码、操作功能、机器周期数一览表

指　令	机器代码	操作功能	对 PSW 的影响	字节数	机器周期数
ADD　A，Rn	00101rrr	(A)←(A)+(Rn)	CY、OV、AC、P	1	1
ADD　A，@Ri	0010011i	(A)←(A)+((Ri))	同上	1	1
ADD　A，direct	25H direct	(A)←(A)+(direct)	同上	2	1
ADD　A，#data	24H data	(A)←(A)+data	同上	2	1

注：表中 n 取值范围为 0～7；i 的取值范围为 0～1。

这 4 条指令的功能是把 A 中的数与源操作数所指出的内容相加，其结果仍存在 A 中。若在相加过程中位 3 和位 7 有进位，则将辅助进位标志 AC 和进位标志 CY 置位，否则清零。

对于无符号数相加，若 CY 置位，说明和产生溢出(即大于 255)。对于有符号数相加，当位 6 或位 7 之中只有一位进位时，溢出标志位 OV 置位，说明和产生了溢出(即大于 127 或小于−128)。溢出表达式 $OV=D_{7CY}\odot D_{6CY}$ 中，D_{6CY} 为位 6 向位 7 的进位，D_{7CY} 为位 7 向 CY 的进位。

【例 3-7】 设 A=78H，R1=64H，求两数之和，并说明 PSW 的有关标志位的内容。

解： 汇编指令如下。

```
ADD A,R1
        0 1 1 1 1 0 0 0     (A)
    +)  0 1 1 0 0 1 0 0     (R1)
        1 1 0 1 1 1 0 0
```

指令执行结果：(A)=0DCH。

$OV=D_{6CY}\odot D_{7CY}=1$，说明和产生溢出。PSW 的 CY=0、AC=0、OV=1、P=1。

3. 带进位加法指令

带进位加法指令与对应的机器代码、操作功能、机器周期数等如表 3-8 所示。此类指令的机器代码为 ADDC。

表 3-8　带进位加法指令及其机器代码、操作功能、机器周期数一览表

指　令	机器代码	操作功能	对 PSW 的影响	字节数	机器周期数
ADDC　A，Rn	00111rrr	(A)←(A)+(Rn)+CY	CY OV AC P	1	1
ADDC　A，@Ri	0011011i	(A)←(A)+((Ri))+CY	同上	1	1
ADDC　A，direct	35H　direct	(A)←(A)+(direct)+CY	同上	2	1
ADDC　A，#data	34H　data	(A)←(A)+data+CY	同上	2	1

注：表中 n 取值范围为 0～7；i 的取值范围为 0～1。

这 4 条指令的功能是把源操作数所指示的内容和 A 中的内容及进位标志 CY 相加，结

果存入 A 中。运算结果对 PSW 中相关位的影响同不带进位的 4 条加法指令。

　　带进位加法指令一般用于多字节数的加法运算，低字节相加时和可能产生进位，可以通过带进位加法指令将低字节的进位加到高字节上去。高字节求和时必须使用带进位的加法指令。

　　【例 3-8】　设 A=AEH，(20H)=81H，CY=1，求两数之和及 PSW 的相关位的内容。

　　解：汇编指令如下。

```
ADDC  A,20H
```

此指令操作如下：

```
              1 0 1 0 1 1 1 0  (A)
                            1  (CY)
      +)      1 0 0 0 0 0 0 1  (20H)
      1       0 0 1 1 0 0 0 0
```

指令执行结果：(A)=30H，CY=1，AC=1，OV=1，P=0。

　　【例 3-9】　有两个无符号 16 位数 AF0AH 和 902FH 分别存放于 30H 和 32H 开始的单元中，高字节在高地址单元中，低字节在低地址单元中，计算两数之和并存入 32H 开始的单元中，并说明 PSW 中相关位的内容。

　　解：汇编语言程序如下。

```
CLR    C        ;清CY
MOV    R0, #32H
MOV    A, 30H
ADD    A, @R0   ;计算低字节之和
MOV    @R0, A   ;低字节之和存入32H单元
MOV    A, 31H
INC    R0
ADDC   A, @R0   ;计算高字节之和
MOV    @R0, A   ;高字节之和存入33H单元
SJMP   $
END
```

程序执行过程先计算低字节和：

```
        1 0 1 0 1 1 1 1
   +)   1 0 0 1 0 0 0 0
   1 0 0 1 1 1 1 1 1     (A)=3FH, CY=1, OV=1, AC=0
```

再计算高字节和：

```
   0 0 0 0 1 0 1 0
   0 0 1 0 1 1 1 1
+)               1
   0 0 1 1 1 0 1 0    (A=3AH), CY=0, OV=0, AC=1
```

最后结果：(32H)=3FH，(33H)=3AH，CY=0，OV=0，AC=1

4. 带借位减法指令

STC15W4K32S4 系列单片机只有带借位的减法指令。带借位减法指令、机器代码、操

作功能、机器周期数等如表 3-9 所示。此类指令的机器代码为 SUBB(subtraction 的缩写)。

表 3-9　带借位减法指令及其机器代码、操作功能、机器周期数一览表

指　令	机器代码	操作功能	对 PSW 的影响	字节数	机器周期数
SUBB　A，Rn	10011rrr	(A)←(A)−(Rn)−CY	CY、OV、AC、P	1	1
SUBB　A，@Ri	1001011i	(A)←(A)−((Ri))−CY	同上	1	1
SUBB　A，direct	95H direct	(A)←(A)−(direct)−CY	同上	2	1
SUBB　A，#data	94H data	(A)←(A)−data−CY	同上	2	1

注：表中 n 的取值范围为 0～7；i 的取值范围为 0～1。

这 4 条指令的功能是把 A 中的内容减去源操作数所指出的内容和进位标志，差存入 A 中。当够减时，进位标志清零，不够减时，低字节须向高字节借位，因此进位标志将置位。计算机中的减法运算实际上是变成补码相加。

【例 3-10】　已知(A)=DBH，(R4)=73H，CY=1，计算 A−R4 并说明 PSW 的相关位内容。

解：汇编指令如下。

```
SUBB     A,R4
```

此指令操作如下：

常规减法：

```
    1 1 0 1 1 0 1 1    DBH
    0 1 1 1 0 0 1 1    73H
  -)             1
    0 1 1 0 0 1 1 1
```

变补码相加：

```
    1 1 0 1 1 0 1 1      DBH
    1 0 0 0 1 1 0 1    (−73H 的补码)
  +)  1 1 1 1 1 1 1 1    (−1 的补码)
  1 0 0 1 1 0 0 1 1 1
```

结果：(A)=67H，CY=0，AC=0，OV=1。

由上述两个式子可知两种算法的最后结果是一样的。若以上的运算为两个无符号数相减，其结果 67H 是正确的(因为 CY=0)；若是两个有符号数相减，则结果是错误的(因为 OV=1)。

5. 加 1 指令

加 1 指令与对应的机器代码、操作功能、机器周期数等如表 3-10 所示。此类指令的机器代码为 INC(increase 的缩写)。

表 3-10　加 1 指令及其机器代码、操作功能、机器周期数一览表

指　令	机器代码	操作功能	对 PSW 的影响	字节数	机器周期数
INC　A	04H	(A)←(A)+1	P	1	1
INC　Rn	00001rrr	(Rn)←(Rn)+1	无影响	1	1
INC　@Ri	0000011i	((Ri))←((Ri))+1	同上	1	1
INC　direct	05H direct	(direct)←(direct)+1	同上	2	1
INC　DPTR	A3H	(DPTR)←(DPTR)+1	同上	1	2

注：表中 n 的取值范围为 0～7；i 的取值范围为 0～1。

这一组指令的功能是将操作数所指定的单元或寄存器中的内容加 1，其结果还送回源

操作数单元中。

指令 INC direct 的功能是先读入直接地址的内容，再将其内容加 1，然后写到直接地址中。

指令 INC DPTR 是唯一的一条 16 位加 1 指令。这条指令在加 1 过程中，若低 8 位有进位，则可直接向高 8 位进位而不用通过 CY 传送。

【例 3-11】 已知 (DPTR)=11FFH，计算执行 INC DPTR 指令后的结果。

结果：(DPTR)=1200H。

6. 减 1 指令

减 1 指令与对应的机器代码、操作功能、机器周期数等如表 3-11 所示。此类指令的机器代码为 DEC(decrease 的缩写)。

表 3-11　减 1 指令及其机器代码、操作功能、机器周期数一览表

指　　令	机器代码	操作功能	对 PSW 的影响	字节数	机器周期数
DEC　A	14H	(A)←(A)−1	P	1	1
DEC　Rn	00011rrr	(Rn)←(Rn)−1	无影响	1	1
DEC　@Ri	0000011i	((Ri))←((Ri))−1	同上	1	1
DEC　direct	15H direct	(direct)←(direct)−1	同上	2	1

注：表中 n 的取值范围为 0～7；i 的取值范围为 0～1。

这组指令的功能是将操作数所指定的单元或寄存器中的内容减 1，其结果送回源操作数单元中。

7. 乘除法指令

乘除法指令与对应的机器代码、操作功能、机器周期数等如表 3-12 所示。此类指令的机器代码为 MUL(multiplication 的缩写)和 DIV(division 的缩写)。

表 3-12　乘除法指令及其机器代码、操作功能、机器周期数一览表

指　　令	机器代码	操作功能	对 PSW 的影响	字节数	机器周期数
MUL　AB	A4H	BA←A*B	CY OV P	1	4
DIV　AB	84H	A←A/B(商)，B←余数	同上	1	4

乘法指令 MUL AB 的功能是实现两个 8 位无符号数的乘法操作，两个数分别存放在累加器 A 和寄存器 B 中。乘积为 16 位，低 8 位积在 A 中，高 8 位积在 B 中。若积大于 255，溢出标志位 OV 置位，否则复位，而 CY 位总是为 0。乘法指令是整个指令系统中执行时间最长的两条指令之一，它需要 4 个机器周期(48 个振荡周期)才能完成一次乘法操作。

例如，已知(A)=4EH，(B)=5DH，执行指令 MUL AB。

```
        0 1 0 0 1 1 1 0          4EH
*)      0 1 0 1 1 1 0 1          5DH
  1 1 1 0 0   0 1 0 1 0 1 1 0  1C56H
```

结果：(B)=1CH，(A)=56H，OV=1，CY=0(此例省略了计算步骤)。

除法指令 DIV AB 是实现两个 8 位无符号数的除法操作，被除数放在 A 中，除数放在 B 中。指令执行后，商放在 A 中，余数放在 B 中，进位标志 CY 和溢出标志 OV 均清零；

当除数为 0 时，A 和 B 中的内容为不确定值，此时 OV 位置位，说明除法溢出。指令的执行时间和乘法指令相同，是执行时间最长的两条指令之一。

例如，已知(A)=11H，(B)=04H，执行指令 DIV AB。

结果：(A)=04H，(B)=1，CY=OV=0(省略计算步骤)。

8. 十进制调整指令

十进制调整指令与对应的机器代码、操作功能、机器周期数等如表 3-13 所示。此指令的机器代码为 DA。

表 3-13　十进制调整指令及其机器代码、操作功能、机器周期数一览表

指　令	机器代码	操作功能	对 PSW 的影响	字节数	机器周期数
DA　A	D4H	加法后，低(高)4 位有进位或结果大于 9 则加 6 调整	CY AC	1	1

十进制调整指令 DA A 是在进行 BCD 码加法运算时用来对 BCD 码的加法运算结果进行自动修正的。但对 BCD 码的减法运算结果不能用此指令来进行修正。

下面简要说明为什么要使用 DA A 指令和如何使用 DA A 指令。

在计算中，十进制数字符 0～9 一般可用 BCD 码来表示，然而，单片机在进行运算时是按二进制规则进行的，对于 4 位二进制数有 16 种状态，分别对应 16 个数字，而十进制数只用其中的 10 种表示 0～9，因此按二进制的规则运算就可能导致错误的结果。例如，7+6 的运算如下：

```
十进制运算                二进制运算
      7                    0 1 1 1      7 的 BCD 码
+)    6              +)    0 1 1 0      6 的 BCD 码
─────────           ─────────────
     13                    1 1 0 1      结果大于9，加6调整
                    +)    0 1 1 0
                    ─────────────
                    1     0 0 1 1      +6后得正确的 BCD 码
```

由此可见，单片机在进行二进制运算时，第一次得到的 1101 不是 BCD 码，进行加 6 修正后，个位数为 3 并向高位产生进位 1 得正确的 BCD 码。由此可知，两个 BCD 数之和在 10～15 之间时，必须对结果进行加 6 修正，才能得到正确的 BCD 数；同理，十六进制运算是"逢十六进一"，而十进制运算是"逢十进一"，因此，在 4 位二进制数相加产生进位时，也必须对结果进行加 6 修正才能得到正确的 BCD 数。而 DA A 指令正是为完成此功能而设置的十进制数调整指令。此指令的操作过程如下：

当(A)>09H 或 AC=1 时，$A_{3\sim0}\leftarrow A_{3\sim0}+6$；

当(A)>90H 或 CY=1 时，$A_{7\sim4}\leftarrow A_{7\sim4}+6$。

例如，68+53 的运算如下：

```
      6 8               0 1 1 0 1 0 0 0
+)    5 3         +)    0 1 0 1 0 0 1 1
─────────        ─────────────────────
  1 2 1                1 0 1 1 1 0 1 1    CY=1   AC=1
                 +)    0 1 1 0 0 1 1 0
                 ─────────────────────
                 1     0 0 1 0 0 0 0 1
```

DA A 指令使用时一定要跟在 ADD 和 ADDC 指令之后，用来对加法和进行修正。

【例 3-12】 写出上述两个压缩 BCD 码数相加的指令。

解：汇编语言指令如下。

```
MOV     A,#68
ADD     A,#53                 ;结果A₃~₀=1011>9，A₇~₄=1011>9，
DA      A                     ;执行此指令时，对高4位和与低4位分别加6修正
```

结果：(A)=21，CY=1，OV=0。

3.3.3 逻辑运算类指令

1. 逻辑运算类指令的特点

逻辑运算类指令共 24 条，包括与、异或、清零、求反、左右移位等操作指令。这些指令执行时一般不影响程序状态寄存器，仅当目的操作数为 A 时对奇偶标志位 P 有影响，带进位的移位指令影响 CY 位。逻辑运算类指令用到的助记符有 ANL、ORL、XRL、RL、RLC、RR、RRC、CLR 和 CPL 共 9 种。

2. 逻辑与运算指令

逻辑与运算指令与对应的机器代码、操作功能、机器周期数等如表 3-14 所示。此类指令的机器代码为 ANL。

表 3-14   逻辑与运算指令及其机器代码、操作功能、机器周期数一览表

指　　令	机器代码	操作功能	字节数	机器周期数
ANL　A，Rn	01011rrr	$(A) \leftarrow (A) \wedge (Rn)$	1	1
ANL　A，@Ri	0101011i	$(A) \leftarrow (A) \wedge ((Ri))$	1	1
ANL　A，#data	54H data	$(A) \leftarrow (A) \wedge data$	2	1
ANL　A，direct	55H direct	$(A) \leftarrow (A) \wedge (direct)$	2	1
ANL　direct，A	52H direct	$(direct) \leftarrow (direct) \wedge (A)$	2	1
ANL　direct，#data	53H direct data	$(direct) \leftarrow (direct) \wedge data$	3	2

注：表中 n 的取值范围为 0~7；i 的取值范围为 0~1。

逻辑与指令共 6 条，前 4 条指令表示将 A 的内容与操作数所指示的内容进行按位逻辑与，结果送至 A 中。指令执行后影响奇偶标志位 P。后两条指令是将直接地址单元中的内容和源操作数所指示的内容进行按位逻辑与，结果送入直接地址单元中。若直接地址是 P0~P3，则进行"读—修改—写"的逻辑操作。当对直接地址的内容与立即数操作时，可以对内部 RAM 的任何一个单元或特殊功能寄存器(SFR)以及端口的指定位进行清零操作。

例如，已知(A)=1FH，(30H)=83H，执行 ANL A，30H 指令，运算过程如下：

```
    0 0 0 1 1 1 1 1
  ∧ 1 0 0 0 0 0 1 1
────────────────────
    0 0 0 0 0 0 1 1
```

结果：(A)=03H，(30H)=83H，P=0。

再如，将内部 20H 单元的低 4 位清零，高 4 位保持不变，已知(20H)=87H，可执行指

令 ANL 20H，#F0H，运算过程如下：

```
  1 0 0 0 0 1 1 1
∧ 1 1 1 1 0 0 0 0
  1 0 0 0 0 0 0 0
```

结果：(20H)=80H。

3. 逻辑或运算指令

逻辑或运算指令与对应的机器代码、操作功能、机器周期数等如表 3-15 所示。此类指令的机器代码为 ORL。

表 3-15 逻辑或运算指令及其机器代码、操作功能、机器周期数一览表

指　　令	机器代码	操作功能	字节数	机器周期数
ORL　A，Rn	01001rrr	(A)←(A)∨(Rn)	1	1
ORL　A，@Ri	0100011i	(A)←(A)∨((Ri))	1	1
ORL　A，#data	44H data	(A)←(A)∨data	2	1
ORL　A，direct	45H direct	(A)←(A)∨(direct)	2	1
ORL　direct，A	42H direct	(direct)←(direct)∨(A)	2	1
ORL　direct，#data	43H direct data	(direct)←(direct)∨data	3	2

注：表中 n 的取值范围为 0～7；i 的取值范围为 0～1。

这组指令的前 4 条指令表示将 A 的内容与源操作数所指示的内容进行按位逻辑或运算，结果送至 A 中，指令执行后影响 P 位。后两条指令表示将直接地址中的内容与 A 或立即数进行按位或运算，其结果送直接地址单元中。若直接地址是 P0～P3，则对端口进行"读—修改—写"操作。当对直接地址中的内容与立即数操作时，可以对内部 RAM 的任何一个单元或特殊功能寄存器(SFR)以及端口的指定位进行置位操作。

例如，已知(A)=D2H，(40H)=77H，执行 ORL A，40H 指令，运算过程如下：

```
  1 1 0 1 0 0 1 0
∨ 0 1 1 1 0 1 1 1
  1 1 1 1 0 1 1 1
```

结果：A=F7H，(40H)=77H，P=1。

再如，已知 TMOD 的各位均为 0，欲将 D5、D2、D0 位置 1，可执行指令 ORL TMOD，#25H，运算过程如下：

```
  0 0 0 0 0 0 0 0
∨ 0 0 1 0 0 1 0 1
  0 0 1 0 0 1 0 1
```

结果：(TMOD)=25H。

4. 逻辑异或运算指令

逻辑异或运算指令与其对应的机器代码、操作功能、机器周期数等如表 3-16 所示。此类指令的机器代码为 XRL。

表 3-16　逻辑异或运算指令及其机器代码、操作功能、机器周期数一览表

指　令	机器代码	操作功能	字节数	机器周期数
XRL　A，Rn	01101rrr	$(A) \leftarrow (A) \odot (Rn)$	1	1
XRL　A，@Ri	0110011i	$(A) \leftarrow (A) \odot ((Ri))$	1	1
XRL　A，#data	64H data	$(A) \leftarrow (A) \odot data$	2	1
XRL　A，direct	65H direct	$(A) \leftarrow (A) \odot (direct)$	2	1
XRL　direct，A	62H direct	$(direct) \leftarrow (direct) \odot A$	2	1
XRLdirect，#data	63H direct data	$(direct) \leftarrow (direct) \odot data$	3	2

注：表中 n 的取值范围为 0～7；i 的取值范围为 0～1。

这组指令的前 4 条指令表示将 A 的内容与源操作数所指示的内容进行按位异或，其结果存入 A 中，指令执行后影响 P 位。后两条指令表示将直接地址中的内容与 A 或立即数进行按位异或，其结果送回直接地址单元中。若直接地址是 P0～P3，可对端口进行"读—修改—写"操作。当直接地址中的内容与立即数操作时，可以对内部 RAM 的任何一个单元及特殊功能寄存器(SFR)以及端口进行按位异或的操作。

例如，已知(A)=87H，(30H)=76H，执行 XRL A，30H 指令，运算过程如下：

```
  1 0 0 0 0 1 1 1
⊙ 0 1 1 1 0 1 1 0
```

```
  1 1 1 1 0 0 0 1
```

结果：(A)=F1H，(30H)=76H，P=1。

再如，已知(40)=45H，执行 XRL 40，#0FFH 指令，运算过程如下：

```
  0 1 0 0 0 1 0 1
⊙ 1 1 1 1 1 1 1 1
```

```
  1 0 1 1 1 0 1 0
```

结果：(40H)=BAH，40H 单元中原来为 1 的位变为 0，为 0 的位变为 1。

5. 累加器 A 清零、取反指令

累加器 A 清零、取反指令与对应的机器代码、操作功能、机器周期数等如表 3-17 所示。此类指令的机器代码为 CLR、CPL。

表 3-17　累加器 A 清零、取反指令及其机器代码、操作功能、机器周期数一览表

指　令	机器代码	操作功能	字节数	机器周期数
CPL　A	F4H	$(A) \leftarrow /(A)$	1	1
CLR　A	E4H	$(A) \leftarrow 0$	1	1

指令 CPL　A 表示将 A 的内容各位变反，结果送回 A 中。
指令 CLR　A 表示将 A 的内容清零。

6. 循环移位指令

循环移位指令与对应的机器代码、操作功能、机器周期数等如表 3-18 所示。此类指令的机器代码为 RR、RL、RRC、RLC。

表 3-18　循环移位指令及其机器代码、操作功能、机器周期数一览表

指　　令	机器代码	操作功能	字节数	机器周期数
RL A	23H	A 左循环移一位	1	1
RLC A	33H	A 带进位左循环移一位	1	1
RR A	03H	A 右循环移一位	1	1
RRC A	13H	A 带进位右循环移一位	1	1

循环移位指令的执行过程如图 3-8 所示。

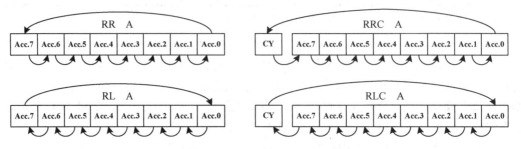

图 3-8　循环移位指令的执行过程示意图

RR A 和 RL A 指令分别表示 A 的内容循环右移和左移一位，执行后不影响 PSW 的各位。RRC A 和 RLC A 指令分别表示将 A 的内容和进位标志位 CY 的内容一起循环右移和左移一位，执行后影响 CY 位。

3.3.4　控制转移类指令

1. 控制转移类指令的特点

控制转移类指令共 17 条(不包括布尔变量控制程序转移指令)，主要功能是控制程序转移到新的 PC 地址上。其中有 64KB 地址范围的长转移和长调用指令；2KB 地址范围的绝对转移(短转)和绝对调用(短调)指令；整个 64KB 空间的间接转移和短相对转移指令及条件转移指令。这类指令用到的助记符有 ACALL、AJMP、LCALL、LJMP、SJMP、JMP、JZ、JNZ、CJNE、DJNZ、RET、RETI 和 NOP 共 13 种转移类指令。

2. 无条件转移指令

无条件转移指令与对应的机器代码、操作功能、机器周期数等如表 3-19 所示。此类指令的机器代码为 LJMP、AJMP、SJMP、JMP。

表 3-19　无条件转移指令及其机器代码、操作功能、机器周期数一览表

指　　令	机器代码	操作功能	字节数	机器周期数
LJMP　addr16	02H addr16	$(PC) \leftarrow add16$	3	2
AJMP　addr11	$A_{10\sim 8}00001A_{7\sim 0}$	$(PC) \leftarrow add11$	2	2
SJMP　rel	80H　rel	$(PC) \leftarrow (PC)+2+rel$	2	2
JMP　@A+DPTR	73H	$(PC) \leftarrow (A)+(DATR)$	1	24

当程序执行到无条件转移指令时，无条件转移到指令所提供的地址上。指令执行后均不影响标志位。

指令 LJMP　addr16 称为长转移指令，允许转移的目标地址在 64KB 空间的范围内。

指令 AJMP　addr11 称为绝对转移指令，指令中包括 11 位转移地址，即转移的目标地址是在下一条指令地址开始的 2KB 范围内。它把 PC 的高 5 位与指令第一条字节中的第 7 到 5 位(第 4 到 0 位为 00001)和指令的第二字节中的 8 位合并在一起构成 16 位的转移地址，如图 3-9 所示。

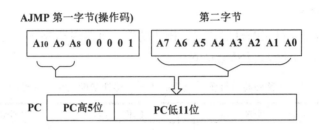

图 3-9　11 位地址的形成示意图

由图 3-9 可知，PC 的高 5 位可有 32 种组合，分别对应 32 个页号(0～31)，即把 64KB 的存储器空间划分为 32 页，由 PC 的高 5 位来指定；每页为 2KB，由 PC 的低 11 位决定，因此，每页对应的 ROM 地址范围也不同，如表 3-20 所示。

表 3-20　AJMP 和 ACALL 指令中 32 个页对应的 ROM 地址范围(十六进制)

页号	地址范围	页号	地址范围	页号	地址范围	页号	地址范围
0	0000～07FF	8	4000～47FF	16	8000～87FF	24	C000～C7FF
1	0800～0FFF	9	4800～4FFF	17	8800～8FFF	25	C800～CFFF
2	1000～17FF	10	5000～57FF	18	9000～97FF	26	D000～D7FF
3	1800～1FFF	11	5800～5FFF	19	9800～9FFF	27	D800～DFFF
4	2000～27FF	12	6000～67FF	20	A000～A7FF	28	E000～E7FF
5	2800～2FFF	13	6800～6FFF	21	A800～AFFF	29	E800～EFFF
6	3000～37FF	14	7000～77FF	22	B000～B7FF	30	F000～F7FF
7	3800～3FFF	15	7800～7FFF	23	B800～BFFF	31	F800～FFFF

实际编程时，汇编语言指令 AJMP　addr11 中的 addr11 往往用绝对转移地址 16 位的标号来表示，由汇编系统自动编译成绝对转移机器码。

指令 SJMP　rel 称为相对转移指令。该指令为双字节，指令中的相对地址是一个带符号的 8 位偏移量(补码)，其范围为-128～+127。负数表示向后转移，正数表示向前转移，该指令执行后程序转移到当前 PC 与 rel 之和所指示的单元。

实际编程时，汇编语言指令 SJMP　rel 中的 rel 往往用绝对转移地址的 16 位标号来表示，由汇编系统自动编译成相对转移偏移量。

指令 JMP　@A+DPTR 称为间接转移指令，又称散转指令。转移地址由数据指针 DPTR 和 A 的内容之和形成。相加之后不修改 A 和 DPTR 的内容，而是把相加的结果直接送至 PC 寄存器。指令执行后不影响标志位。例如，根据 A 的数值设计散转表程序：

```
           MOV  A,#data
           MOV  DPTR,#TABLE
           JMP  @A+DPTR
    TABLE: AJMPR0VT0
           AJMPR0VT1
           AJMPR0VT2
            ⋮
```

当 A=0 时，散转到 R0VT0；当 A=2 时，散转到 R0VT1······由于 AJMP 是双字节指令，所以 A 中的内容必须是偶数。

3. 有条件转移指令

有条件转移指令与对应的机器代码、操作功能、机器周期数等如表 3-21 所示。此类指令的机器代码为 JZ、JNZ、CJNE、DJNZ。

表 3-21 有条件转移指令及其机器代码、操作功能、机器周期数一览表

指　　令	机器代码	操作功能	字节数	机器周期数
JZ　rel	60H rel	(A)=0 转	2	2
JNZ　rel	70H rel	(A)≠0 转	2	2
CJNE　A，#data，rel	B4H datarel	(A)≠data 转	3	2
CJNE　A，direct，rel	B5H directrel	(A)≠(direct)转	3	2
CJNE　Rn，#data，rel	10111rrrdatarel	(Rn)≠data 转	3	2
CJN E@Ri，#data，rel	1011011i datarel	((Ri))≠data 转	3	2
DJNZ　Rn，rel	11011rrrrel	(Rn)←(Rn)−1，(Rn)≠0 转	3	2
DJNZ　direct，rel	D5H directrel	(direct)←(direct)−1，(direct)≠0 转	3	2

注：表中 n 的取值范围为 0～7；i 的取值范围为 0～1。

这类指令先测试某一条件是否满足，当满足条件时，程序转移到当前 PC 值加偏移量的地址去执行指令，否则继续执行下一条指令。

指令 JZ rel 和 JNZ rel 是根据 A 的内容是否为 0 来确定转移，不影响标志位。

```
JZ    rel        ;(A)=0转，PC←PC+2+rel；否则PC←PC+2，继续执行。
JNZ   rel        ;(A)≠0转，PC←PC+2+rel；否则PC←PC+2，继续执行。
```

指令"CJNE A，#data，rel""CJNE A，direct，rel""CJNE Rn，#data，rel""CJNE @Ri，#data，rel"为比较转移指令，为 3 操作数指令。这几条指令的功能是比较前两个无符号操作数，若两者相等则转移，否则继续。STC15W4K32S4 单片机没有单独的比较指令，这几条指令既具有比较功能又能根据比较结果使程序转移，因此是一类很有用的指令。

```
CJNE A,#data,rel    ;(A)≠data则转移
                    ;(A)>data, (PC)←(PC)+3+rel，C←0
                    ;(A)<data, (PC)←(PC)+3+rel，C←1
                    ;(A)=data则继续：(PC)←(PC)+3，C←0
CJNE A,direct,rel   ;(A)≠(direct)则转移
                    ;(A)>(direct), (PC)←(PC)+3+rel，C←0
                    ;(A)<(direct), (PC)←(PC)+3+rel，C←1
                    ;(A)=(direct)则继续：(PC)←(PC)+3，C←0
```

```
CJNE Rn,#data,rel   ;(Rn)≠data则转移
                    ;(Rn)>data,(PC)←(PC)+3+rel,C←0
                    ;(Rn)<data,(PC)←(PC)+3+rel,C←1
                    ;(Rn)=data则继续:(PC)←(PC)+3,C←0
CJNE @Ri,#data,rel  ;((Ri))≠data则转移
                    ;((Ri))>data,(PC)←(PC)+3+rel,C←0
                    ;((Ri))<data,(PC)←(PC)+3+rel,C←1
                    ;((Ri))=data则继续:(PC)←(PC)+3,C←0
```

指令 DJNZ Rn，rel 和 DJNZ direct，rel 是减 1 非 0 转移指令。在应用需要多次重复执行某段程序时，可以设置一个计数值，每执行一次该段程序，计数值减 1，当计数值不为 0 时继续执行，直至计数值减至 0 为止。使用此指令前要将计数值预置在工作寄存器或片内 RAM 直接地址单元中，然后执行某段程序和减 1 判 0 指令。

```
DJNZ  Rn,rel     ;(Rn)←(Rn)-1,若(Rn)≠0,则转移
                 ;(PC)←(PC)+2+rel
                 ;若(Rn)=0则继续:(PC)←(PC)+2
DJNZ direct,rel  ;(direct)←(direct)-1,若(direct)≠0时转
                 ;(PC)←(PC)+3+rel
                 ;若(direct)=0则继续:(PC)←(PC)+3
```

【例 3-13】 试编程，从 P1.0 输出 15 个方波。

解：因将 P1.0 取反两次才能输出一个方波，所以输出 15 个方波须将 P1.0 取反 30 次，汇编语言源程序如下。

```
MOV R2,#30       ;预置计数值
PULSE:CPLP1.0    ;P1.0取反
DJNZ    R2,PULSE ;(R2)-1≠0则继续循环
SJMP    $
END
```

此方波的周期为 6 个机器周期，高低电平各 3 个机器周期。

4. 子程序调用及返回指令

子程序调用及返回指令与对应的机器代码、操作功能、机器周期数等如表 3-22 所示。此类指令的机器代码为 LCALL、ACALL、RET、RETI。

表 3-22　子程序调用及返回指令与对应的机器代码、操作功能、机器周期数一览表

指　　令	机器代码	操作功能	字节数	机器周期数
LCALL addr16	12H addr16	断点入栈，(PC)←addr16	3	2
ACALL addr11	$A_{10\sim8}10001A_{7\sim0}$	断点入栈，(PC)←addr11	2	2
RET	22H	子程序返回	1	2
RETI	32H	中断子程序返回	1	2

该类指令的执行均不影响标志位。

指令 LCALL addr16 为长调用指令，允许子程序放在 64KB 空间的任何地方。

```
LCALL addr16    ;(PC)←(PC)+3;(SP)←(SP)+1,((SP))←PC₀~₇
                ;(SP)←(SP)+1,((SP))←PC₈~₁₅;PC←addr16
```

指令 ACALL addr11 为绝对调用指令，子程序的允许调用范围为 2KB 的空间范围。11
位调用地址的形成与 AJMP 指令相同。

```
ACALL  addr11   ;(PC)←(PC)+3; (SP)←(SP)+1, ((SP))←PC0~7
                ;(SP)←(SP)+1, ((SP))←PC8~15; PC←addr11
```

指令 RET 为子程序返回指令。

```
RET      ;PC15~8←((SP)), (SP)←(SP)-1
         ;PC7~0←((SP)), (SP)←(SP)-1
```

指令 RETI 为中断返回指令。RETI 指令除具有指令 RET 的功能外，同时释放中断逻
辑使之能接收同级的另一个中断请求。如果在执行 RETI 指令的时候，有一个较低的或同
级的中断已挂起，则 CPU 要在至少执行了中断返回指令之后的下一条指令后才能去响应
被挂起的中断，详见后续章节。

```
RETI                        ;除具有RET指令功能外，还将清除优先级状态触发器。
```

5. 空操作指令

```
NOP    ;(PC)←(PC)+1
```

操作码：00H

这是一条单字节单机器周期指令，其功能仅仅是使 PC 的值加 1，耗时 1 个机器周
期，一般用于延时。

3.3.5 位操作类指令

1. 位操作类指令的特点

STC15W4K32S4 硬件结构中有一个布尔处理器，因此设有一个专门处理布尔变量的指
令集，又称位操作指令。这类指令包括位传送、位逻辑运算、位控制程序转移等指令。在
布尔处理器中，位传送和位逻辑运算是通过 CY 标志位来完成的，CY 的作用相当于一般
CPU 中的累加器。

位操作指令共 17 条。位地址可以是片内 RAM 20H～2FH 单元中连续的 128 位和特殊
功能寄存器中的可寻址位。后者分布在 80H～FFH 范围内，但不是连续的；从 80H 开始有
若干个可以位寻址的特殊功能寄存器。片内 RAM 20H～2FH 可位寻址的单元位地址空
间为 00H～7FH，共 128 个位。在进行位操作时，汇编语言中位地址的表达方式可有多
种方式。

(1) 直接位地址方式：如 07H 为 20H 单元的 D7 位，D6H 为 PSW 的 D6 位(即 AC 标
志位)。

(2) 点操作符方式：如 PSW.4，P1.0。

(3) 位名称方式：如 RS1，RS0，CY(PSW.7)。

(4) 用户定义名方式：用伪指令 bit 定义，如 VSR_FLG bit F0，经定义后，允许指
令中用 VSR_FLG 代替 F0。

位操作指令所用的助记符有 MOV、CLR、CPL、SETB、ANL、ORL、JC、JNC、
JNB、JB 和 JBC 共 11 种。

2. 位数据传送指令

位数据传送指令与对应的机器代码、操作功能、机器周期数等如表 3-23 所示。此类指令的机器代码为 MOV。

表 3-23　位数据传送指令及其机器代码、操作功能、机器周期数一览表

指　令	机器代码	操作功能	字节数	机器周期数
MOV　C，bit	A2H　bit	(C)←(bit)	2	1
MOV　bit，C	92H　bit	(bit)←(C)	2	1

这两条指令用于直接寻址位与位累加器之间的数据传送。直接寻址位为片内 20H～2FH 单元的 128 个位及 80H～FFH 中的可位寻址的特殊功能寄存器中的各位。若直接寻址位为 P0～P3 端口中的某一位，指令执行时，先读入端口的全部内容(8 位)，然后把 C 的内容传送到指定位，再把 8 位内容传送到端口的锁存器。所以，它也是一种"读—修改—写"指令。

例如，把片内 2FH 单元的 D0 位传送至 C 中，设 2FH=89H，汇编指令为 MOV　C，78H (78H 为 2FH 单元 D0 的位地址)，执行结果：(C)=1。

【例 3-14】　试编程，把 P1.0 的状态传送到 P1.6。

解：汇编语言源程序如下。

```
MOV    C,P1.0      ;读入P1口的8位数据，修改P1.6位，然后把8位
MOV    P1.6,C      ;数据写到P1口的锁存器。
SJMP   $
END
```

3. 位修正指令

位修正指令与对应的机器代码、操作功能、机器周期数等如表 3-24 所示。此类指令的机器代码为 CLR、CPL、SETB。

表 3-24　位修正指令及其机器代码、操作功能、机器周期数一览表

指　令	机器代码	操作功能	字节数	机器周期数
CLR　C	C3H	(C)←0	1	1
CLR　bit	C2H　bit	(bit)←0	2	1
CPL　C	B3H	(C)←/(C)	1	1
CPL　bit	B2H　bit	(bit)←/(bit)	2	1
SETB　C	D3H	(C)←1	1	1
SETB　bit	D2H　bit	(bit)←1	2	1

该类指令的功能是对进位标志位和直接寻址位清零、取反、置位。式中的"/"表示该位取反后再参与运算，但不改变原来的内容。指令执行后不影响其他标志。当直接寻址位为 P0～P5 端口的某一位时，具有"读—修改—写"操作功能。

4. 位逻辑运算指令

位逻辑运算指令与对应的机器代码、操作功能、机器周期数等如表 3-25 所示。此类指

令的机器代码为 ANL、ORL。

表 3-25　位逻辑运算指令及其机器代码、操作功能、机器周期数一览表

指　令	机器代码	操作功能	字节数	机器周期数
ANL　C，bit	82H　bit	(C)←(C)∧(bit)	2	2
ANL　C，/bit	B0H　bit	(C)←(C)∧/(bit)	2	2
ORL　C，bit	72H　bit	(C)←(C)∨(bit)	2	2
ORL　C，/bit	A0H　bit	(C)←(C)∨/(bit)	2	2

这类指令的功能是把进位标志位 CY 的内容与直接寻址位进行逻辑与、逻辑或的操作，操作的结果送至 CY 中。式中的"/"表示该位取反后再参与运算，但不改变原来的内容。

5. 判位转移指令

判位转移指令与对应的机器代码、操作功能、机器周期数等如表 3-26 所示。此类指令的机器代码为 JC、JNC、JB、JNB、JBC。

表 3-26　判位转移指令及其机器代码、操作功能、机器周期数一览表

指　令	机器代码	操作功能	字节数	机器周期数
JC　　rel	40H　rel	(C)=1 转	2	2
JNC　　rel	50H　rel	(C)=0 转	2	2
JB　bit，rel	20H　bit rel	(bit)=1 转	3	2
JNB bit，rel	30H　bit rel	(bit)=0 转	3	2
JBC bit，rel	10H　bit rel	(bit)=1 转，(bit)←0	3	2

指令 JC rel 和 JNC rel 是判进位标志位 C 是否为 1 或为 0 转，当条件满足时转移，否则继续执行程序：

```
JC    rel          ;(C)=1时转：PC←PC+2+rel，否则PC←PC+2，继续
JNC   rel          ;(C)=0时转：PC←PC+2+rel，否则PC←PC+2，继续
```

指令 JB bit，rel 和 JB bit，rel 是判直接寻址位是否为 1 或为 0 转，当条件满足时转移，否则继续执行程序：

```
JB  bit, rel       ;(bit)=1时转：PC←PC+3+rel，否则PC←PC+3，继续
JNB bit, rel       ;(bit)=0时转：PC←PC+3+rel，否则PC←PC+3，继续
```

指令 JBC bit，rel 是判直接寻址位是否为 1 转，当条件满足时转移，指令执行后同时将该位清零：

```
JBC bit, rel       ;(bit)=1时转：PC←PC+3+rel，(bit)←0，否则PC←PC+3，
                   ;继续。该指令也具有"读—修改—写"的功能。
```

【例 3-15】 比较内部 RAM 中 30H 和 40H 单元中的两个无符号数的大小，将大数存入 50H，小数存入 51H 单元中，若两数相等，使片内 RAM 的 127 位置 1。

解：汇编语言源程序如下。

```
    MOV     A,30H
```

```
          CJNE    A,40H,Q1      ;不相等转
          SETB    127           ;两数相等,位127置1
          RET
    Q1:   JC      Q2            ;(C)=1，(30H)＜(40H)转
          MOV     50H,A         ;(30H)＞(40H)
          MOV     51H,40H
          RET
    Q2:   MOV     50H,40H       ;(30H)＜(40H)
          MOV     51H,A
          RET
```

【例 3-16】　测试 P1 口的 P1.7 位，若该位为 1，将 30H 单元的内容输出到 P2 口，否则读入 P1 口的状态存入片内 20H 单元。

解: 汇编语言源程序如下。

```
          JB      P1.7,LP       ;P1.7=1则转
          MOV     20H,P1
          RET
    LP:   MOV     P2,30H
          RET
```

到此，STC15W4K32S4 指令系统的全部指令介绍完毕，请读者一定要认真研习，理解并掌握它们，"指令系统"就是"语法"！

3.4　汇编语言程序设计与调试

单片机应用系统是由硬件电路和应用软件组成的，应用软件是应用系统的"魂"。应用软件必须符合两个要素：一是遵守指令系统的"语法"规则，二是要体现应用系统为达到"性能指标要求"而提出的"思路和方法"。解决问题的思路和方法就叫作算法，因此，程序可以用一个方程式表示：

$$程序=语法+算法$$

3.4.1　伪指令

汇编语言中除常用指令外，还有一些用来对"汇编"过程进行控制，或者对符号、标号赋值的指令。在汇编过程中，这些指令不被翻译成机器代码，因此称为"伪指令"。汇编语言中常用的伪指令如表 3-27 所示。

表 3-27　常用伪指令

伪指令名称(英文含义)	伪指令格式	作　用
ORG(Origin)	ORG　Addr16	汇编程序段起始
END	END	结束汇编
DB(Define Byte)	DB 8 位二进制数表	定义字节
DW(Define Word)	DW 16 位二进制数表	定义字
DS(Define Storage)	DS 表达式	定义预留存储空间
EQU(Equate)	字符名称　EQU　数据或汇编符	给左边的字符名称赋值

续表

伪指令名称(英文含义)	伪指令格式	作　用
DATA(Define Lable Data)	字符名称　DATA　表达式	数据地址赋值，定义标号数值
BIT	字符名称　BIT　位地址	位地址赋值

1. 汇编程序段起始伪指令 ORG

格式：`ORG Addr16`

功能：规定下一程序段的起始地址。例如：

```
        ORG     0BH           ;指出下一程序段的起始地址为0BH
T0C:    MOV     A,#30H        ;(A)<=30H
```

第一条语句为伪指令，指出下一程序段的起始地址为 0BH，所以标号 T0C 所代表的地址就为 0BH。一个汇编语言程序可以有多个 ORG 伪指令，以规定不同程序段的起始地址，但要符合程序地址从小到大的顺序。

2. 汇编结束伪指令 END

格式：`END`

功能：一般放在程序的结尾，表示汇编至此结束，在 END 语句后面的指令不进行编译。

3. 赋值伪指令 EQU

格式：字符名称　EQU　数据或汇编符号

功能：将一个数据或特定的汇编符号赋予规定的字符名称。例如：

```
TABLE  EQU  2000H          ;字符名称TABLE在程序中代表2000H
LEDDA  EQU  3FH            ;字符名称LEDDA在程序中代表3FH
ORG  00H                  ;指出下一程序段的起始地址为00H
MOV  A,#LEDDA             ;(A)←3FH
MOV  DPTR,#TABLE          ;(DPTR)←2000H
⋮
```

汇编软件会自动把 EQU 右边的"数据或汇编符号"赋给左边的"字符名称"。

注意：

(1) "字符名称"不是标号，不能用":"作分隔符。

(2) "字符名称"、EQU、"数据或汇编符号"之间要用空格隔开。

(3) 给"字符名称"所赋的值可以是 8 位或 16 位数据或地址。

(4) "字符名称"在程序中可以作为数据或地址使用。

(5) 一个字符名称在一个程序中只能被赋值一次。

(6) "字符名称"必须先定义后使用，所以赋值伪指令通常放在程序的开头。

4. 数据地址赋值伪指令 DATA

格式：字符名称　DATA　表达式

功能：将数据、地址、表达式赋值给字符名称。

"字符名称"、EQU、"数据或汇编符号"之间要用空格隔开；DATA 伪指令可将表达式赋给字符名称，已定义字符名称也可以出现在表达式中。例如：

```
TAB  DATA  20H          ;用TAB代表20H
TBB  DATA  TBB+10H       ;用TBB代表表达式
ORG  00H                ;指出下一程序段的起始地址为00H
MOV  A,TAB              ;(A)←(TAB)
MOV  R0,TBB             ;(R0)←(TBB)
   ⋮
```

5. 定义字节伪指令 DB

格式：DB 8 位二进制数表

功能：从指定的地址单元开始，在 ROM 存储单元中定义若干个 8 位二进制数据。

当多于一个数据时，数据间用","隔开。若数据表首有标号，数据依次存放到以左边标号为首地址的存储单元中。数据可以采用二进制、十进制、十六进制或 ASCII 码等多种形式表示，若采用 ASCII 码，则须用双引号("")或单引号(' ')括住。例如：

```
ORG  1000H
TAB:  DB  28,38H,0100B,"A",'5'
```

以上伪指令经汇编后，在 ROM 中地址从 1000H 单元开始的连续单元中赋值如下：

```
(1000H)=1CH        ;为十进制数28的十六进制数
(1001H)=38H        ;为十六进制数
(1002H)=04H        ;为二进制数0100B的十六进制数
(1003H)=41H        ;为ASCII码 "A" 的十六进制数
(1004H)=35H        ;为ASCII码 '5' 的十六进制数
```

6. 定义字伪指令 DW

格式：DB 16 位二进制数表

功能：从指定的地址单元开始，在 ROM 存储单元中定义若干个 16 位二进制数据。

当多于一个数据时，数据间用","隔开。高字节先存入，占低位地址；低字节后存入，占高位地址。不足 16 位的，左边用 0 补充。例如：

```
ORG  1000H
TAB:  DW  28,1238H,0100B
```

以上伪指令经汇编后，在 ROM 中地址从 1000H 单元开始的连续单元中赋值如下：

```
(1000H)=00H
(1001H)=1CH
(1002H)=12H
(1003H)=38H
(1004H)=00H
(1005H)=04H
```

共占 6 个单元。

7. 定义预留存储空间伪指令 DS

格式：DS 表达式

功能：从指定的地址单元开始，在 ROM 存储单元中预留若干个字节，字节个数由表达式的值决定。例如：

```
        ORG  1000H
TAB:    DS  28
        NOP
```

以上伪指令经汇编后，在 ROM 中地址从 1000H 单元开始预留连续 28 个单元，在 101DH 单元中存放指令 NOP 的机器代码 00H。

8. 定义位地址伪指令 BIT

格式：字符名称　BIT　位地址

功能：将位地址赋值给左边的"字符名称"。例如：

FLAG1 BIT 00H　　　　　;内部RAM中20H单元的D0位
FLAG2 BIT PSW.1　　　　　;PSW的D1位

在后续的程序中，FLAG1 和 FLAG2 可作为位地址使用。

3.4.2　程序设计

1. 单片机应用系统程序设计的步骤

单片机应用系统是由硬件电路和应用软件组成的。应用软件就是应用程序。就应用程序设计而言，从接受任务到完成系统研发，通常分为以下 6 个步骤。

1)　明确任务、分析任务、构思程序设计基本框架

根据项目任务书，明确功能要求和技术指标，构思程序设计基本框架，这是程序设计的第一步。一般可将应用程序划分为若干个功能模块，每个功能模块完成特定的子任务，即模块化程序设计。

2)　合理使用单片机硬件资源

单片机硬件资源有限，合理使用单片机硬件资源是非常重要的，它会使程序占用的 ROM 空间少，执行速度快，处理突发事件能力强，工作稳定可靠。若要求定时精度高，则采用定时/计数器；若要求及时处理突发事件，则采用中断；若要求多位 LED 数码管显示，宜采用动态扫描方式等。确定好存放原始数据、中间数据及结果数据的存储单元，安排好工作寄存器、堆栈等也是极为重要的。

3)　选择算法，优化算法

算法，即解决问题的思路和方法。对程序算法的选择，应力求占用 ROM 空间少，执行速度快。

4)　设计程序流程图

根据构思的程序设计框架设计好程序流程图。流程图包括主程序流程图、子程序流程图和中断服务程序流程图。流程图使程序设计思路清晰。

5)　编写程序

编写的程序要力求正确、简练、易读、易改。

6)　程序调试

程序调试是检验程序正确性的必要步骤，通常要借助单片机开发工具进行调试。程序调试一般可分为以下两步。

(1) 程序汇编。通过汇编工具(如 Keil)进行汇编，汇编通过即说明程序语法正确。

(2) 仿真调试。用单片机仿真器与硬件电路结合进行调试，调试结果符合技术指标要求，则说明算法正确，是正确的程序设计。

特别指出，单片机系统也可以采用 PROTEUS 设计与仿真平台进行仿真调试。PROTEUS 设计与仿真平台是当前比较优秀的 EDA，它对设计者理解应用系统的软硬件有很好的帮助，但与实际的应用系统还是有区别的，读者在实践过程中要认真体会与总结。

2. 程序流程图

程序流程图表明了程序的算法，即解决问题的思路和方法，它是由各种示意图形、符号、指示线、说明、注释等组成的。表 3-28 列出了常用的流程图符号和说明。

表 3-28　常用的流程图符号和说明

符　号	名　称	功　能
	起始框或结束框	程序的开始或结束
	进程框	各种处理操作
	判断框	条件转移操作
	输入/输出框	输入/输出操作
	流程线	描述程序流向
	引入/引出线	流向的连接

3. 程序设计注意事项

在设计程序时应注意以下几方面。

(1) 尽量采用循环结构和子程序，以减少程序总容量，提高程序编写效率。

(2) 尽量采用模块化程序设计方法，以使程序条理清楚，层次分明，易读，易改。

(3) 尽量少用无条件转移语句。

(4) 对于子程序，要考虑通用性，要注意入口和出口，要注意对硬件资源的使用。

(5) 对中断服务程序，要注意对现场的保护与恢复。

3.4.3　程序结构

顺序结构、选择结构和循环结构是程序设计的三种基本结构，是编写程序的基础。

1. 顺序结构

顺序结构是指程序一条指令接一条指令执行的结构，是应用最普遍的程序结构。

【例 3-17】　设(30H)=55H，(31H)=66H，设计程序，将片内 30H 单元的数据传送到片内 40H 单元和片外 1000H 单元，并将片内 30H 单元和 31H 单元的内容互换。

解： 程序流程图如图 3-10 所示，汇编语言程序如下。

```
ORG      0000H
LJMP     START
ORG      30H
```

```
START:  MOV     30H, #55H           ; (30H)←55H
        MOV     31H, #66H           ; (31H)←66H
        MOV     A, 30H              ; (A)←(30H)
        MOV     40H, A              ; (40H)←(A)
        MOV     DPTR, #1000H        ; (DPTR)←1000H
        MOVX    @DPTR, A            ; 片外(1000H)←(A)
        XCH     A, 31H              ; (A)与(31H)互换
        MOV     30H, A              ; (30H)←(A)
        LJMP    $
        END
```

2. 选择结构

选择结构是指程序在执行过程中，依据条件选择执行不同的分支程序，所以又称"分支结构"。为实现程序分支，编写选择结构程序时要合理选用具有判断功能的指令，如条件转移指令、比较转移指令或位转移指令。

【例 3-18】 有两个无符号数保存在片内 RAM 的 30H 和 31H 单元中，找出其中较大的数保存到片内 RAM 的 40H 单元中。

解：程序流程图如图 3-11 所示，汇编语言程序如下。

```
        ORG     00H
        LJMP    START
        ORG 30H
START:  MOV     A,30H               ; (A)←(30H)
        CLR     C                   ; C←0
        SUBB    A,31H               ; 做减法，比较两数
        JC      LOOP1               ; (31H)>(30H)转
        MOV     A,30H
        LJMP    LOOP2
LOOP1:  MOV     A,31H
LOOP2:  MOV     40H,A
        LJMP    $
        END
```

【例 3-19】 已知 X、Y 均为 8 位二进制数，分别存放在片内 RAM 的 30H 和 31H 单元中，试编写程序求函数的值。

$$Y = \begin{cases} +1, & \text{当} X > 0; \\ 0, & \text{当} X = 0; \\ -1, & \text{当} X < 0。 \end{cases}$$

解：程序流程图如图 3-12 所示，汇编语言程序如下。

```
        ORG     00H
        LJMP    START
        ORG 30H
START:  MOV     A, 30H              ; (A)←(30H)
        CJNE    A, #0, LOOP1
        MOV     31H, #0
        LJMP    LOOP
LOOP1:  MOV     A, 30H
        JB      ACC.7, LOOP2
        MOV     31H, #1
        LJMP    LOOP
LOOP2:  MOV     31H, #81H
```

```
LOOP:     LJMP     $
          END
```

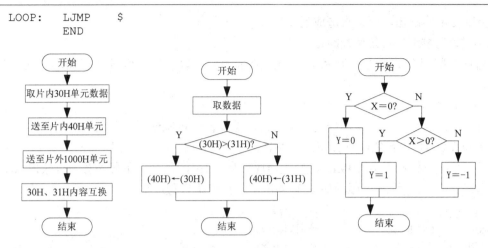

图 3-10　例 3-17 流程图　　　图 3-11　例 3-18 流程图　　　图 3-12　例 3-19 流程图

选择结构允许嵌套，从而形成多级选择结构。STC15W4K32S4 汇编语言不限制嵌套的层数，但过多的嵌套将使程序变得臃肿，容易造成混乱，因此应避免过多地嵌套。

3. 循环结构

循环是指 CPU 反复地执行某程序段(循环体)。实际上，循环结构仅是选择结构的一种特殊形式。循环结构按判断条件的先后分为当型循环和直到型循环，它们的程序流程图如图 3-13 所示。当型循环是"先判条件后执行循环体"，因此循环体有可能一次也不被执行；直到型循环是"先执行循环体后判条件"，因此循环体至少被执行一次。

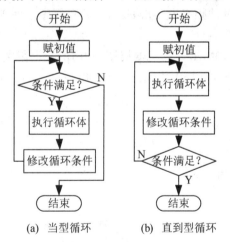

(a)　当型循环　　　　(b)　直到型循环

图 3-13　循环结构流程图

循环结构主要由 4 个部分组成。

(1) 初始化部分(赋初值)。

在进入循环之前，要先对循环控制变量赋初值，这是保证循环程序正确执行所必需的。

(2) 处理部分(循环体)。

循环体是循环结构的核心部分，完成实际的处理工作。在循环体中，一定要包含修改循环控制变量的语句，否则将造成死循环。

(3) 循环控制部分(条件判断)。

循环控制部分的任务是判断循环控制变量的值，以决定是继续执行循环体还是退出循环。

(4) 退出循环。

值得注意的是，有的循环控制变量的修改是和循环控制变量的判断合并完成的。

【例 3-20】 设系统时钟频率为 10MHz，试编写软件延时子程序。

解: 系统时钟频率为 10MHz，则机器周期为 0.1μs，该延时子程序有一个入口 R6，使用工作寄存器 R7，程序流程图如图 3-14 所示，汇编语言程序如下。

```
DELAY:                  ;延时子程序，入口：R6
MOV     R7,#250         ;单周期指令
DJNZ    R7,$            ;双周期指令
DJNZ    R6,delay        ;双周期指令
RET                     ;双周期指令
```

该延时子程序的延时时间为：$(R6)*(1+2*250+2)*0.1+0.2(\mu s)$。

4. 子程序

子程序是具有特殊功能的程序段，子程序可以被主程序或其他子程序通过 LCALL、ACALL 指令调用。子程序第一条指令的地址称为子程序入口地址，子程序的最后一条指令必须是 RET，即返回到调用程序中调用子程序指令的下一条指令。典型的子程序调用结构如图 3-15 所示。

【例 3-21】 设系统时钟频率为 10MHz，试编写程序，使 R5 的内容从 0 开始，每隔 10ms 加 1，直到(R5)=255。

解: 系统时钟频率为 10MHz，则机器周期为 0.1μs，调用例 3-20 中的延时子程序，则 $10\ 000\mu s =(R6)*(1+2*250+2)*0.1+0.2(\mu s)$得 R6=200，程序流程图如图 3-16 所示，汇编语言程序如下。

```
START:  MOV R5,#0H
LOOP:   MOV R6,#200
        LCALL DELAY
        INC R5
        CJNE R5,#255,LOOP
        LJMP $
```

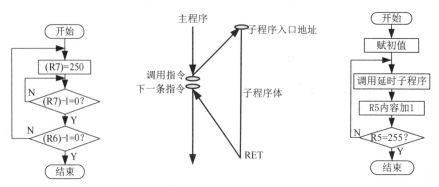

图 3-14 例 3-20 程序流程图   图 3-15 子程序调用结构示意图   图 3-16 例 3-21 程序流程图

3.4.4 汇编语言程序调试

下面以例 3-21 为例，介绍 Keil 汇编程序调试的步骤和方法。

1. 获得目标代码

如 2.3.3 节介绍，针对例 3-21 建立工程、汇编、连接工程，并获得目标代码，如图 3-17 所示。

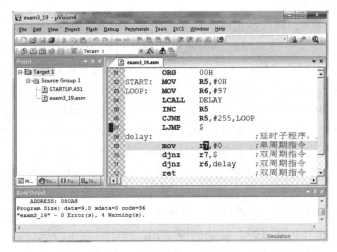

图 3-17 例 3-21 工程

2. 运行程序

按 Ctrl+F5 快捷键或者使用菜单命令 Debug→Start/Stop Debug Session 或者单击快捷按钮即可进入调试状态，如图 3-18 所示。

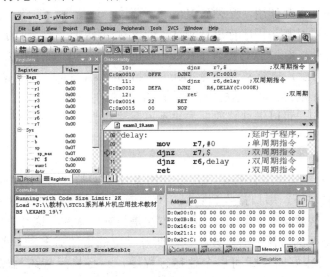

图 3-18 例 3-21 调试界面

1）单步执行

单步执行是每次执行一行程序，执行完该行程序以后即停止，等待命令执行下一行程序，此时可以观察该行程序执行完以后得到的结果，是否与写该行程序所想要得到的结果相同，借此可以找到程序中问题所在。

执行菜单命令 Debug→Step 或者使用快捷键 F11 或者单击快捷按钮 ⏻，可以单步执行一行程序；执行菜单命令 Debug→Step Over 或者使用快捷键 F10 或者单击快捷按钮 ⏻，可以以过程单步形式执行命令。所谓过程单步，是指将汇编语言中的子程序或高级语言中的函数作为一个语句来全速执行。

通过单步执行程序，可以找出一些问题的所在，但是仅依靠单步执行来查错有时是困难的，或虽能查出错误但效率很低，为此必须辅之以其他的方法，如本例中延时子程序 Delay 中的"djnz r7，$"，这一行程序执行两万多次来达到延时的目的，如果用按快捷键 F11 两万多次的方法来执行完该程序行，显然不合适，为此，可以采取以下方法。

第一种方法，用鼠标在子程序的最后一行(RET)单击，把光标定位于该行，然后执行菜单命令 Debug→Run to Cursor line(执行到光标所在行)或者使用快捷键 Ctrl+F10 或者单击快捷按钮 ⏻，即可全速执行黄色箭头与光标之间的程序行。

第二种方法，在进入该子程序后，执行菜单命令 Debug→Step Out of Current Function(单步执行到该函数外)或者使用快捷键 Ctrl+F11 或者单击快捷按钮 ⏻，即全速执行调试光标所在的子程序或子函数并指向主程序中的下一行程序(这里是指 INC R5 行)。

第三种方法，在开始调试时，按快捷键 F10，程序也将单步执行，不同的是，执行到 LCALL DELAY 行时，按下快捷键 F10，调试光标不进入子程序的内部，而是全速执行完该子程序，然后直接指向下一行"INC R5"。灵活应用这几种方法，可以大大提高查错的效率。

2）在线汇编

在进入 Keil 的调试环境以后，如果发现程序有错，可以直接对源程序进行修改。但是，要使修改后的代码起作用，必须先退出调试环境，重新进行编译、连接后再次进入调试环境。如果只需要对某些程序行进行测试，或仅对源程序进行临时的修改，这样的过程未免有些麻烦，为此，Keil 软件提供了在线汇编的能力。具体操作方法如下：将光标定位于需要修改的程序行上，执行菜单命令 Debug→Inline Assembly，弹出图 3-19 所示的对话框，在 Enter New Instruction 文本框内直接输入需更改的程序语句，输入完后按 Enter 键将自动指向下一条语句，可以继续修改。如果不再需要修改，可以单击右上角的关闭按钮关闭对话框。

3）断点

程序调试时，一些程序行必须满足一定的条件才能被执行到(如程序中某变量达到一定的值、按键被按下、串口接收到数据、有中断产生等)。这些条件往往是异步发生或难以预先设定的。这类问题使用单步执行的方法是很难调试的，这时就要使用到程序调试中的另一种非常重要的方法——设置断点。断点设置的方法有多种，常用的是在某一程序行设置断点。设置好断点后可以全速运行程序，一旦执行到该程序行即停止，可在此观察有关变量值，以确定问题所在。

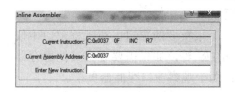

图 3-19　在线汇编对话框

在程序行设置/移除断点的方法是将光标定位于需要设置断点的程序行，执行菜单命令 Debug → Insert/Remove BreakPoint，也可以在该行双击；执行菜单命令 Debug → Enable/Disable Breakpoint，可开启或暂停光标所在行的断点功能；执行菜单命令 Debug→ Disable All Breakpoint，可暂停所有断点；执行菜单命令 Debug→Kill All BreakPoint，可清除所有的断点设置。这些功能也可以用工具条上的快捷按钮来实现。

除了在某程序行设置断点这一基本方法以外，Keil 软件还提供了多种设置断点的方法，详细内容请查阅相关资料。

4)　程序调试窗口

Keil 软件在调试程序时提供了多个窗口，主要包括输出窗口(Output Window)、观察窗口(Watch&Call Stack Window)、存储器窗口(Memory Window)、反汇编窗口(Disassambly Window)、串行窗口(Serial Window)等，如图 3-20 所示。进入调试模式后，可以通过 View 菜单下的相应命令打开或关闭这些窗口。各窗口的大小可以使用鼠标调整。进入调试程序后，输出窗口自动切换到 Command 页(命令页)。

(1)　工程窗口寄存器页。

图 3-21 是工程窗口寄存器页。寄存器页包含当前的工作寄存器组和系统寄存器组。系统寄存器组有一些是实际存在的寄存器，如 A、B、DPTR、SP、PSW 等，有一些是实际并不存在或虽然存在却不能对其操作的，如 PC、Status 等。每当程序执行到对某寄存器的操作时，该寄存器会以反色(蓝底白字)显示，用鼠标双击或单击后按 F2 键，即可修改该值。

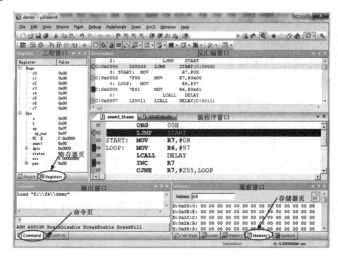

图 3-20　程序调试窗口

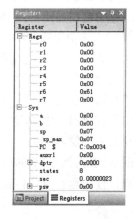

图 3-21　工程窗口寄存器页

(2) 观察窗口存储器页。

观察窗口存储器页是一个很重要的窗口。在工程窗口中仅可以观察到工作寄存器和有限的寄存器，如 A、B、DPTR 等，如果需要观察其他寄存器的值或者在高级语言编程时需要直接观察变量，就要借助于观察窗口存储器页了。

观察窗口存储器页可以显示系统中各种内存中的值，通过在 Address 文本框内输入"字母:数字"即可显示相应内存值。其中，字母可以是 C、D、I、X，分别代表代码 ROM 空间、直接寻址的片内 RAM 空间、间接寻址的片内 RAM 空间、扩展的 RAM 空间，数字代表想要查看的地址。例如，输入"D:0"即可观察到地址 0 开始的片内 RAM 单元值，输入"C:0"即可显示从 0 开始的 ROM 单元中的值，即查看程序的二进制代码。

该窗口的显示值可以以各种形式显示，如十进制、十六进制、字符型等。改变显示方式的方法是单击鼠标右键，在弹出的快捷菜单中选择需要的显示方式，如图 3-22 所示。其中，Decimal 项是一个开关，如果选中该项，则窗口中的值将以十进制的形式显示，否则按默认的十六进制方式显示；Unsigned 和 Signed 分别有 4 个子选项：Char、Int、Short 和 Long，分别代表以单字节方式显示、将相邻双字节组成整型数方式显示、将相邻 4 字节组成长整型方式显示，而 Unsigned 和 Signed 则分

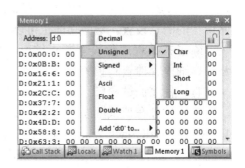

图 3-22　选择存储器数值显示方式

别代表无符号形式和有符号形式，究竟从哪一个单元开始的相邻单元则与设置有关，以整型为例，如果输入的是"I:0"，那么 00H 和 01H 单元的内容将会组成一个整型数，而如果输入的是"I:1"，01H 和 02H 单元的内容将会组成一个整型数，以此类推，默认以无符号单字节方式显示；选中 Ascii 项则将以字符形式显示；选中 Float 项将以相邻 4 字节组成的浮点数形式显示；选中 Double 项则将以相邻 8 字节组成的双精度形式显示。双击鼠标处的内存单元，可以更改数值。

(3) 各种窗口在程序调试中的用途。

【例 3-22】　调试界面如图 3-20 所示。

源程序窗口显示源程序清单；反汇编窗口显示每行源程序及汇编后的代码，单击复位按钮 后，在两个窗口的左边有一个向右的箭头，指向程序代码的第一条指令，即 PC 的值为 0000H；在调试的过程中，可以在这两个窗口中(任一个)设置断点；按单步执行，左边的箭头会向下移动，同时，程序指针的值会发生相应的变化。

工程窗口的寄存器页显示程序执行过程中工作寄存器及系统寄存器的值；也可以在观察窗口的存储器页(D:0)显示程序执行过程中的内部 RAM 值。必要时可在这两个窗口中修改寄存器或存储器的值。

图 3-23 为例 3-21 的调试结果。注意，为了得到调试结果，须在程序的"LJMP $"前加断点，程序运行至此停止，得到图 3-23 所示的结果。

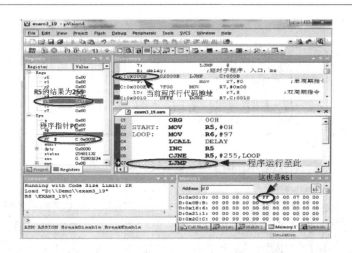

图 3-23　例 3-21 调试结果

3.4.5　汇编语言程序设计举例

1. 延时程序

在单片机应用系统中，延时程序是经常使用的程序，一般设计成具有通用性的循环结构延时子程序。根据延时时间要求，可以设计成单循环延时子程序和双重循环延时子程序。软件延时子程序延时时间太长，会占用太多 CPU 时间，通常会用定时器/计数器来实现。在设计延时子程序时，延时的最小单位为机器周期，所以要注意晶振频率。

软件延时子程序详见例 3-20，入口条件：R6，该延时子程序的延时时间为：
$(R6)*(1+2*250+2)*0.1\mu s+0.2\mu s$。

2. 查表程序

在单片机应用系统中，由于单片机的计算能力相对较弱，许多固定的数据通过 DB 或 DW 伪指令以表格的形式存放在 ROM 中，以代替数据计算、转换、补偿等功能，因此查表程序就成为经常使用的程序。用于查表的命令有以下两条：

```
MOVC    A, @A+DPTR
MOVC    A, @A+PC
```

1)　使用 MOVC　A，@A+DPTR 指令的查表程序

当用 DPTR 做基址寄存器时，寻址范围为整个程序存储器的 64KB 空间，表格可存放在 ROM 的任何位置，查表的步骤分为以下三步。

(1)　基址值(表格首地址)→DPTR 中；

(2)　变址值(要查的数据在表格中的位置与表格首地址之间的间隔字节数)→A 中；

(3)　执行 MOVC　A，@A+DPTR 命令。

【例 3-23】　有 8 位 LED 数码管显示电路如图 3-24 所示，要显示的数(0～F)对应存放在首地址为 DATABUF 的内部 RAM 中，段码表存放在首地址为 LEDMAP 的 ROM 中，试编写查表子程序，查数据的段码送相应显示缓冲区(在内部 RAM 中，首地址为

LEDBUF)。

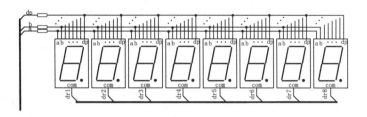

图 3-24　8 位 LED 显示电路

> **知识链接**　　七段 LED 数码管是由 8 个小的发光二极管组成的，每一个发光二极管由一根口线控制其亮与灭，共有 8 根口线。要使数码管显示不同的字符，就必须向 8 根口线送出不同的"数"，这个"数"称作该字符的"段码"。不同字符的段码组成的表格称作"段码表"。

　　解：该查表子程序入口和出口是用伪指令定义的，使用寄存器 A、DPTR 及工作寄存器 R0、R1、R2，程序流程图如图 3-25 所示，汇编语言程序如下(T3-23.asm)。

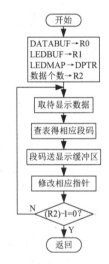

图 3-25　例 3-23 程序流程图

```
        ORG 1000H
SEG:    LEDBUFEQU60H          ;显示缓冲区
        DATABUFEQU50H         ;数据缓冲区
        MOVR0,#LEDBUF         ;显示缓冲区首址→R0中
        MOVR1,#DATABUF        ;数据缓冲区首址→R1中
        MOVR2,#8              ;显示数据位数→R2中
        MOVDPTR,#LEDMAP       ;段码表首址→DPTR中
LOOP:   MOV  A,@R1            ;取数据
        MOVC A,@A+DPTR        ;查表
        MOV  @R0,A            ;段码送显示缓冲区
        INC  R0               ;修改指针
        INC  R1
        DJNZ R2,LOOP
        RET
          ORG 2000H
LEDMAP:                       ;字符0~F、P及"灭"八段共阴极数码管段码表
        DB   3FH,06H,5BH,4FH,66H,6DH,7DH,07H
        DB   7FH,6FH,77H,7CH,39H,5EH,79H,71H,73H,00H
END
```

Keil 调试：

创建工程 Exam3_23→新建文件 Exam3_23.asm→编译→调试，结果如图 3-26 所示。

注意，在调试程序前要做好准备工作：①在语句行 ret 处设置断点，以便观察运行结果；②要在地址为 50H 开始的内部 RAM 中输入数据，图 3-26 中输入的是"1、2、3、4、5、6"。

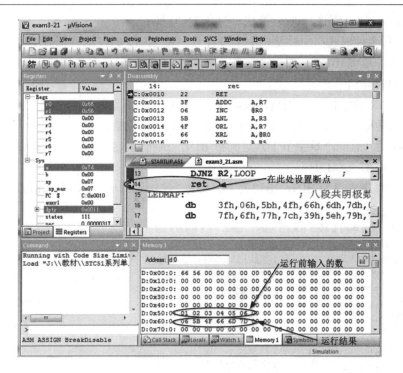

图 3-26　例 3-23 程序调试结果

2)　使用 MOVC　A，@A+PC 指令的查表程序

当用 PC 做基址寄存器时，基址 PC 是当前程序计数器的值，即查表指令的下一条指令的首址。查表范围是查表指令后 256B 的地址空间。由于 PC 是程序指针寄存器，其值与存放指令的地址有关，因此查表操作是不同的，查表步骤可分为以下三步。

(1)　变址值(要查的数据在表格中的位置与表格首地址之间的间隔字节数)→A 中；

(2)　偏移量(查表指令的下一条指令与表格首地址之间的间隔字节数)+A→A；

(3)　执行 MOVC　A，@A+PC 指令。

【例 3-24】　有一个十进制数(0～9)存放在 A 中，试用查表法求 A 中数据的 ASCII 码并存放在 A 中。

解：该查表子程序入口和出口均为 A，汇编语言程序如下。

```
     ORG 1000H
ASC:    ADD     A,#1              ;MOVC指令的下一条指令与TAB间字节数
        MOVC    A,@A+PC          ;查表
        RET
TAB:                             ;0～9的ASCII码表
        db   30h,31h, 32h, 33h,34h
        db   35h,36h, 37h, 38h,39h
        END
```

3. 码制转换程序

在单片机应用程序中，经常涉及各种码制转换问题。在单片机内部计算和存储时都采用二进制码，在数据的输入/输出中，按照人们的习惯，多采用代表十进制的 BCD 码(用四位二进制数表示一位十进制数)表示。

1) 二进制(或十六进制)数转换成十进制(BCD 码)

BCD 码有两种形式：一种是一个字节存放一位 BCD 码，这种形式主要用在显示或输出；另一种叫作压缩 BCD，即一个字节存放两个 BCD 码(高四位和低四位各存放一个)，主要目的是节省存储单元。

将单字节二进制(十六进制)数转换成 BCD 码的一般方法是把二进制数除以 100，商即为百位数；余数除以 10，再提商即为十位数，余数为个位数。

【例 3-25】 有一个单字节十六进制数 BIN，试将其转换成非压缩 BCD 码存放于地址为 BCDDR 的内部 RAM 中。

解：该子程序入口为 BIN，出口为 BCDDR，使用资源 A、B，汇编语言程序如下。

```
        ORG 1000H
BCD: MOV    B,#100
MOV A,#BIN                ;取数
MOV R0,#BCDDR            ;非压缩BCD码存放地址
    DIV AB               ;除以100
    MOV @R0,A            ;百位数→BCDDR中
    MOV A,B
    MOV B,#10
    INC R0               ;存放地址加1
    DIV AB               ;余数除以10
    MOV @R0,A            ;十位数→BCDDR+1中
    MOV A,B
    INC R0               ;存放地址加1
    MOV @R0,A            ;个位数→BCDDR+2中
    RET
```

二进制数转换为 BCD 码数的一般方法是把二进制数除以 1000、100、10 等 10 的各次幂，所得的商即为千、百、十位数，余数为个位数。当转换的数较大时，需进行多字节除法运算，程序复杂，运算速度较慢，为此可采用下述 BCD1 转换算法。

关于 BCD1 转换算法的几点说明如下。

(1) 当采用压缩 BCD 数时，转换后的 BCD 数可能比二进制数多 1 个单元。

(2) BCD 数乘 2 不用 RLC 指令，而是用 ADDC 指令对 BCD 数自身加一次，便于用 DA A 指令进行调整。

(3) 入口 BINDR：二进制数低字节地址指针。

入口 BCDDR：BCD 数个位字节地址指针。

入口 BYTES：二进制字节数。

```
BCD:MOV    R1,#BCDDR
    MOV    R2,#BYTES
    INC    R2
    CLR    A
B0:MOV     @R1,A                ;压缩BCD区清零
    INC    R1
    DJNZ   R2,B0
    MOV    A,#BYTES             ;求十六进制数的位数→R3
    MOV    B,#08H
    MUL    AB
    MOV    R3,A
B3: MOV    R0,#BINDR
```

```
        MOV     R2,#BYTES
        CLR     C
B1:MOV          A,@R0
        RLC     A
        MOV     @R0,A
        INC     R0
        DJNZ    R2,B1
        MOV     R2,#BYTES
        INC     R2
        MOV     R1,#BCDDR
B2: MOV         A,@R1
        ADDC    A,@R1
        DA      A
        MOV     @R1,A
        INC     R1
        DJNZ    R2,B2
        DJNZ    R3,B3
        RET
```

思考：试画出程序流程图。

2） BCD 码数转换成二进制(或十六进制)数

BCD 码数转换为二进制(或十六进制)数的一般方法是把"千位乘以 1000"＋"百位乘以 100"＋"十位乘以 10"＋个位数。当转换的数较大时，需进行多字节乘法运算，程序复杂，运算速度较慢。

【例 3-26】 有一个二位压缩 BCD 码数存放在 A 中，试将其转换成二进制(或十六进制)数存放于 A 中。

解：该子程序入口为 A，出口为 A，使用资源为 R0、R1、B，汇编语言程序如下。

```
        ORG     1000H
BIN: MOV        R0,A
        ANL     A,#0F0H
        SWAP    A                    ;得BCD码数的十位
        MOV     B,#10
        MUL     AB                   ;乘以10
        MOV     R1,A
        MOV     A,R0
        ANL     A,#0FH               ;得BCD码数的个位
        ADD     A,R1
        RET
```

思考：多位 BCD 码数转换为二进制(或十六进制)数的程序该如何设计呢？

4. 数据排序程序

在单片机应用程序中，有时要对数据进行排序，即将杂乱无章的数按从大到小或从小到大的顺序排列，最常用的方法是"冒泡法"。

【例 3-27】 设计一个排序程序，将单片机内部 RAM 中的若干个字节无符号数按从小到大顺序排列。

解：该子程序入口 SORTDR 为无符号数列首地址，NUM 为无符号数的个数，排好序的数仍保存在原处，使用资源为 R0、R1、R2、DPL、B 和 A，程序流程图如图 3-27 所示。

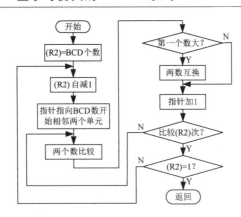

图 3-27　例 3-27 程序流程图

汇编语言程序如下。

```
        ORG  1000H
SORT:   MOV     R2,#NUM          ;取BCD码数个数
LOOP:   DEC     R2
        MOV     B,R2
        MOV     R0,#SORTDR       ;指针指向前面两个单元
        MOV     R1,#SORTDR+1
LOOP1:  MOV     A,@R0
        MOV     DPL,@R1
        CJNE    A,DPL,LOOP2      ;两数比较
        LJMP    LOOP3
LOOP2:  JC      LOOP3
        MOV     @R0,DPL          ;若第一个数大，则互换
        MOV     @R1,A
LOOP3:  INC     R0               ;修改指针
        INC     R1
        DJNZ    B,LOOP1
        CJNE    R2,#1,LOOP
        RET
```

思考： 若要求按从大到小顺序排列，程序该如何设计呢？

5. 双字节数乘以单字节数程序

设被乘数为 a b，乘数为 c，其中 a、b、c 都是单字节数，列出乘法运算式如下：

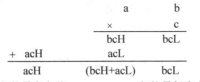

式中的 ac、bc 为相应的两个 8 位数的乘积，占 16 位，高字节积用后缀 H 表示，低字节用后缀 L 表示。该程序入口：被乘数存放在 R7R6 中；乘数存放在 R5 中；出口：积存放在 R0、R1、R2 中；使用资源：A、B。汇编语言程序如下。

```
mul21:  MOV  a,R7       ;入口条件：双字节数置R6(高位)、R7(低位)中
        MOV  b,R5       ;单字节数置R5中
        MUL  AB         ;出口条件：在R0(最高位)、R1、R2(最低位)中
```

```
        MOV     R2,A
        MOV     R1,B
        MOV     A,R6
        MOV     B,R5
        MUL     AB
        ADD     A,R1
        MOV     R1,A
        MOV     A,B
        ADDC    A,#00H
        MOV     R0,A
        RET
```

6. 双字节十六进制数化压缩 BCD 码程序

双字节十六进制数化压缩 BCD 码有多种方法，此例用"查表"的方法实现。双字节十六进制数共有 16 个二进制位，每一个二进制位化对应的十进制数为 2^n(n 的取值范围为 0～15)。

最高位：$2^{15}=032768$

$2^{14}=016384$

$\vdots$

$2^1=000002$

$2^0=000001$

均可用三个字节存放，形成表格 TAB。

双字节十六进制数化压缩 BCD 码程序入口：双字节十六进制数存放在 R2(高位)、R1(低位)中；出口：五字节非压缩 BCD 码数存放在片内 RAM 中，首地址在 R0(最高位)中；使用资源：DPTR、A、B、R3、R5、R6、R7。汇编语言程序如下。

```
bcd:    MOV     R5,#00H          ;R5、R6、R7作累加和暂存单元，先清零
        MOV     R6,#00H
        MOV     R7,#00H
        MOV     DPTR,#TAB        ;数据指针指向权值表
        MOV     A,R1
        MOV     R3,#08H
        LCALL   ACK              ;调用累加权值子程序
        MOV     A,R2
        MOV     R3,#08H
        LCALL   ACK              ;再次调用累加权值子程序
        MOV     A,R5             ;将结果置目标单元
        ANL     A,#0FH
        MOV     @R0,A
        INC     R0
        MOV     A,R6
        ANL     A,#0F0H
        SWAP    A
        MOV @R0,A
        INC R0
        MOV A,R6
        ANL A,#0FH
        MOV @R0,A
        INC R0
        MOV     A,R7
        ANL A,#0F0H
        SWAP    A
```

```
            MOV @R0,A
            INC R0
            MOV A,R7
            ANL A,#0FH
            MOV @R0,A
            INC R0
            RET
ACK:        RLC     A               ;累加权值子程序
            JNC     CAK1            ;判左移到C标志的内容是否为0
            MOV     B,A             ;如C标志的内容为1，保存数据到B中
            CLR     A               ;累加相应权值
            MOVC    A,@A+DPTR       ;查表取得权值低位
            ADD     A,R7            ;累加低位
            DA      A               ;调整
            MOV     R7,A
            INC     DPTR
            CLR     A
            MOVC    A,@A+DPTR       ;查表取得权值次高位
            ADDC    A,R6            ;累加次高位
            DA      A
            MOV     R6,A
            INC     DPTR
            CLR     A
            MOVC    A,@A+DPTR       ;查表取得权值高位
            ADDC    A,R5            ;累加高位
            DA      A
            MOV     R5,A
            MOV     A,B             ;恢复原数据
            SJMP    CAK2
CAK1:       INC     DPTR            ;如C标志的内容为0，则不累加相应权值
            INC     DPTR
CAK2:       INC     DPTR
            DJNZ    R3,ACK
            RET
TAB:        DB    68H,27H,03H,84H,63H,01H      ;权值表
            DB    92H,81H,00H,96H,40H,00H
            DB    48H,20H,00H,24H,10H,00H
            DB    12H,05H,00H,56H,02H,00H
            DB    28H,01H,00H,64H,00H,00H
            DB    32H,00H,00H,16H,00H,00H
            DB    08H,00H,00H,04H,00H,00H
            DB    02H,00H,00H,01H,00H,00H
```

3.5 实训 1：汇编语言程序调试

3.5.1 实训目的及要求

选取一个实例，独立、完整地完成它，掌握汇编语言程序编写与调试的思路与方法。

3.5.2 汇编语言程序调试

对例 3-27 进行 Keil 调试，步骤如下。

(1) 新建工程 wxam3_27，并进行正确设置。

(2) 新建文件 wxam3_27.asm 并添加到工程 wxam3_27 中。

(3) 调试。

(4) 观察结果。

本 章 小 结

本章介绍了 STC15W4K32S4 系列单片机的指令系统，这是编写应用程序的基础，请读者务必要逐条研习，认真领会，熟练应用。本章知识要点如下。

1. 寻址方式

寻址方式是指单片机 CPU 寻找指令中参与操作的数据地址的方法，STC15W4K32S4 系列单片机不同存储空间中数据的寻址方式是不同的。片内 RAM 低端 128B(DATA 区)可以直接寻址，也可以间接寻址，高端 128B(IDATA 区)只能间接寻址；特殊功能寄存器(SFR)和位区(BDATA 区)只能直接寻址；扩展 RAM 区(XDATA 区)只能间接寻址；而 ROM 区(CODE 区)只能用基址加变址寻址等。STC15W4K32S4 系列单片机有 7 种寻址方式。

2. 机器代码

单片机只能识别二进制数，所以编写好的程序必须"翻译"成机器码，这项工作现在已经由专用系统(如 Keil)代劳了。机器码还必须"写到"单片机的 ROM 中，称为固化或编程，这需要由一定的软硬件支持。

3. 常用符号

一条指令代表一类操作，因此，指令中常用一些符号来代表一些特定意义，如#data 代表立即数，addr16 代表 16 位地址等。这些常用符号都有特定意义，它们代表一个数据"类"，编程时要用具体的数据代替它们，如"MOV A，#20H"不能写成"MOV A，#data"！

4. 指令系统

STC15W4K32S4 系列单片机共有 111 条指令，按功能可分为数据传送类指令、算术运算类指令、逻辑运算类指令、控制转移类指令和位操作指令五大类指令。这是编写程序的基础，其重要性就像学英语时的语法和词汇。

5. 伪指令

伪指令在编程时经常用到，它们向编译系统提供汇编语言程序的编译信息，有时会成为应用程序和硬件电路间的纽带和桥梁，大大提高应用程序的可移植性，读者要在实际的应用中加以体会。

6. 模块化程序设计方法

解决问题的思路和方法是因人而异的，但建议读者在编写应用程序时尽可能采用模块化结构，这不仅因为任何复杂的问题都是由一些简单模块组成的，而且因为采用模块化设计的程序具有更好的可读性，方便程序的修改、维护和升级。

7. 应用实例

本章中介绍了许多实例，仅仅想通过这些例子介绍一些编程的思路和方法，建议读者建立自己的"子程序库"，这对今后的工作和学习是很重要的。

8. 程序的调试

本章中介绍了使用 Keil 进行程序调试的方法，这也是使用单片机所必须掌握的。

编写程序和调试程序是一种"高级技能"，这种技能只有通过多学多练才能得到提高！

思考与练习

1. STC15W4K32S4 单片机有哪几种寻址方式？它们适用于什么地址空间？请用表格表示。

2. 要访问特殊功能寄存器(SFR)和片外数据存储器，应采用什么寻址方式？

3. 用于外部数据传送的指令有哪几条？它们之间有何区别？

4. DA A 指令有什么作用？如何使用？

5. 试编程将片内数据存储器 60H 中的内容传送到片内 RAM 54H 单元中。

6. 已知当前 PC 值为 2000H，请用两种方法将 ROM 20F0H 中的常数送入累加器 A 中。

7. 请用两种方法实现累加器 A 与寄存器 B 的内容交换。

8. 试编程将片外 RAM 中 30H 和 31H 单元中的内容相乘，结果存放在片外 RAM 中的 32H 和 33H 单元中，高位字节存放在 33H 单元中。

9. 试用三种方法将累加器 A 中的无符号数乘以 2。

10. 指令 LJMP addr16 和 AJMP addr11 的区别是什么？

11. 试说明指令 CJNE @r1, #7AH, 10H 的作用。若本指令地址为 8100H，其转移地址是多少？

12. 请用位操作指令编写下面逻辑表达式值的程序。

(1) P1.7=Acc.0*(B.0+P2.1)+P3.2

(2) PSW.5=p1.3*Acc.2+B.5*P1.1

(3) P2.3=P1.5*B.4+Acc.7*P1.0

13. 执行下列程序段后，CY=_____，OV=_____，A=_____。

```
MOV A, #56H
ADD A, #74H
DA  A
```

14. 在错误指令后面的括号中打叉号。

```
MOV @R1,#80H      (  )
MOV 20H,@R0       (  )
CPL  R4           (  )
MOV 20H,21H       (  )
ANL R1,#0FH       (  )
MOVX A,2000H      (  )
MOV A,DPTR        (  )
PUSH DPTR         (  )
MOVC A,@R1        (  )
MOVX @DPTR,#50H   (  )
ADDC A,C          (  )
MOV R7,@R1        (  )
MOV R1,#0100H     (  )
SETB R7.0         (  )
ORL A,R5          (  )
XRL P1,#31H       (  )
MOV 20H,@DPTR     (  )
MOV R1,R7         (  )
POP 30H           (  )
MOVC A,@DPTR      (  )
RLC B             (  )
MOVC @R1,A        (  )
```

15. 设内部 RAM 中(59H)=50H，执行下列程序段。

```
MOV A,59H
MOV R0,A
MOV A,#0
MOV R0,A
MOV A,#25H
MOV 51H,A
MOV 52H,#70H
```

问：(A)=____，(50H)=____，(51H)=____，(52H)=____。

16. 设 SP=60H，内部 RAM 的(30H)=24H，(31H)=10H，在下列程序段注释括号中填入执行结果。

```
PUSH 30H    (SP)=(  ), ((SP))=(  )
PUSH 31H    (SP)=(  ), ((SP))=(  )
POP DPL     (SP)=(  ), (DPL)=(  )
POP DPH     (SP)=(  ), (DPH)=(  )
MOV A,#00H
MOVX @DPTR,A
```

最后执行的结果是(   )。

17. 将累加器 A 的低四位数据送 P1 口的高四位，P1 口的低四位保持不变。

18. 将内部 RAM 40H 单元的中间四位取反，其余位不变。

19. 如果 R0 的内容为 0，将 R1 清零，如 R0 内容非 0，置 R1 为 FFH，试进行编程。

20. 将内部 RAM 单元三个字节数(22H)(21H)(20H)*2 送(23H)(22H)(21H)(20H)。

21. 用 P1 口(高电平输出灯亮)的高 4 位控制 4 只红灯，低 4 位控制 4 只绿灯来模拟交通指示灯，每隔 1 秒红绿灯循环交叉点亮。设 fosc=6MHz，试编程。

22. 在片外 2000H 开始的单元中有 100 个有符号数，试编程统计其中正数、负数、0

的个数。

23. 编程计算片外 RAM 8000H 开始单元的 100 个数的平均值，结果存放在 9000H 开始的两个单元中。

24. 试编程把片外 RAM 从 2000H 开始的连续 50 个单元的内容按降序排列，结果存入 3000H 开始的存储区中。

25. 试编写一个查表程序，从首地址为 2000H、长度为 100H 的数据表中，查找出 A 的 ASCII 码，将其地址存入 3000H 和 3001H 单元中。

26. 在 2000H～2004H 单元中，存有 10 个压缩 BCD 码，编程将它们转换成 ASCII 码，存入 2005H 开始的连续单元中。

27. 试编程求多项式 $Y=(A+B)^2+(C+D)^2$ 的值。

28. 试编写双字节数乘以单字节数子程序，并注明入口和出口。

29. 试编写双字节数除以单字节数子程序，并注明入口和出口。

30. 试编写双字节无符号数除法子程序，要求对余数进行四舍五入处理，并注明入口和出口。

第4章 单片机C51编程基础

学习要点：本章介绍了用C语言编写单片机程序的语法规则及C51程序的基本结构，通过实例介绍了用C51语言编写单片机应用程序的方法，有些子函数在后面的应用实例中也要用到，读者务必要认真研读、理解和掌握，并做好相关功能函数的搜集积累。

知识目标：理解和掌握C51语言语法规则、基本程序结构及功能函数的编写与调试，做好相关功能函数的搜集和积累。

用C语言对51系列单片机编写应用程序(C51编程)，其可读性、可移植性、可维护性更好。为了使读者尽快掌握用C语言编写单片机应用程序，下面介绍C51编程基础。

4.1 C51数据类型

数据是计算机处理的对象，计算机要处理的一切内容最终以数据的形式呈现，因此，程序设计中的数据有很多种不同的含义。不同含义的数据将以不同的形式表现出来，这些数据在计算机内部进行处理、存储时会有很大的区别。

4.1.1 C51数据类型及标识符

具有一定格式的数字或数值称为数据，数据的不同格式称为数据类型。C51有ANSI C的所有标准数据类型。除此之外，为了更加有效地利用51系列单片机的硬件资源，还加入了一些特殊的数据类型。表4-1列出了C51编译器所支持的数据类型。

表4-1 C51编译器所支持的数据类型

数据类型	名　称	长　度	值　域
unsigned char	无符号字符型	单字节	0～255
signed char	有符号字符型	单字节	−128～127
unsigned int	无符号整型	双字节	0～65 535
signed int	有符号整型	双字节	−32 768～32 767
unsigned long	无符号长整型	4字节	0～4 294 967 295
signed long	有符号长整型	4字节	−2 147 483 648～2 147 483 647
float	符点型	4字节	±1.175 494E−38～±3.402 823E+38
*	指针型	1～3字节	对象的地址
bit	位类型	位	0或1
sfr	特殊功能寄存器	单字节	0～255
sfr16	16位特殊功能寄存器	双字节	0～65 535
sbit	可寻址位	位	0或1

以上这些数据类型还可以构成更复杂的数据结构,在程序中用到的所有数据都必须为其指定类型。

4.1.2 标识符

用来标识变量名、符号常量名、函数名、数组名、类型名等的有效字符序列称为标识符。简单地说,标识符就是一个名字。

C 语言规定,标识符只能由字母、数字和下画线三种字符组成,且第一个字符必须为字母或下画线。要注意的是,C 语言中大写字母与小写字母被认为是两个不同的字符,即Sum 与 sum 是两个不同的标识符。

标准的 C 语言并没有规定标识符的长度,但是各个 C 编译系统有自己的规定,在 C51 编译器中可以使用长达数十个字符的标识符。

4.2 常　　量

在程序运行过程中,其值不能被改变的量称为常量。常用的常量有字符型常量、整型常量、实型常量、字符串常量和位常量。

4.2.1 常量的数据类型

1. 字符型常量

在 C51 程序中,字符型常量是单引号内的字符,如'a'、'b'等。不可以显示的控制字符可以在该字符前加一个反斜杠"\ "组成专用转义字符。专用转义字符的有关详细内容请查阅相关资料。

2. 整型常量

整型常量可以用十进制、八进制和十六进制表示。至于二进制形式,虽然它是计算机最终的表示方法,但因为它太长,所以 C 语言不提供二进制表达常数的方法。

用十进制表示整型常量,是最常用也是最直观的,如 12、-90 等。

用八进制表示整型常量,是用数字 0 开头的(注:不是字母 O),如 010、016 等。

用十六进制表示整型常量,是用数字 0 加小写字母 x 开头的,如 0x10、0x16 等。注意,十六进制的 a、b、c、d、e 和 f 也可以用大写字母表示。

另外,长整型常量的表示方法是在数字后面加字母 L,如 145L、16L 等。

3. 实型常量

实型常量可以用十进制和指数表示。十进制由数字和小数点组成,如 3.14、0.88 等。指数表示形式为:[±]数字[.数字]e[±]数字,如 125e3、-3.0e-5 等。

4. 字符串常量

字符串常量由双引号内的字符组成,如"test"、"OK"等。当双引号内没有字符时,为空字符串。在 C 语言中，系统在每个字符串后面自动加入一个字符'/0'作为字符结束标志，因此字符串"OK"是由'O'、'K'和'/0'三个字符组成的。

5. 位常量

位常量的值是一个二进制数。

4.2.2　符号常量

在程序中用标识符代表的常量称为符号常量。符号常量是用宏来定义的，方法如下：

```
#define 标识符 常量
```

如#define LIGHT0 0xfe，符号 LIGHT0 等于 0xfe，以后程序中所有出现 LIGHT0 的地方均会用 0xfe 来替代。使用符号常量的好处有以下两点。

(1) 含义清楚。在单片机程序中，常有一些量是具有特定含义的，如某单片机系统扩展了一些外部芯片，每一块芯片的地址即可用符号常量定义。例如：

```
#define PORTA 0x7fff
#define PORTB 0x7ffe
```

程序中可以用 PORTA、PORTB 来对端口进行操作，而不必写 0x7fff、0x7ffe。显然，这两个符号比两个数字更能令人明白其含义。在给符号常量起名字时，尽量要做到"见名知意"以充分发挥这一特点。

(2) 在需要改变一个常量时能做到"一改全改"。如果由于某种情况，端口的地址发生了变化(如修改了硬件)，由 0x7fff 改成了 0x3fff，那么只要将所定义的语句改动为：

```
#define PORTA 0x3fff
```

即可，不仅方便，而且能避免出错。设想一下，如果不用符号常量，要在成百上千行程序中把所有表示端口地址的 0x7fff 找出来并改掉可不是件容易的事。

注意：符号常量的值在整个作用域范围内不能改变，也不能被再次赋值。比如，下面的语句是错误的：

```
LIGHT=0x01;
```

4.3　变　　量

在程序运行过程中，其值可以被改变的量称为变量。在 C 语言中，要求对所有用到的变量作强制定义，也就是"先定义，后使用"；在定义变量的同时，也可以对变量进行初始化。变量的定义格式为：

[存储种类] 数据类型 [存储类型] 变量名表；

或：

[存储种类] [存储类型] 数据类型　变量名表；

4.3.1　变量的存储类型

变量有四种存储类型：自动型(auto)、外部(extern)、静态(static)和寄存器(register)，默认存储类型为自动型(auto)。

1. 自动型(auto)变量

自动型(auto)变量是 C 语言中使用最广泛的一种类型。C 语言规定，默认存储类型为自动型(auto)。自动型变量也称作局部变量，是在一个函数或复合语句内部定义的变量。局部变量的作用域仅限于定义该变量的个体内，即在函数中定义的自动型(auto)变量只在该函数中有效；在复合语句中定义的自动型(auto)变量只在该复合语句中有效。

自动变量属于动态存储方式，只有在定义该变量的函数被调用时才给它分配临时存储单元，函数调用结束后，自动变量的值不能保留，因此，在不同的函数内允许变量名相同。

2. 外部(extern)变量

使用存储类型说明符 extern 定义的变量称作外部变量，也称为全局变量。在函数体外说明的变量都是外部变量，可以省略 extern，其有效范围是从变量定义的位置开始到此源文件结束为止；在函数体内说明一个已在函数体外或别的程序模块文件中定义过的外部变量时，必须使用 extern 说明符。

在较复杂的程序设计中，通常将大型的程序分解为程序模块文件，各个模块文件可以分别进行编译，然后将它们链接在一起。在这种情况下，如果某个变量需要在所有程序模块文件中使用，只要在一个程序模块中将该变量定义成外部变量，而在其他程序模块文件中用 extern 说明该变量是已被定义过的外部变量就可以了。

同样的，函数也可以定义外部函数。

3. 静态(static)变量

变量从所占存储单元的时间来分，有动态存储变量和静态存储变量。用 static 说明符说明的变量称作静态变量。静态变量的值是保留的，但是，在函数内定义的静态变量的值不能在函数外被引用。

4. 寄存器(register)变量

寄存器变量存放在 CPU 的寄存器中，使用时不需要访问内存，而是直接从寄存器中读写，因此寄存器变量的效率很高。

4.3.2　变量的数据类型

C51 程序中，变量可以定义为表 4-1 所示的各种数据类型。

1. 字符型(char)

1)　字符型数据在内存中的存储形式

数据在内存中是以二进制形式存放的，如果定义了一个 char 型变量 c：

```
char c=10;  /*定义c 为字符型变量,并将10 赋给该变量*/
```

十进制数 10 的二进制形式为 1010。在 C51 中规定,使用一个字节表示一个 char 型数据,因此,变量 c 在内存中的实际占用情况如下:

```
0000 1010b
```

2)　字符型变量的分类

字符型变量分有符号(signed)字符型变量和无符号(unsigned)字符型变量。对于一个有符号字符型变量来说,其表达的范围是-128～+127,而加上了 unsigned 后,其表达的范围变为 0～255。由于数据在单片机的存储器中都是以二进制形式存放的,对于 char 型变量而言,在单片机的存储器中表达的范围都是 0000 0000b～1111 1111b。

3)　字符的处理

在一般的 C 语言中,字符型变量常用来处理字符,例如:

```
unsigned char c='a';
```

即定义一个字符型变量 c,然后将字符 a 赋给该变量。进行这一操作时,实际是将字符 a 的 ASCII 码值赋给变量 c,因此,做完这一操作之后,c 的值是 0x97。

注意:

(1)　使用 C51 时,通常用 unsigned 型数据,这是因为在处理有符号的数时,程序要对符号进行判断和处理,运算的速度会减慢。对单片机而言,速度比不上 PC 机,又工作于实时状态,任何提高效率的手段都要考虑。

(2)　在 C51 语言程序中,字符型变量的使用频率特别高,特别是 unsigned char 型,因为 51 系列单片机是 8 位的。

2. 整型(int)

1)　整型数据在内存中的存放形式

如果定义了一个无符号整型变量 i:

```
int i=10;  /*定义i 为整型变量,并将10 赋给该变量*/
```

在 C51 中规定,使用两个字节表示 int 型数据,因此,变量 i 在内存中的实际占用情况如下:

```
0000 0000 0000 1010b
```

也就是整型数据总是用 2 个字节存放的,不足的部分用 0 补齐。

事实上,数据是以补码的形式存在的。一个正数的补码和其原码的形式是相同的。如果数值是负的,补码的形式就不一样了。求负数补码的方法是:将该数的绝对值的二进制形式取反加 1。例如-10,第一步取-10 的绝对值 10,其二进制编码是 1010,由于整型数占 2 个字节(16 位),因此其二进制形式实为 0000 0000 0000 1010b,取反,即变为 1111 1111 1111 0101b,再加 1 变成了 1111 1111 1111 0110b,这就是数-10 在内存中的存放形式。这里其实只要搞清楚一点,就是必须补足 16 位,其他的都不难理解。

2)　整型变量的分类

整型变量的基本类型是 int,可以加上有关数值范围的修饰符。这些修饰符分两类,一类是 short 和 long,另一类是 unsigned,这两类可以同时使用。下面就来看有关这些修饰符的内容。

在 int 前加上 short 或 long 是表示数的大小的。对于 C51 来说，加 short 和不加 short 是一模一样的(在有些 C 语言编译系统中是不一样的)，所以，short 就不加讨论了。如果在 int 前加上 long 修饰符，那么这个数就被称为长整数。在 C51 中，长整数要用 4 个字节来存放(基本的 int 型是 2 个字节)。显然，长整数所能表达的范围比整数要大，一个长整数表达的范围为：$-2^{31} < x < 2^{31}-1$，大概是在±21 亿之间。而不加 long 修饰的 int 型数据的范围是 $-32\,768 \sim 32\,767$，可见，两者相差很远。

第二类修饰符是 unsigned，即无符号的意思，如果加上了 unsigned 修饰符，就说明其后的数是一个无符号的数。无符号、有符号的差别还是数的范围不一样。对于 unsigned int 而言，仍是用 2 个字节(16 位)表示一个数，但其数的范围是 $0 \sim 65\,535$，对于 unsigned long int 而言，仍是用 4 个字节(32 位)表示一个数，但其数的范围是 $0 \sim 2^{32}-1$。

3. 特殊功能寄存器型(sfr)

特殊功能寄存器用 sfr 来定义，而 sfr16 用来定义 16 位的特殊功能寄存器，如 DPTR。通过名字或地址来引用特殊功能寄存器，地址位于 0x80~0xFF 空间。可位寻址的特殊功能寄存器的位变量定义，用关键字 sbit 表示。如对特殊功能寄存器 SCON 的定义如下：

```
sfr SCON=0x98;          //定义SCON,其中0x表示十六进制数
sbit    SM0=0x9F;       //定义SCON的各位
sbit    SM1=0x9E;
sbit    SM2=0x9D;
sbit    REN=0x9C;
sbit    TB8=0x9B;
sbit    RB8=0x9B;
sbit    TI=0x9B;
sbit    RI=0x9B;
```

C51 编程和普通 C 语言编程的语法规则基本相同，只是 C51 是针对 51 系列单片机的，所以在用 C51 编程时，要先用 C 语言能接受的方式对 51 系列单片机的"硬件资源"加以说明。对于通用的硬件资源，因为在所有的 C51 编程中都要用到，所以常用头文件的形式给出(对于大多数 51 系列单片机成员，C51 提供了一个包含了几乎所有特殊功能寄存器和它们的位定义的头文件，如 reg51.h)，这样在进行 C51 编程时，只要用 include 语句把 reg51.h 包含进来就可以了，对于没有在头文件中出现的硬件资源，则需要在程序中加以说明。

```
#include<reg51.h>
main()
{
p10=1;
p11=0;
p30=0;
p31=1;
}
```

4.3.3　变量的存储区类型

由于 51 系列单片机的存储器分布在不同的存储空间，因此在进行 C51 编程时要对程序中所用到的变量的存储空间加以说明，即指定"变量放在单片机的哪种存储器中"，这

使编程者可以控制存储区的使用。C51 编译器可识别的存储区如表 4-2 所示。

表 4-2　C51 存储区

存 储 区	描 述
DATA	内部 RAM 的低 128B(0x00～0x7F)
BDATA	DATA 区可进行位操作的 16 个存储单元(0x20～0x2F)
IDATA	内部 RAM 区的高 128B(0x80～0xFF)
PDATA	扩展数据存储器某页的 256B(页地址默认)
XDATA	扩展数据存储器(64KB，地址：0x0000～0xFFFF)
CODE	程序存储器(64KB，地址：0x0000～0xFFFF)

1. DATA 区

对 DATA 区的寻址是最快的，所以应该把使用频率高的变量放在 DATA 区。DATA 区空间有限，必须节约使用。DATA 区除了包含程序变量外，还包含堆栈和寄存器组。DATA 区的声明如下所示：

```
unsigned char data system_status=0;
```

还可以写成：

```
data unsigned char system_status=0;
unsigned int data unit[2];
```

还可以写成：

```
data unsigned int unit[2];
```

标准变量和用户自定义变量都可以存储在 DATA 区中，只要不超过 DATA 区的范围即可。C51 使用默认的寄存器组来传递参数。另外，要定义足够大的堆栈空间，否则，当内部堆栈溢出的时候，程序运行就会出错。当然，若使用 STC15W4K32S4 单片机，可使用 "SP=0x7f;" 语句把堆栈空间设置在 IDATA 区。

2. BDATA 区

C51 语言容许在 DATA 区的位寻址区定义变量，这个变量就可以进行位寻址，并且可以利用这个变量来定义位。这对状态寄存器来说十分有用，因为它需要单独地使用变量的每一位，可以用位变量名来引用位变量。例如：

```
unsigned char bdata status_byte;
unsigned int bdata status_word;
bit stat_flag=status_byte.4;    //将status_byte.4定义为stat_flag
…
if(status_word.15)
{
stat_flag=1;
…
}
…
```

3. IDATA 区

IDATA 区可以存放使用比较频繁的变量，使用寄存器作为指针进行寻址。在寄存器中设置 8 位地址进行间接寻址。与扩展存储器比较，它的指令执行周期和代码长度都比较短。变量定义如下：

```
unsigned char idata system_status=0;
unsigned int idata unit_id[2];
char idata inp_string[6];
float idata outp_value;
```

当然，也可以把堆栈设在 IDATA 区。

4. PDATA 和 XDATA 区

在这两个区声明变量的语法和其他区是一样的。

PDATA 区只有 256 个字节，而 XDATA 区可达 65 536 个字节，例如：

```
unsigned char xdata system_status=0;        //说明变量的同时赋初值
unsigned int pdata unit_id[2];
chat xdata inp_string[16];
float pdata outp_value;
```

对 PDATA 和 XDATA 的操作是相似的，对 PDATA 区寻址比对 XDATA 区寻址要快。因为 PDATA 区寻址只需要装入 8 位地址，而对 XDATA 区寻址须装入 16 位地址。

在 XDATA 区中，除了包含存储器地址外，还包含用"三总线方式"扩展的 I/O 器件的地址。对外部器件寻址可通过 C51 提供的宏、绝对地址或指针来访问。建议使用宏或绝对地址来对外部器件进行寻址，因为这样更有可读性。宏定义使得存储段看上去像 char 和 int 类型的数组，如下所示。

(1) 使用宏定义扩展 RAM 存储器或扩展 I/O 器件地址。例如：

```
inp_byte=XBYTE[0x8500];      //从地址8500H读一个字节
inp_word=XWRD[0x4000];       //从地址4000H和4001H读一个字
XBYTE[0x7500]=out_val;       //写一个字节到7500H
```

采用宏定义时，必须包含头文件 sbsacc.h。

(2) 使用绝对地址命令 _at_ 访问扩展 RAM 存储器或扩展 I/O 器件地址。例如：

```
unsigned char xdata system_at_0x2000;  //将变量system指向扩展RAM0x2000单元
```

内部 RAM 也可采用以上方法来进行寻址。例如：

```
unsigned char data address_at_0x30;    //将变量address指向内部RAM0x30单元
```

(3) 使用指针访问扩展 RAM 存储器或扩展 I/O 器件地址。例如：

```
c=*((char xdata*)0x0000);              //从扩展RAM0000单元读一个字节
```

5. CODE 区

CODE 区的数据一般是程序代码、数据表、跳转向量和状态表。对 CODE 区的访问和对 XDATA 段的访问一样，如下所示：

```
unsigned int code unit_id[2];
```

```
unsigned char code table=
{0x00,0x01,0x02,0x03,0x04,0x05,0x06,0x07,0x08,0x09,0x10,0x11,0x12,0x13,
0x14,0x15};
```

4.3.4 变量名

变量有以下两个要素。

(1) 变量名。每个变量都必须有一个名字——变量名，变量名遵循标识符命名规则。

(2) 变量的值。在程序运行过程中，变量值存储在内存中，在程序中，通过变量名引用的就是变量的值。

一个变量应该有一个名字，占据一定的存储单元，在该存储单元中存放变量的值。请注意变量名与变量值的区别，下面从汇编语言的角度对此进行说明。

使用汇编语言编程时，必须自行确定 RAM 单元的用途，如某仪表有 4 位 LED 数码管，编程时将 3CH~3FH 作为显示缓冲区，当要显示一个字符串"1234"时，汇编语言可以这样写：

```
MOV 3CH,#1
MOV 3DH,#2
MOV 3EH,#3
MOV 3FH,#4
```

经过显示程序处理后，在数码管上显示 1234。这里的 3CH 就是一个存储单元，而送到该单元中去的"1"是这个单元中的数值，显示程序中需要的是待显示的值"1"，但不借助于 3CH 又没有办法来用这个"1"，这就是数与该数据在地址单元的关系。

同样，在高级语言中，变量名仅是一个符号，我们需要的是变量的值，但是不借助于该符号又无法用该值。实际上，如果在程序中写上"x1=5;"这样的语句，经过 C 编译程序的处理之后，也会变成"MOV 3CH，#5"之类的语句，只是究竟是使用 3CH 作为存放 x1 内容的单元还是其他如 3DH、4FH 等作为存放 x1 内容的单元，是由 C 编译器确定的。

在同一个变量说明语句中，可以同时说明多个变量，当说明的变量个数多于一个时，变量名之间要用逗号隔开，如"int a,b,d,k;"。

4.4 C51 语言运算符及运算表达式

4.4.1 赋值运算符

C51 语言中，"="是赋值运算符，赋值号左边必须是变量。该运算符具有自右至左的结合性。在使用该运算符时，要注意同一变量在赋值号两边具有不同的含义。

复合赋值运算符是由算术运算符与赋值运算符结合起来构成的，如*=，/=，%=，+=，-=。它们既可以进行算术运算又能完成赋值运算。使用时要注意两个运算符之间不能有空格。

4.4.2 算术运算符

算术运算符包括：单目运算符++、--、-(负号)、+(正号)；双目运算符+、-、*、

/、%，如表 4-3 所示。

表 4-3 算术运算符

运算符	作 用	举 例	运算符	作 用	举 例
+	加，单目取正	3+5、+3	%	取模	7%4 的值为 3
−	减，单目取负	5−2、−3	−−	自减 1	i−−
*	乘	3*5	++	自增 1	i++
/	除	5/3			

说明：x=x+1 可写成 x++或++x，x=m++表示将 m 的值先赋给 x 后，然后 m 加 1。x=++m 表示 m 先加 1 后，再将新值赋给 x。

4.4.3 逻辑运算符

逻辑运算符规定了针对逻辑值的运算。逻辑运算的结果是逻辑值 1 或 0。C51 语言规定，所有参加逻辑运算的表达式只有 0 与非 0 之分。如果其值不为 0，就认为该表达式的逻辑值等于 1，否则，该表达式的逻辑值等于 0。C51 语言提供了三种逻辑运算：逻辑与运算、逻辑或运算和逻辑非运算。

设 A 和 B 代表参加逻辑运算的表达式。

(1) 逻辑与运算(运算符：&&)。

运算法则：A&&B 的结果为 1，当且仅当 A 和 B 的值均为非 0；否则，A&&B 的结果为 0。

(2) 逻辑或运算(运算符：||)。

运算法则：A||B 的结果为 0，当且仅当 A 和 B 的值均为 0；否则，A||B 的结果为 1。

(3) 逻辑非运算(运算符：!)。

运算法则：!A 的结果为 0，当且仅当 A 的值为非 0；否则，!A 的结果为 1。

4.4.4 逗号运算符

C51 语言中，可以用逗号运算符"，"把两个或多个算术表达式连接起来构成逗号表达式。逗号表达式的求值是从左至右，且逗号运算是所有运算符中优先级别最低的一种运算符。例如，下面两个表达式将得到不同的计算结果：

```
y =( a=4, 3*a);          /*y的值为12，赋值表达式的值也是12*/
(y= a=4, 3*a);          /*y的值为4，赋值表达式的值为12*/
```

4.4.5 关系运算符

C51 语言提供了下述 6 种关系运算符用于表达式之间的比较。

● 大于比较运算符：>

● 小于比较运算符：<

● 大于等于比较运算符：>=

- 小于等于比较运算符：<=
- 等于比较运算符：==
- 不等于比较运算符：! =

在上述 6 种关系运算符中，按运算优先级可分为两组：>、<、>=、<=具有相同的运算优先级，为一组；==和!=也具有相同的运算优先级，为另一组。后一组的运算优先级低于前者，同优先级的关系运算符遵循左结合原则，即自左至右的结合方向。

4.4.6　位运算符

C51 语言为整型数据提供了位运算符。位运算以字节(byte)中的每一个二进制位(bit)为运算对象。最终的运算结果还是整型数据。位运算又分为按位逻辑运算和移位运算。

1. 按位逻辑运算

按位逻辑运算符共有 4 种：按位逻辑与运算符&、按位逻辑或运算符|、按位逻辑非运算符～、按位逻辑异或运算符^。

设用 x、y 表示字节中的二进制，取值为 0 或 1，上述按位逻辑运算符的运算法则如下。

(1) 当 x、y 均为 1 时，x&y 的值为 1；否则，x&y 的值为 0；

(2) 当 x、y 均为 0 时，x|y 的值为 0；否则，x|y 的值为 1；

(3) 当 x、y 的值不相同时，x^y 的值为 1；否则，x^y 的值为 0；

(4) 当 x=1 时，～x 的值为 0；而当 x=0 时，～x 的值为 1。

2. 移位运算

移位运算指令主要有两条，即左移运算符(<<)和右移运算符(>>)。

一般格式为：

变量1<<(或>>) 变量2

左移运算符"<<"是将变量 1 的二进制位左移变量 2 所指定的位数。例如 a=0x36(二进制数为 00110110)，执行指令 a<<2 后，结果为 a=0xd8(即将 a 数值左移 2 位，其左端移出的位被丢弃，右端补足相应的 0)。同理，右移运算符">>"是将变量 1 的二进制位值右移变量 2 所指定的位数。

C51 语言中的运算符是有优先级的，表 4-4 说明了各类运算符的运算优先级的高低。

表 4-4　运算符的优先级

优 先 级	运 算 符	说 明	结合规则
1	() []	括号运算符 下标运算符，用于数组	从左到右
2	! ～ ++ -- -	逻辑非运算符 按位取反运算符 自增运算符 自减运算符 负号运算符	从右到左

优 先 级	运 算 符	说 明	结合规则
2	(强制类型转换) * & sizeof	类型转换运算符 指针运算符 取地址运算符 长度运算符	从右到左
3	* / %	乘法运算符 除法运算符 取余运算符	从左到右
4	+ −	加法运算符 减法运算符	从左到右
5	>> <<	右移运算符 左移运算符	从左到右
6	<, <=, >=, >	关系运算符	从左到右
7	==, !=	关系运算符	从左到右
8	&	按位与运算符	从左到右
9	^	按位异或运算符	从左到右
10	|	按位或运算符	从左到右
11	&&	逻辑与运算符	从左到右
12	||	逻辑或运算符	从左到右
13	?:	条件运算符	从右到左
14	复合运算符		从右到左
15	,	逗号运算符	从左到右

4.5　数　　组

在 C51 语言编程中，数组使用得很多。

4.5.1　数组的定义

数组是具有同一类型数据项的有序集合。仅带有一个下标的数组称为一维数组。数组必须先定义，后使用。一维数组定义的一般形式为：

类型说明符　数组名[元素个数];

其中，类型说明符是指该数组中每一个数组元素的数据类型。数组名是一个标识符，它是所有数组元素共同的名字，也是该数组在存储区中的首地址。元素个数说明了该一维数组的大小，它只能是整型常量。例如：

int a[10];

C51 语言规定，数组元素的下标从 0 开始。

引用一个一维数组元素的一般形式为：

一维数组名[下标];

例如：

```
a[0];
```

4.5.2　数组的初始化

数组初始化就是在说明数组时对其赋初值。

(1)　在说明数组时对所有的元素变量赋初值。例如：

```
int a[6]={1, 2, 3, 4, 5, 6};
```

(2)　只给部分数组元素赋值。例如：

```
int a[6]={6, 1, 2};
```

上述赋值语句的默认值都为 0，即 a[0]=6，a[1]=1，a[2]=2，a[3]=0，a[4]=0，a[5]=0。

(3)　不指明数组长度。数组初始化时，[] 中的整数可以缺省，即可以不指明数组长度。例如：

```
int b[]={1, 5, 6, 7, 4, 3};      /*数组长度为6*/
```

4.5.3　一维数组元素的引用

数组必须先定义，后使用。

C51 语言规定：只能逐个引用数组元素而不能一次引用整个数组。

一维数组与循环语句相结合使用，通过循环结构实现对数组元素的赋值和访问，使表示形式简明，便于进行程序设计。

例如：以下程序给一维数组赋值。

```
main()
{
  int i, s[100];
  for (i=0;i<100;  i++)
    s[i]=i;
}
```

多维数组的应用详见 C 语言的有关书籍。

4.6　函　　数

通常，程序都是由一个主函数 main() 构成的。如果要解决一个复杂的问题，用一个 main() 写出来的程序可能很长很长，既不便于编写，也不便于调试、阅读、修改等。为此，C51 语言和 C 语言一样也提供了函数来解决这个问题。

4.6.1　函数的定义

C51 语言函数定义的一般形式为：

类型说明符　函数名 (类型说明符　形参1，类型说明符　形参2，…)

```
{   说明语句
        执行语句
}
```

例如：

```
int max(int x,int y)
{
  int z;
  z=x*y;
  return (z);
}
```

说明：函数名前面的类型标识符指定函数值的类型。当函数值为整型时，该类型标识符可缺省。当函数只完成特定操作而不需要返回函数值时，可用类型标识符 void。

形参是用户定义的标识符，可以是变量名、数组名或指针名。形参个数多于一个的时候，它们之间以逗号分隔。

注意：当没有形参时，函数名后的一对圆括号不能省略。

4.6.2　函数的调用

函数的调用遵循"先定义，后调用"的原则。即一般被调用函数应放在调用函数之前定义。

函数调用的一般形式为：

函数名 (实参表);

这里要求实参与形参必须按顺序一一对应，即个数相等，且类型相匹配。

如果调用无参函数，虽没有实参表，但括号仍要保留。无参函数调用的一般形式为：

函数名();

4.6.3　函数参数和函数返回值

1. 函数参数

用户自定义函数一般在其定义时就规定了形式参数及类型，因此，在调用该函数时，实参与形参必须按顺序一一对应，即个数相等，且类型相匹配。形参只能够是变量，而实参必须是具有确定值的表达式。

2. 函数的返回值

函数的返回值由 return 语句返回。return 语句的一般形式为：

return(表达式);

或

return 表达式;

说明：一个函数中可以有多个 return 语句，当执行到某个 return 语句时，程序的控制流程返回调用函数，并将 return 语句中表达式的值作为函数值带回。

如果在函数体中没有 return 语句，则函数将返回一个不确定的值。

若不要求返回函数值，则应将该函数定义为 void 类型。

return 语句中表达式的类型应与函数值的类型一致。若不一致，则以函数类型为准。

4.6.4　中断函数

C51 编译器支持在 C 源程序中直接开发中断过程，使用该扩展属性的函数定义语法如下：

```
返回值 函数名() interrupt  n
```

其中，n 对应中断源的编号，其值从 0 开始，以 STC15W4K32S4 单片机为例，编号为 0～23，分别对应外中断、定时器中断和串行口中断等。中断函数的应用详见后续章节。

4.7　C51 语言程序结构

著名的计算机科学家尼古拉斯·沃斯(Niklaus Wirth)提出过一个关于程序的公式：

程序=算法+数据结构(语法)

也就是说，一个程序应该包括以下两方面的内容。

- 算法：对操作的描述。在计算机应用领域，把解决应用问题而采取的方法和步骤称为"算法"，通常，将算法用流程图来表示。
- 数据结构(语法)：对数据的描述。如前面所介绍的各种数据类型就是最简单的数据结构。

C51 语言程序设计有三种基本结构：顺序结构、选择结构和循环结构。

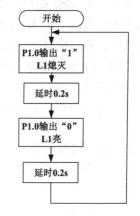

4.7.1　顺序结构

顺序结构是最简单的程序结构，在执行时，按语句的先后次序依次执行，直至结束。

图 4-1 所示为一个顺序控制指示灯的流程图。

图 4-1　顺序控制指示灯的流程图

4.7.2　选择结构

通常，计算机程序是按语句在程序中的顺序执行的。然而，在许多场合需要根据不同的情况执行不同的语句，这种程序结构称为选择结构。C51 语言提供的条件语句 if 和开关语句 switch 可用于实现选择结构程序设计。选择结构程序结构流程图如图 4-2 所示。

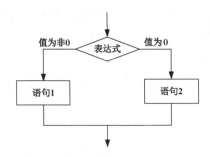

图 4-2　选择结构程序流程图

1. 用 if 语句实现选择结构

1)　简单 if 语句

简单 if 语句有两种使用形式。

形式 1：

```
if(表达式)
    语句
```

形式 2：

```
if(表达式)
    语句1
else
    语句2
```

其中，if、else 都是关键字。if 后面的表达式可以是任意表达式，它表示条件，其结果要么为非 0 值(表示条件为真，即条件成立)，要么为 0 值(表示条件为假，即条件不成立)。表达式两边必须用圆括号括起来。

if 语句中按一定条件执行的语句，不仅允许是单一语句，而且可以是多个语句的组合。C51 语言规定，当有多个语句要执行时，必须使用"{"和"}"将要执行的多个语句括起来。这样的语句形式称为复合语句。即复合语句是由一对花括号括起来的若干语句组成的。

2)　if 语句的嵌套

C51 语言允许在 if 语句一般形式的语句中包含另一个 if 语句，这就形成了 if 语句的嵌套形式。

嵌套 if 语句的一般形式为：

```
if(表达式)
    语句1
else if (表达式2)
    语句2
    …
else if (表达式n)
    语句n
else
    语句n+1
```

注意：C51 语言规定，在嵌套的 if 语句中，else 子句总是与前面最近的、不带 else 的 if 相匹配。

2. 用 switch 语句实现选择结构

switch 语句是用来处理多分支选择的一种语句。它的一般形式为:

```
switch(表达式)
{
  case 常量表达式1: 语句1;break;
  case 常量表达式2: 语句2;break;
  ...
  case 常量表达式n: 语句n;break;
  default: 语句n+1
}
```

说明:

- switch 语句中的{}是必需的。
- switch 语句中的 break 语句不是必需的,应根据需要而定。
- switch 语句中 default 语句不是必需的,在缺省的情况下,相当于语句 n+1 是空语句。
- switch 后面的表达式与 case 后面的常量表达式可以为任何整型或字符型数据。每一个 case 常量表达式的值应当互不相同。
- switch 语句的执行过程为:先计算表达式的值,然后将它与语句体内各 case 后的常量表达式的值相比较。若有与该值相等者,则执行该 case 后的语句;若无与该值相等者,则执行 default 子句中的语句。break 语句将使流程控制跳出整个 switch 语句。若不写 break 语句,在执行完一个 case 后面的语句后,流程控制将转换到下一个 case,继续执行其后面的语句,如此继续,直至最后。

4.7.3　循环结构

在程序中,若干个在一定条件下反复执行的语句就构成了循环体,循环体连同对循环的控制就组成了循环结构。循环结构和选择结构一样,是最常见的程序结构,几乎所有实用的程序中都包含循环结构。

C 语言提供了 while、do-while 和 for 三种具有循环控制结构特性的语句。其中,while 语句和 for 语句是"先判断,后执行";而 do-while 语句是"先执行,后判断"。for 语句适用于能确定循环次数的情况,而对于循环次数不能预先确定的情况,则宜使用 while 语句或 do-while 语句。恰当地嵌套使用循环语句,可以形成多重循环结构。循环结构的程序流程如图 4-3 所示。

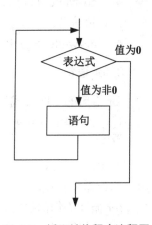

图 4-3　循环结构程序流程图

1. while 语句

while 语句的一般形式为:

```
while(表达式)
  语句;
```

其中,表达式表示条件;语句只能是一条语句,若需多条语句,应使用复合语句。复

合语句须包含在{}内,它被称为循环体语句:

```
while(表达式)
  {
   循环体语句;
  }
```

while 语句的执行步骤如下。

(1) 求出表达式的值,若值为非 0,执行步骤(2)。若值为 0,执行步骤(4)。

(2) 执行循环体内的语句。

(3) 转向执行步骤(1)。

(4) 结束 while 循环,转去执行 while 循环后的语句。

注意:应该在循环体内有修改 while 表达式值的语句,否则可能形成死循环。

2. do-while 语句

do-while 语句的一般形式为:

```
do
 {
  循环体语句;
 }while(表达式);
```

do-while 语句的执行步骤如下。

(1) 执行 do 和 while 之间的循环体语句。

(2) 求出 while 后表达式的值,若值为非 0,执行步骤(1);若值为 0,执行步骤(3)。

(3) 结束循环,转去执行 do-while 循环后的语句。

注意:

● do-while 语句的循环体至少被执行一次,而 while 语句的循环体有可能一次也不被执行。

● do-while 语句中,"while(表达式)"后面的分号";"不可缺少。

3. for 语句

for 语句的一般形式为:

```
for(表达式1;表达式2;表达式3)
语句;
```

其中,表达式 1 用于给循环变量赋初值;表达式 2 给出执行循环体的条件;表达式 3 用于修改循环变量。

for 循环语句的执行步骤如下。

(1) 计算表达式 1。

(2) 计算表达式 2,若值为非 0,则执行步骤(3);若值为 0,执行步骤(6)。

(3) 执行循环体语句。

(4) 计算表达式 3。

(5) 转向执行步骤(2)。

(6) 结束循环,执行 for 循环后的语句。

注意：for 语句中的表达式可以部分或全部省略，但分号 ";" 不能省略。例如：

```
x=0;
for(; x<10 ;)
    ++x;
```

4. 循环的嵌套

所谓循环的嵌套是指一个循环体内又包含另一个完整的循环结构。

while 语句、do-while 语句和 for 语句允许相互嵌套使用，从而形成多重循环结构。用多重循环结构进行语句编程，是 C 语言程序设计的有力手段。当嵌套使用各种循环语句时，应该注意外循环必须完全包含内循环。为保证程序的清晰易读，应严格按照"缩进规则"书写程序，且适当配以注释。

4.7.4　Keil C51 语言程序调试

有关 Keil 汇编语言程序调试的方法，在 3.4.4 节已做了比较详细的介绍，这里作为补充，再介绍一下 Keil C51 语言程序调试的方法。

【例 4-1】　编程实现在 P1.0 脚输出占空比为 50%、周期为 0.2s 的方波。

分析：在 P1.0 脚输出占空比为 50%、周期为 0.2s 方波的方法是每隔 0.1s 将 P1.0 脚取反一次，其中，0.1s 可用软件延时函数实现。

C51 高级语言程序如下：

```
#include "reg51.h"
sbit P1_0=P1.0;        //定义P1.0
void mDelay(unsigned char DelayTime)    //延时1ms子函数
{
unsigned  int j=0;
for( ;DelayTime>0;DelayTime--)
for(j=0;j<125;j++);
}
void main()                             //主函数
{
unsigned  char  i=0;
for(;;)                                 //无限循环
{
mDelay(10);                             // 延时10毫秒
i++;
if(i==10)
{
P1_0=!P1_0;
 i=0;
}
}
}
```

下面介绍具体的程序调试方法。

输入源程序并以 exam4_1.c 为文件名存盘，建立名为 exam4_1 的项目，将 exam4_1.c 加入项目，编译、连接后按 Ctrl+F5 快捷键进入调试环境，按 F10 键单步执行。注意观察窗口，其中有一个标签页为 Locals，这一页会自动显示当前模块中的变量名及变量值。可

以看到窗口中有名为 i 的变量，其值随着执行的次数增加而逐渐加大。在执行到
"mDelay(10);"语句行时按 F11 键跟踪到 mDelay 函数内部，该窗口的变量自动变为
DelayTime 和 j。另外两个标签页 Watch#1 和 Watch#2 可以加入自定义的观察变量，单击
"type F2 to edit"，然后按 F2 键即可输入变量，试着在 Watch #1 页中输入 i，观察它的变
化。在程序较复杂、变量很多的场合，这两个自定义观察窗口可以筛选出用户感兴趣的变
量以便观察。窗口中变量的值不仅可以观察，还可以修改。以该程序为例，i 须加 10 次才
能到 10，为快速验证是否可以正确执行到 P1_0=!P1_0 行，单击 i 后面的值，再按 F2 键，
该值即可修改，将 i 的值改为 9，再次按 F10 键单步执行，即可以很快执行到
P1_0=!P1_0 程序行，如图 4-4 所示。该窗口显示的变量值可以以十进制或十六进制形式显
示，方法是在显示窗口中单击鼠标右键，然后在弹出的快捷菜单中选择相应命令即可。

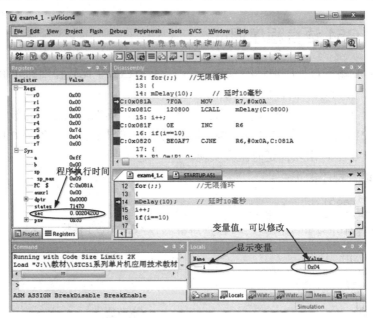

图 4-4　Keil C51 语言程序调试界面

　　程序调试中常使用设置断点后全速运行的方式，在断点处可以获得各变量值，但无法
知道程序到达断点以前究竟执行了哪些代码，而这往往是需要了解的。为此，Keil 提供了
跟踪功能，在运行程序之前打开调试工具条上的允许跟踪代码开关，然后全速运行程
序。当程序停止运行后，单击查看跟踪代码按钮，自动切换到反汇编窗口。其中前面标
有"-"号的行就是中断以前执行的代码，可以单击窗口边的上卷按钮向上翻查代码执行
记录。

　　利用工程窗口可以观察程序执行的时间(见图 4-4)，下面观察一下该例中延时程序的延
时时间是否满足要求，即是否确实延时了 10ms。展开工程窗口 Regs 页中的 Sys 目录树，
其中的 Sec 项记录了从程序开始执行到当前代码行所流逝的秒数。单击 RST 按钮以复位程
序，Sec 的值回零，按 F10 键，程序窗口中的黄色箭头指向 mDelay(10)行。此时，记录下
Sec 值为 0.00038900，然后再按 F10 键执行完该段程序，再次查看 Sec 的值为
0.01051200，两者相减大约是 0.01s，所以延时时间大致是正确的。读者可以试着将延时程

序中的 unsigned int 改为 unsigned char 试试看时间是否仍正确。注意，使用这一功能的前提是在项目中正确设置了晶振的数值。

4.7.5 C51 语言程序设计举例

下面的例子在第 3 章中已经介绍过，在那里，程序是用汇编语言编写的，本小节用 C51 语言重新编写这些例子，读者可以对照学习。有些例子的电路和程序(函数)将在以后实例中引用，读者要注意"积累"！

1. 软件延时程序

【**例 4-2**】 设系统时钟频率为 10MHz，试编写延时时间子程序，延时时间可调。

汇编语言程序详见例 3-20。

C51 语言程序如下(T4-2.c)：

```
void delay(unsigned int i)  //虚参i为入口参数
 {
   unsigned int j;
    for(j=0;j<i;j++)
    {;}
 }
```

在后面的很多例子中都用到此软件延时函数。

2. 查表程序

【**例 4-3**】 (同例 3-22)有 8 位 LED 数码管显示电路如图 3-24 所示，要显示的数(0～F)对应存放在首地址为 DATABUF 的内部 RAM 中，段码表存放在首地址为 LEDMAP 的 ROM 中，试编写查表子程序，将欲显示的数据的段码送相应显示缓冲区(在内部 RAM 中，首地址为 LEDBUF)。

汇编语言程序详见例 3-22。

C51 语言程序(T4-3.c)如下：

```
 unsigned char data LEDBuf[8];      // 存放要显示的数据的段码
 unsigned char data Databuf[8];     // 存放要显示的数据
 code unsigned char LEDMAP[] = {    // 0～f、p及"灭"的段码表
     0x3f, 0x06, 0x5b, 0x4f, 0x66, 0x6d, 0x7d, 0x07,
     0x7f, 0x6f, 0x77, 0x7c, 0x39, 0x5e, 0x79, 0x71, 0x73,0x00};
void seg()                //查段码送显示缓冲区子函数
{ unsigned char i;
  for (i = 0; i < 8; i++)
  {
   LEDBuf[i]=LEDMAP[Databuf[i]];    //DATABuf [i]是数组元素，相当于一个变量
  }
 }
```

3. 码制转换程序

【**例 4-4**】 (同例 3-24)有一个单字节十六进制数 BIN，试将其转换成非压缩 BCD 码存放于内部 RAM 中。

汇编语言程序详见例 3-24。

C51 语言程序如下(T4-4.c)：

```
unsigned char data BCDBuf[3];      // 存放非压缩BCD码
void HEX_BCD(unsigned int k )      //k为"虚参"，调用时用BIN代替
 { BCDBuf[2]=k/100;                // BCDBuf[2]中存放百位
   k= k-BCDBuf[2]*100;
   BCDBuf[1]=k/10;                 // BCDBuf[1]中存放十位
   BCDBuf[0]=k%10;                 // BCDBuf[0]中存放个位
 }
```

4. 数据排序程序

【**例 4-5**】 (同例 3-26)设计一个排序程序，将单片机内部 RAM 中若干个字节无符号数按从小到大顺序排列。

汇编语言程序详见例 3-26。

C51 语言程序(T4-5.c)如下：

```
unsigned char data Seq[i];         // Seq数组存放待排序的i个数
void Sequence( )
 { unsigned char k,j,n;
   for(k=i;k!=1;k--)
   {
    for(j=0;j<k;j++)
    { if(Seq[j+1]> Seq[j])
      { n= Seq[j];
        Seq[j+1]=Seq[j];
        Seq[j+1]=n;
      }
    }
   }
 }
```

4.8 C51 语言的一些特点

通过上述的几个例子，可以得出一些结论。

1. C51 程序由函数构成

一个 C51 源程序至少包括一个 main()函数，这个 main()函数叫作主函数。一个 C51 源程序有且只有一个名为 main()的函数，也可以包含其他函数，因此，函数是 C51 程序的基本单位。主函数通过直接书写语句和调用其他函数来实现有关功能，这些其他函数可以是由 C51 语言本身提供的，这样的函数称之为库函数，也可以是用户自己编写的(如mDelay(···)函数)，这样的函数称之为用户自定义函数。那么，库函数和用户自定义函数有什么区别呢？简单地说，任何使用 Keil C 语言的人，都可以直接调用 C51 的库函数而不需要为这个函数写任何代码，只需要包含具有该函数说明的相应的头文件即可；而自定义函数则是完全个性化的，是用户根据需要自己编写的。Keil C 提供了 100 多个库函数供用户直接使用。

2. 一个函数由两部分组成

1) 函数首部

函数首部即函数的第一行，包括函数名、函数类型、函数属性、函数参数(形参)名、参数类型。例如：

```
void mDelay (unsigned int DelayTime)
```

一个函数名后面必须跟一对圆括号，即便没有任何参数也是如此。

2) 函数体

函数体即函数首部下面的大括号"{}"内的部分。如果一个函数内有多个大括号，则最外层的一对"{}"为函数体的范围。

函数体一般包括声明部分和执行部分。在声明部分中定义所用到的变量，如 unsigned char j。执行部分由若干个语句组成。在某些情况下，也可以没有声明部分，甚至既没有声明部分，也没有执行部分，例如：

```
void mDelay()
{}
```

这是一个空函数，什么也不干，但它是合法的。

在编写程序时，可以利用空函数，比如主程序需要调用一个延时函数，可具体延时多少，怎么个延时法，暂时还不清楚，为了使主程序的框架结构清晰且能编译通过，先把架子搭起来再说，至于里面的细节，可以在以后慢慢地填。这时先写这么一个空函数，这样在主程序中就可以调用它了。

3. C51 语言程序从 main 函数开始执行

一个 C51 语言程序，总是从 main 函数开始执行的，而不管这个 main 函数在物理上放在什么位置。事实上，往往将 main 函数放在最后。

4. C51 语言程序区分大小写

如果将主函数中的 mDelay 写成 mdelay，就会编译出错，因为 C51 语言区分大小写。这一点常常让初学者非常困惑，尤其是学过一门其他语言的人，有人喜欢，有人不喜欢，但不管怎样，都得遵守这一规定。

5. C51 语言书写的格式自由

可以在一行写多个语句，也可以把一个语句写在多行。没有行号(但可以有标号)，对书写的缩进没有要求。但是建议读者按一定的规范来写，规范书写程序可以给自己带来方便。

6. 每个语句最后必须有一个分号

每个语句和资料定义的最后必须有一个分号，分号是 C51 语句的必要组成部分。

7. 可以有注释

可以用/*……*/的形式为 C51 程序的任何一部分作注释，从"/*"开始一直到"*/"为止的中间的任何内容都被认为是注释，所以在书写时特别是修改源程序时要注意。有时无意之中删掉一个"*/"，结果从这里开始一直到下一个"*/"中的全部内容都被认为是注释了。原本已编译通过的程序，稍作修改，就可能出现几十个甚至上百个错误。初学 C51 的人往往对此深感头痛，如果发生这样的情况，就检查一下是不是误删了，如果有的话，赶紧把"*/"补上。

特别地，Keil C 也支持 C++风格的注释，就是用"//"引导的后面的语句是注释，例如：

```
P1_0=!P1_0; //取反P1.0
```

这种格式的注释只对本行有效，所以不会出现上面的问题，而且书写比较方便，所以在只需要一行注释的时候，往往采用这种格式。但要注意，只有 Keil C 支持这种格式，早期的 Franklin C 以及 PC 上用的 TC 都不支持这种格式的注释，用这种注释会在编译时通不过，报告编译错误。

8. 自定义头文件

一个大的程序通常分为多个模块，由多个程序员分别编程；有些公用的符号常量或宏定义等可单独组成一个文件；一些常用功能程序也可以组成一个单独的文件，生成自定义头文件，避免在每个文件开头都去书写那些公用量及常用功能模块，从而节省时间，并减少出错。头文件取名规则符合 C 语言标号规定，如以 MYHEAD 为例，头文件的定义格式是：

```
#ifndef _MYHEAD_H_
#define _MYHEAD_H_
 {头文件的内容}
#endif
```

头文件必须保存为"MYHEAD.h"，可以保存在当前目录下，也可以存放在指定路径下。

头文件调用格式是：

```
#include " MYHEAD.h"
```

或者：

```
#include <MYHEAD.h>
```

尖括号与双引号的区别：尖括号表示直接在库中查找头文件进行编译，双引号表示先在放置源程序的文件夹里查找头文件，再去库里找。

4.9　实训 2：C51 语言程序调试

4.9.1　实训目的及要求

选取一个实例，独立、完整地实现它，掌握汇编语言程序编写与调试的思路与方法。

4.9.2　汇编语言程序调试

图 4-5 所示为跑马灯控制系统电路图，要求 8 只发光二极管编队，按 D0→D8 的顺序依次循环点亮，试编写 C51 控制程序，并在 Keil 中调试结果。

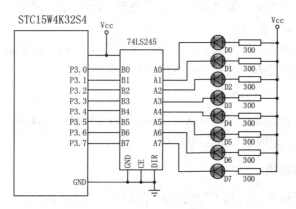

图 4-5　跑马灯控制系统电路图

本 章 小 结

本章介绍了用 C 语言编写单片机程序的语法规则及 C51 程序的基本结构，通过实例介绍了用 C51 语言编写单片机应用程序的方法。本章知识要点如下。

1. C51 数据类型

C51 有 ANSI C 的所有标准数据类型，除此之外，为了更加有效地利用 51 系列单片机的硬件资源，还加入了一些特殊的数据类型，主要有：位类型(bit)、特殊功能寄存器(SFR)、16 位特殊功能寄存器(sfr16)及可寻址位(sbit)。

2. 51 系列单片机头文件

C51 编程和普通 C 语言编程的语法规则基本相同，只是 C51 是针对 51 系列单片机的，所以在用 C51 编程时，要先用 C 语言能接受的方式对 51 系列单片机的硬件资源加以说明。对于通用的硬件资源，因为在所有的 C51 编程中都要用到，所以常用头文件的形式给出(如 stc15.h)，这样在进行 C51 编程时，只要用 include 语句把 stc15.h 包含进来就可以了。对于没有在头文件中出现的硬件资源，则需要在程序中加以说明。

3. 变量的存储类型

由于 51 系列单片机的存储器分布在不同的存储空间，因此在进行 C51 编程时要对程序中所用到的变量的存储空间加以说明，即指定"变量放在单片机的哪种存储器中"，这使编程者可以控制存储区的使用。C51 编译器可识别的存储区有 DATA、BDATA、IDATA、PDATA、XDATA 和 CODE，详见表 4-2。

4. C51 语言运算符及运算表达式

C51 语言有丰富的运算符，运算符是有优先级的。由运算符连成的式子称作表达式。

5. 数组与函数

C51 语言可以使用数组，但必须先定义后使用。C51 语言规定：只能逐个引用数组元素，而不能一次引用整个数组。

C51 程序由函数组成，有且只允许有一个主函数 main()。函数也必须先定义后使用。在 C51 的函数中有一种特殊的函数——中断函数，其定义格式为：

```
返回值 函数名() interrupt n
```

其中 n 对应中断源的编号，其值从 0 开始，STC15W4K32S4 单片机的中断编号为 0～23，分别对应外中断、定时器中断和串行口中断等。

6. C51 语言程序结构

C51 语言程序设计有三种基本结构：顺序结构、选择结构和循环结构。选择结构主要用 if 语句和 switch 语句实现，而循环结构则常用 while、do-while 和 for 三种语句实现。

7. C51 语言程序设计例子

用 C51 语言重新编写了第 3 章中介绍过的例子，读者可以对照学习，有些例子的电路和程序(函数)会在以后实例中引用，要注意积累！

思考与练习

一、单项选择题

1. 利用(　　)关键字可以改变工作寄存器组。
    A. interrupt　　　　B. sfr　　　　　　　C. while　　　　　　D. using

2. C51 中的一般指针变量占用(　　)字节。
    A. 一个　　　　　　B. 两个　　　　　　C. 三个　　　　　　D. 四个

3. 使用宏来访问绝对地址时，一般需包含的库文件是(　　)。
    A. reg51.h　　　　B. absacc.h　　　　C. intrins.h　　　　D. startup.h

4. 执行 "#define PA XBYTE[0x3FFC]; PA=0x7e;" 命令后，存储单元 0x3FFC 的值是(　　)。
    A. ox7e　　　B. 8255H　　　　　　C. 未定　　　　　　D. 7e

5. 设 i 为 int 型变量，则表达式 i=1,++i,++i||++i, i 的值为(　　)。
    A. 1　　　　　B. 2　　　　　　　C. 3　　　　　　　D. 4

6. 下列数据类型中，(　　)属于 C51 扩展的数据类型。
    A. float　　　　B. void　　　　　　C. sfr16　　　　　　D. long

二、判断题

1. 若一个函数的返回类型为 void，则表示其没有返回值。　　　　　　（　　）
2. 特殊功能寄存器的名字在 C51 程序中全部大写。　　　　　　　　（　　）
3. sfr 后面的地址可以用带有运算的表达式来表示。　　　　　　　　（　　）
4. #include <reg51.h>与#include "reg51.h"是等价的。　　　　　　（　　）
5. sbit 不可以用于定义内部 RAM 的可位寻址区，只能用在可位寻址的 SFR 上。（　　）
6. continue 和 break 都可用来实现循环体的中止。　　　　　　　　（　　）
7. 所有定义在主函数之前的函数无须进行声明。　　　　　　　　　（　　）
8. "int i,*p=&I;"是正确的 C 说明。　　　　　　　　　　　　　　（　　）
9. 7&3+12 的值是 15。　　　　　　　　　　　　　　　　　　　（　　）
10. 一个函数利用 return 不可能同时返回多个值。　　　　　　　　（　　）

三、填空题

1. 若 a 为 int 型变量，则表达式(a=3*5, a*4), a+2 的值是＿＿＿＿＿。
2. 在 C51 语言的逻辑运算中，以＿＿＿＿代表逻辑值"假"。
3. C 程序由函数构成，C 程序总是从＿＿＿＿开始执行。
4. ＿＿＿＿是一组有固定数目和相同类型成分分量的有序集合。
5. C51 的数据类型有＿＿＿＿、＿＿＿＿、＿＿＿＿和＿＿＿＿几种。
6. C51 的基本数据类型有＿＿＿＿、＿＿＿＿、＿＿＿＿、＿＿＿＿、＿＿＿＿和＿＿＿＿几种。
7. C51 的存储类型有＿＿＿＿、＿＿＿＿、＿＿＿＿、＿＿＿＿、＿＿＿＿和＿＿＿＿几种。
8. C51 的存储模式有＿＿＿＿、＿＿＿＿和＿＿＿＿几种。
9. C51 程序与其他语言程序一样，程序结构也分为＿＿＿＿、＿＿＿＿和＿＿＿＿三种。
10. 数组的一个很重要的用途就是＿＿＿＿。

四、问答题

1. 简述 C51 语言和汇编语言的区别。
2. 简述单片机 C 语言的特点。
3. 哪些变量类型是 51 单片机直接支持的？
4. 简述 C51 的数据存储类型。
5. 简述 C51 对 51 单片机特殊功能寄存器的定义方法。
6. C51 的 DATA、BDATA、IDATA 三个存储区之间有什么区别？
7. C51 中的中断函数和一般的函数有什么不同？
8. 按照给定的数据类型和存储类型，写出下列变量的说明形式。
9. 什么是重入函数？重入函数一般在什么情况下使用？使用时有哪些需要注意的地方？
10. 简述逻辑运算与、或、非，其对应的语言运算语句是什么？
11. 如何实现异或运算？
12. 数据类型隐式转换的优先顺序是什么？
13. 位运算符的优先顺序是什么？

第 5 章　单片机 I/O 口及应用

学习要点：本章介绍了单片机 I/O 口的基本结构及其工作模式的配置方法、数码管动态显示电路的工作原理、行列式键盘电路工作原理，通过实际例子介绍了单片机应用系统的硬件电路设计与应用程序的编写思路。

知识目标：熟悉单片机 I/O 口的基本结构，能根据设计需要正确配置 I/O 口的工作模式，理解和掌握单片机应用系统软硬件的设计与调试。

单片机 CPU 是通过其 I/O 口与外围电路联系的，本章将详细介绍 STC15W4K32S4 系列单片机 I/O 口的结构和功能，并通过"应用项目"具体说明其应用。单片机应用系统的最大特点就是硬件和软件的有机结合，这就要求读者不仅要掌握硬件电路的结构与工作原理，还要熟练掌握编程技巧，更重要的是还要将它们"合二为一"，成为一个"能实现既定功能、满足性能指标要求"的整体。

5.1　I/O 口工作模式及配置

5.1.1　I/O 口工作模式

STC15W4K32S4 系列单片机最多有 62 个 I/O 口：P0.0～P0.7、P1.0～P1.7、P2.0～P2.7、P3.0～P3.7、P4.0～P4.7、P5.0～P5.5、P6.0～P6.7、P7.0～P7.7，其所有 I/O 口均可由软件配置成 4 种工作模式之一。4 种工作模式为：准双向口/弱上拉(标准 8051 输出模式)、推挽输出/强上拉、仅为输入(高阻)或开漏输出模式。STC15W4K32S4 系列单片机上电复位后为准双向口/弱上拉(传统 8051 的 I/O 口)模式。

STC15W4K32S4 系列单片机 I/O 口在任何工作模式下，每个 I/O 口吸纳电流(灌电流)均可达到 20mA(在实际使用中，建议加 560Ω左右限流电阻)，在推挽输出状态下高电平电流(拉电流)也可达到 20mA(在实际使用中，建议加 560Ω左右限流电阻)，但 40 管脚及以上单片机的整个芯片最大不要超过 120mA，28 及 32 管脚单片机的整个芯片最大不要超过 90mA。

> **知识链接**　限流电阻是指在电路中限制电流大小的电阻，限流电阻要串接在电路中。限流电阻阻值的计算方法是：实际加在限流电阻两端的电压值/电路允许电流值。

5.1.2　I/O 口工作模式配置

STC15W4K32S4 系列单片机 I/O 口工作模式是由其对应的工作模式寄存器设定的，每个端口由两个工作模式寄存器中的相应位设定。端口名称、地址与工作模式寄存器名称、地址对应关系如表 5-1 所示。

表 5-1　端口名称、地址与工作模式寄存器名称、地址对应关系表

端口名称/地址	工作模式寄存器 1 名称/地址	工作模式寄存器 0 名称/地址
P0/080H	P0M1/093H	P0M0/094H
P1/090H	P1M1/091H	P1M0/092H
P2/0A0H	P2M1/095H	P2M0/096H
P3/0B0H	P3M1/0B1H	P3M0/0B2H
P4/0C0H	P4M1/0B3H	P4M0/0B4H
P5/0C8H	P5M1/0C9H	P5M0/0CAH
P6/0E8H	P6M1/0CBH	P6M0/0CCH
P7/0F8H	P7M1/0E1H	P7M0/0E2H

工作模式寄存器中位状态与 I/O 口工作模式对应关系如表 5-2 所示。

表 5-2　工作模式寄存器位状态与 I/O 口工作模式关系表

PiM1[j]	PiM0[j]	Pi[j]口模式
0	0	准双向口(传统 8051 I/O 口模式)，灌电流可达 20mA，拉电流为 270μA，由于制造误差，实际为 270μA～150μA
0	1	推挽输出(上拉输出，20mA，要加限流电阻)
1	0	仅为输入(高阻)
1	1	开漏(open drain)，内部上拉电阻断开

注：表中 i=0～7；j=0～7。

5.1.3　有关 I/O 口特别说明

(1) 由于 P1.6、P1.7 可以作为外部晶振引脚 XTAL1、XTAL2，所以复位后其不一定为弱上拉模式，具体由实际应用决定；若仍作为普通 I/O 口，则复位后为弱上拉模式。

(2) 由于 P5.4 可以作为 RST 引脚，所以复位后其不一定为弱上拉模式，具体由实际应用决定；若仍作为普通 I/O 口，则复位后为弱上拉模式。

(3) 由于 P2.0 可以作为 RSTOUT_LOW，当单片机工作电压低于上电复位门槛电压时，P2.0 输出低电平；当单片机工作电压高于上电复位门槛电压时，P2.0 输出状态由 ISP 烧录程序代码时的设置确定。

(4) 由于 STC15W4K32S4 系列单片机增加了 6 路增强型 PWM，涉及 12 个 I/O 口，这些 I/O 口在单片机上电复位后默认为高阻输入状态。

为了编程规范，建议读者在应用程序中加入 I/O 口初始化程序段。

汇编程序：

```
p0m0 equ 94h    ;定义寄存器。用汇编语言编写应用程序，Keil系统只
p0m1 equ 93h    ;默认8051单片机SFR，其他的SFR必须在程序中定义。
p1m0 equ 92h
p1m1 equ 91h
p2m0 equ 96h
p2m1 equ 95h
p3m0 equ 0b2h
```

```
                p3m1 equ 0b1h
                p4m0 equ 0b4h
                p4m1 equ 0b3h
                p5m0 equ 0cah
                p5m1 equ 0c9h
                p6m0 equ 0cch
                p6m1 equ 0cbh
                p7m0 equ 0e2h
                p7m1 equ 0e1h
IO_init:        MOV P0M0,#0
                MOV P0M1,#0
                MOV P1M0,#0
                MOV P1M1,#0
                MOV P2M0,#0
                MOV P2M1,#0
                MOV P3M0,#0
                MOV P3M1,#0
                MOV P4M0,#0
                MOV P4M1,#0
                MOV P5M0,#0
                MOV P5M1,#0
                MOV P6M0,#0
                MOV P6M1,#0
                MOV P7M0,#0
                MOV P7M1,#0
```

C51 程序(头文件形式):

```
#ifndef __IO_init_H_
#define __IO_init_H_
void IO_init()   //I/O口初始化
{
  P0M0=0xff;            //P0口设置为强输出方式
  P0M1=0;
  P1M0=0;
  P1M1=0;
  P2M0=0;
  P2M1=0;
  P3M0=0;
  P3M1=0;
  P4M0=0;
  P4M1=0;
  P5M0=0;
  P5M1=0;
  P6M0=0;
  P6M1=0;
  P7M0=0;
  P7M1=0;
}
#endif
```

5.2　I/O 口工作模式及结构框图

5.2.1　准双向口模式选择及结构框图

1. 准双向口模式的选择

当 PiM1[j]=0 且 Pim0[j]=0(i=0～7；j=0～7)时，选择 STC15W4K32S4 系列单片机的 I/O 口为准双向口模式。

2. 准双向口模式结构框图

STC15W4K32S4 系列单片机准双向口模式结构框图如图 5-1 所示。当口锁存器输出为 1 时驱动能力很弱，允许外部装置将其拉低；当引脚输出为 0 时驱动能力很强，可吸收约 20mA 的大电流。准双向口有 3 个上拉场效应管以适应不同的需要。

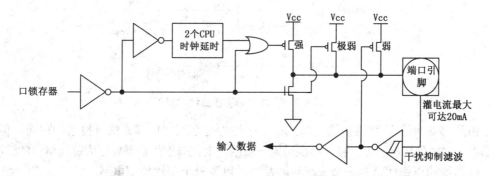

图 5-1　准双向口结构框图

在 3 个上拉场效应管中，有 1 个上拉场效应管称为"弱上拉"，当口锁存器为 1 且引脚外部没有下拉时打开。此上拉(等效约 20kΩ 上拉电阻)提供基本驱动电流使准双向口输出为 1；如果引脚输出为 1 而由外部装置下拉到低时，弱上拉场效应关闭而"极弱上拉"场效应管维持开状态，为了把这个引脚强拉为低，外部装置必须有足够的灌电流能力使引脚上的电压降到门槛电压以下。

第 2 个上拉场效应管称为"极弱上拉"，当口锁存器为 1 时打开。当引脚悬空时，这个极弱的上拉(等效约 270kΩ 上拉电阻)产生很弱的上拉电流将引脚上拉为高电平。

第 3 个上拉场效应管称为"强上拉"。当口锁存器由 0 到 1 跳变时，这个上拉用来加快准双向口由逻辑 0 到逻辑 1 的转换。当发生这种情况时，强上拉打开约 2 个时钟以使引脚能够迅速地上拉到高电平。

准双向口带有一个施密特触发输入以及一个干扰抑制电路。准双向口读外部状态前，要先将锁存器置为 1，才可读到外部正确的状态。

准双向口指的是该端口既可以作为输入口使用，也可以作为输出口使用，但在某一具体时刻，只能是输入口或输出口中的一个。

5.2.2　强推挽输出模式选择及结构框图

1. 强推挽输出模式的选择

当 PiM1[j]=0 且 Pim0[j]=1(i=0～7；j=0～7)时，选择 STC15W4K32S4 系列单片机的 I/O 口为强推挽输出模式。

2. 强推挽输出模式结构框图

STC15W4K32S4 系列单片机强推挽输出模式结构框图如图 5-2 所示。

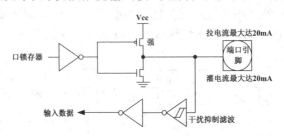

图 5-2　强推挽输出模式结构框图

由图 5-2 可见，强推挽输出模式的下拉结构与准双向口模式的下拉结构相同，但当锁存器为 1 时提供持续的强上拉。推挽模式一般用于上位与下拉都需要更大驱动电流的情况。强推挽输出模式带有一个施密特触发输入以及一个干扰抑制电路。

> **知识链接**　在放大电路中，一只三极管工作在导通、放大状态时，另一只三极管处于截止状态，当输入信号变化后，原先导通、放大的三极管进入截止，而原先截止的三极管进入导通、放大状态，两只三极管在不断地交替导通放大和截止变化，称为推挽放大。

5.2.3　仅为输入(高阻)模式选择及结构框图

1. 仅为输入模式的选择

当 PiM1[j]=1 且 Pim0[j]=0(i=0～7；j=0～7)时，选择 STC15W4K32S4 系列单片机的 I/O 口为纯输入模式。

2. 仅为输入模式结构框图

STC15W4K32S4 系列单片机仅为输入(高阻)模式结构框图如图 5-3 所示。

图 5-3　仅为输入(高阻)模式结构框图

由图 5-3 可见，仅为输入(高阻)时，不提供吸入 20mA 电流的能力，入口带有一个施密特触发输入以及一个干扰抑制电路。

5.2.4　开漏输出模式选择及结构框图

1. 开漏输出模式的选择

当 PiM1[j]=1 且 Pim0[j]=1(i=0～7；j=0～7)时，选择 STC15W4K32S4 系列单片机的

I/O 口为开漏输出模式。

2. 开漏输出模式结构框图

STC15W4K32S4 系列单片机开漏输出模式结构框图如图 5-4 所示。

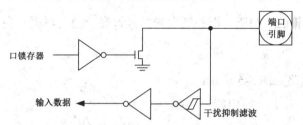

图 5-4　开漏输出模式结构框图

由图 5-4 可见，当口锁存器为 1 时，开漏输出关闭所有场效应管，当作为一个逻辑输出时，这种配置方式必须有外部上拉，一般通过电阻外接到 Vcc。如果外部有上拉电阻，开漏的 I/O 口还可读外部状态，即此时被配置为开漏模式的 I/O 口还可作为输入口。这种方式的下拉与准双向口相同。

开漏端口带有一个施密特触发输入以及一个干扰抑制电路。

> **知识链接**　　开漏电路就是指以 MOSFET 的漏极为输出的电路。一般的用法是会在漏极外部的电路添加上拉电阻。完整的开漏电路应该由开漏器件和开漏上拉电阻组成。

5.2.5　I/O 口应用注意事项

(1)　因为 STC15W4K32S4 系列单片机为 1T 8051 单片机，程序运行速度快，软件执行由低变高指令后立即读外部状态。此时由于实际输出还没有变高，就有可能读不对；正确的方法是在软件设置由低变高后加 1~2 个空操作指令延时，再读就对了。

(2)　准双向口读外部状态前(作输入口使用)，要先将锁存器置为 1，才可读到外部正确的状态。

(3)　设为开漏模式时，I/O 口必须外加 10kΩ左右上拉电阻。

(4)　当用 I/O 口直接驱动 NPN 三极管时，基极串多大电阻，I/O 口就应该上拉多大的电阻，或者将该 I/O 设置为强推挽输出。

(5)　当用 I/O 口直接驱动 LED 发光二极管时，要串入 470Ω以上限流电阻。

(6)　当用 I/O 口直接做行列矩阵按键扫描电路时，在其中的一侧(行或列)串接 1kΩ限流电阻。

5.3　单片机指示电路

在单片机应用系统中，指示灯几乎是不可缺少的，其主要功能是报警指示、运行状态指示等，其中，发光二极管是最常用的单片机应用系统指示灯。

5.3.1 LED 灯控制实例

1. 性能要求

控制发光二极管的亮与灭，即控制发光二极管亮一会儿再灭一会儿。

2. 硬件电路

LED 灯控制电路如图 5-5 所示。

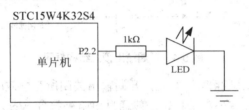

图 5-5　LED 灯控制电路图

在图 5-5 中，用 P2.2 串口控制 LED 灯。当 P2.2 口输出高电平时 LED 灯亮，当 P2.2 口输出低电平时 LED 灯灭。因为 LED 灯为电流性元件，正常亮度大约需 2mA 电流，正向导通压降约为 3V，因此，需设定 P2.2 工作于强推挽输出模式，并在控制电路中串接 1kΩ 限流电阻。

3. 应用程序设计

根据图 5-5 所示 LED 灯控制电路图和控制发光二极管亮一会儿再灭一会儿的性能要求，应用程序的编写要点如下。

(1) 端口工作模式的设定。P2.2 端口输出高电平时 LED 灯亮，因为 LED 灯为电流性元件，正常亮度时大约需 2mA 电流，所以 P2.2 端口的工作模式必须设定为强推挽输出(工作模式 1)。

(2) P2.2 口输出高电平时 LED 灯亮，当 P2.2 口输出低电平时 LED 灯灭。

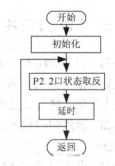

图 5-6　LED 灯控制程序流程图

(3) 亮一会儿或灭一会儿可用软件延时(延时函数)实现。

LED 灯控制思路可用图 5-6 所示的程序流程图来表示。

> **知识链接**　程序流程图是使用图形符号将编写程序的思路用图形的形式表达出来的一种方法，是一种图形算法。其优点是比较直观，容易理解，易于表达。

LED 灯控制汇编语言源程序(T5_0.asm)：

```
        ORG  0
        Lcall io_IO_init ;I/O口初始化
LOOP:   MOV  R6,#255    ;R6的值决定延时时间，值越大，延时时间越长
        LCALL delay     ;调用延时子程序，详见例3-20
```

```
        CPL P2.2              ;P2.2取反
        LJMP LOOP             ;循环
```

LED 灯控制 C51 语言源程序(T5_0.c):

```
#include<stc15.h>                  //stc15.h是STC15系列单片机头文件
void delay(unsigned int i);        //延时函数，详见例4-2
void main()                        //主函数
{
IO_init();           //I/O口初始化，详见5.1.3节
  while(1)           //无限循环
  {
    P22=~P22;        //P2.2状态取反
    delay(50000);    //调用延时函数，实参值越大，延时时间越长
  }
}
```

> **知识链接** 在头文件 stc15.h 中，已经对 STC15W4K32S4 单片机的所有 SFR 及相应位进行了说明，其中 P2.2 说明为 P22，所以在 C51 程序中，P2.2 口用 P22。

4. LED 灯控制实例操作流程单

(1) 在配套实验电路板上焊接发光二极管 LED 及 1kΩ限流电阻。要求：元件放置端正，焊点饱满整洁。

(2) 编译应用程序。

① 运行 Keil 仿真平台。

② 新建并设置项目"LED 灯控制"。

③ 新建并编辑应用程序 T5_0.asm 或 T5_0.c。

④ 将应用程序 T5_0.asm 或 T5_0.c 添加到项目"LED 灯控制"中。

⑤ 编译应用程序，生成代码文件"LED 灯控制.hex"。

(3) 下载应用程序代码。

① 运行 ISP 下载程序。

② 正确选择 CPU 型号。要求：与电路板一致。

③ 连接电路板与计算机，正确选择通信端口。注意：安装 CH340 驱动程序。

④ 正确设置硬件选项。要求：选择使用内部 IRC 时钟，频率为 6MHz。

⑤ 打开程序文件"LED 灯控制.hex"。

⑥ 单击"下载"按钮，按一下电路板上的"程序下载"按键。注意：STC 单片机下载程序代码时要求"冷启动"，按"程序下载"按键对单片机断电，松开"程序下载"按键对单片机上电。

⑦ 观察 ISP 下载界面，等待下载完成。

(4) 观察运行结果并记录。

(5) 修改应用程序中的延时时间，编译并下载程序，观察运行结果并记录。

(6) 得出结论。

5.3.2 单片机应用系统开发流程

下面介绍开发一个实际的单片机应用系统所需要的知识和操作步骤。

1. 性能指标的提出

性能指标就是系统要达到的功能要求，通常是由用户根据产品功能提出的，但为了可实现性，在确定性能指标(技术协议)时，设计师通常要主动参与，从技术方面提出自己的意见和建议。一个合理的性能指标的制定，是系统设计成功的关键，有时要进行反复的论证与修改。性能指标要求主要包括：被测控参数的形式(电量、非电量、模拟量和数字量等)、被测控参数的范围、被测控参数的精度、系统功能、工作环境、显示、报警、打印要求等。

2. 总体设计阶段

在总体设计阶段，要根据性能指标要求(技术协议)提出解决方案，然后进行方案论证，最后进入总体设计。性能指标分析是工作的基础，只有经过深入细致的性能指标分析，才能更好地进行方案设计。在性能指标分析的同时要对方案进行考虑，以便更有针对性地调查研究。

方案论证是根据性能指标要求确定出符合现场条件的软硬件方案，在选择测量结果输出方式上，要考虑用户技术水平和心理因素，既要满足用户要求，又要使系统简单、经济和可靠，这是进行方案论证一贯坚持的原则。只有周密而科学地进行方案论证，才能使系统设计工作顺利完成。

3. 硬件设计阶段

硬件设计包括电路的设计、器件选择、电路板设计、电路板制作和硬件测试。硬件设计是整个系统设计的支撑点。硬件电路设计的速度与质量，从某种意义上说，主要取决于硬件工程师的工作经验和知识面，它通常是"成熟电路"的集合(裁剪)，当然，会有新内容研发，但份额通常不会太大。建议读者在学习过程中加强"成熟电路"的积累，建立自己的硬件电路库。

4. 软件设计阶段

软件设计是根据硬件电路和系统性能指标要求，针对硬件资源的分配，进行软件流程设计、编程和调试。通常，应用程序是由若干个功能模块(子程序)组成的；对于每一个"成熟电路"，都会有对应的"驱动模块(驱动程序)"，软件工程师的重要任务就是对这些成熟的"驱动模块"进行裁剪。建议读者在学习过程中加强"驱动模块"的积累，建立自己的软件库。

5. 系统调试与维护阶段

系统调试与维护阶段要进行系统调试与性能测定。调试时，应将系统硬件和软件分成几部分分别调试，各部分都调试通过后再进行联调。调试完成后，应在实验室中模拟现场条件，对所设计的硬件、软件进行性能测定。现场试用时，要对使用情况做详细记录，并写出详细的试用报告及设备维护方案。

6. 设计文件整理

最后要进行设计文件的整理，保存原始的设计资料，包括设计指导思想、设计方案论证、硬件电路图及元件清单、软件流程图及程序、性能测定结果及现场试用报告、使用说明等。

单片机应用系统是以单片机为核心，配以一定的外围电路和相应的应用程序(软件)，能实现某种功能的应用系统。因此，单片机应用系统可以分为硬件和软件两大部分。硬件设计以芯片和元件为基础，目的是要研制一台完整的单片机应用系统；软件设计是基于硬件电路和功能要求的程序设计的过程。单片机应用系统的开发流程如图 5-7 所示。

在系统设计和调试过程中，必须借助于某些工具才能完成，这些工具包括计算机、仿真器、单片机开发软件包和编程器等，如图 5-8 所示。

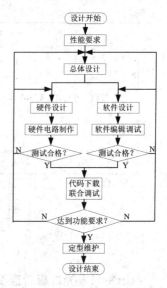

图 5-7　单片机应用系统开发流程

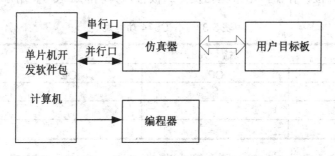

图 5-8　单片机应用系统的开发工具

5.3.3　应用项目 1：流水灯控制系统 1

1. 性能要求

实现 8 只发光二极管的亮与灭控制。

2. 硬件电路

实验电路板上有 16 只发光二极管组成了一个心形图案，如图 5-9 所示。这里先介绍用左边 8 只 LED 组成的流水灯控制电路。

用左边 8 只 LED 组成的流水灯控制系统电路原理图如图 5-10 所示。

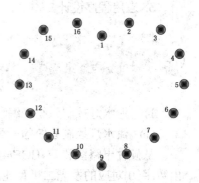

图 5-9　流水灯位置图

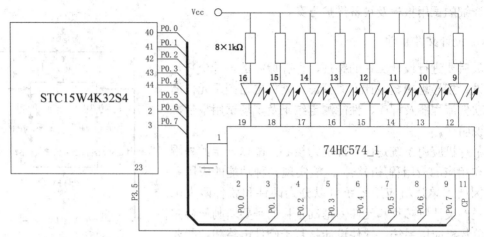

图 5-10 流水灯控制系统电路图

由于每只发光二极管需要一个端口控制，为了节省单片机管脚，在这里，我们通过 P0 口和一片锁存器 74HC574 扩展了 8 个 I/O 口，这是 I/O 口扩展的方法之一，称作独立式 I/O 口扩展。

74HC574 为 8 位锁存器，用来驱动发光二极管，其功能如表 5-3 所示。

表 5-3 74HC574 功能表

输 入			输 出
Dn	CP	OE	Qn
L	↑	L	L
H	↑	L	H
X	X	H	Z

集成电路芯片的真值表列出了控制信号、输入信号与对应输出信号的逻辑关系，是单片机应用电路编程的依据。

3. 应用程序设计

流水灯控制，就是控制 LED 发光二极管按要求的状态点亮与熄灭。

1) 流水灯控制系统 1 编程要点

(1) 流水灯控制系统的一个小目标：8 只 LED 灯同时亮与灭。

从硬件电路图和 74HC574 真值表可知，P0 口上为低电平的管脚(即 P0 口相应的位输出数字 0)对应的发光二极管亮，因此，所谓"单片机控制"归根结底表现为"单片机输出的数据与实际电路状态的对应关系"，根据电路图和题目功能要求，我们就可以确定"控制算法"——解决问题的思路和方法。

对 8 只 LED 灯同时亮与灭而言，控制算法是：让 74HC574_1 输出全为"高"，即

11111111b，十六进制数为 0FFH(汇编语言表示法)或 0xff(C51 表示法)；延时一会儿；让 74HC574_1 输出 00000000b，十六进制数为 00EH(汇编语言表示法)或 0x00(C51 表示法)。

(2) 流水灯控制系统：8 只 LED 流水灯依次循环点亮。

8 只 LED 灯依次循环点亮的控制算法是：让 16 号发光二极管亮，则从 P0 口输出 11111110b，十六进制数为 0FEH(汇编语言表示法)或 0xfe(C51 表示法)，并触发 74HC574_1 输出。

表 5-4 是流水灯控制项目的单片机 P0 口输出的数据与发光二极管亮灭的对应关系。

表 5-4　流水灯控制系统 P0 口输出数据表

P0	P3.5	发光二极管亮状态
11111110b	↑	16 号发光二极管亮
11111101b	↑	15 号发光二极管亮
11111011b	↑	14 号发光二极管亮
11110111b	↑	13 号发光二极管亮
11101111b	↑	12 号发光二极管亮
11011111b	↑	11 号发光二极管亮
10111111b	↑	10 号发光二极管亮
01111111b	↑	9 号发光二极管亮

2) 流水灯控制系统程序流程图

流水灯控制系统应用程序设计思路是依次将表 5-4 的数据取出并从相应 P0 端口送出，P0 口的每次输出都要间隔一定时间，不断循环。流水灯控制系统程序流程图如图 5-11 所示。

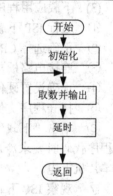

图 5-11　流水灯控制系统
程序流程图

3) 应用程序

(1) 汇编语言源程序(T5_1.asm)：

```
        ORG   0
        Lcall IO_init      ;I/O口初始化，详见5.1.3节
        MOV   P0M0,#0ffh    ;P0口设置为强输出方式
LOOP:   MOV   R0,#8         ;循环控制变量
        SETB  C
        MOV   A,#0FEH       ;0FEH对应11111110B
LOOP1:  CLR   P3.5          ;以下依次点亮1～8号发光二极管
        MOV   P0,A
        SETB  P3.5
        RLC   A
        MOV   R5,#10        ;延时约1秒
LOOP2:  MOV   R6,#50
        LCALL    DELAY      ;详见例3-20
        DJNZ  R5,LOOP2
        DJNZ  R0,LOOP1
        LJMP  LOOP          ;循环
```

(2) C51 语言源程序(T5_1.c)：

```
#include<STC15.h>
#include"delay.h"
#include"IO_init.h"
main()
```

```
{unsigned char j,k;
IO_init();
while(1)                        //无限循环！
{ k=0x80;                       //k的值为00000001b
  for(j=0;j<8;j++)              //控制1~8号发光管依次点亮
  { P35=0;                      //控制左侧发光二极管全灭
    P0=~k;                      //k中各个位取反后送P0口
    P35=1;
k>>=1;                          //k的值左移一位，D7位移出，D0位补0
delay (65500);                  //延时
}}}
```

4. 流水灯控制系统操作流程单

(1) 按图 5-10 所示的流水灯控制系统电路图在实验电路板上焊接 74LS574_1、发光二极管 9~16 及 8×1kΩ限流电阻。要求：元件放置端正，焊点饱满整洁。

(2) 编译应用程序。

① 运行 Keil 仿真平台。

② 新建并设置项目"流水灯控制系统"。

③ 新建并编辑应用程序 T5_1.asm 或 T5_1.c。

④ 将应用程序 T5_1.asm 或 T5_1.c 添加到项目"流水灯控制系统"中。

⑤ 编译应用程序，生成代码文件"流水灯控制系统.hex"。

(3) 下载应用程序代码。

① 运行 ISP 下载程序。

② 正确选择 CPU 型号。要求：与电路板一致。

③ 连接电路板与计算机，正确选择通信端口。注意：安装 CH340 驱动程序。

④ 正确设置硬件选项。要求：选择使用内部 IRC 时钟，频率为 6MHz。

⑤ 打开程序文件"流水灯控制系统.hex"。

⑥ 单击"下载"按钮，按一下电路板上的"程序下载"按键。注意：STC 单片机下载程序代码时要求冷启动，按下"程序下载"按键对单片机断电，松开"程序下载"按键对单片机上电。

⑦ 观察 ISP 下载界面，等待下载完成。

(4) 观察运行结果并记录。

(5) 修改应用程序中的延时时间，编译并下载程序，观察运行结果并记录。

(6) 得出结论。

5.3.4 流水灯控制系统仿真调试

下面介绍 STC15 单片机的仿真调试。仿真调试是单片机实际应用系统开发时经常使用的方法，可方便地找出故障点并设法排除，也是单片机技术人员的基本功之一。对初学者而言，仿真调试也能更好地帮助其理解和掌握单片机硬件资源的应用和应用系统的工作原理，希望读者边学边动手做。值得注意的是，只有 IAP15 芯片才能进行仿真调试。

对于以后章节中的应用实例，读者可以依照下面的步骤进行仿真调试。

1. STC 仿真驱动的安装

打开 STC-ISP 下载编程工具 STC-ISP-V6.85(STC 官网不断更新 ISP 版本,建议读者选用较新的版本),切换到"Keil 仿真设置"选项卡,单击"添加型号和头文件到 Keil 中"按钮,同时添加 STC 仿真器驱动到 Keil 中。STCMCU 型号、头文件和 STC 仿真驱动安装成功后,会在 Keil 文件夹下看到如图 5-12 所示文件。

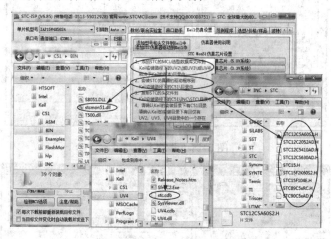

图 5-12　STC 仿真驱动文件

2. 制作仿真芯片

(1) 使用 USB 线将学习板或实际应用电路板(学习板或实际应用电路板上的 CPU 芯片必须是 IAP15W4K 芯片,如 IAP15W4K58S4)与电脑进行连接,下面以学习板为例。

(2) 打开 ISP 下载软件,如图 5-13 所示,选择学习板对应的串口号,切换到右边功能区的"Keil 仿真设置"选项卡,单击"将 IAP15W4K58S4 设置为仿真芯片"按钮,ISP 下载软件界面会变成如图 5-14 所示。等待学习板上的 CPU 冷启动,即按下学习板上的"主控芯片电源"按钮,然后松开,制作仿真芯片过程开始,稍过片刻,仿真芯片制作过程结束。如图 5-15 是仿真芯片制作成功后的界面。

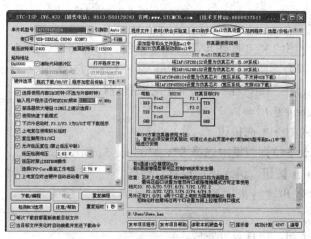

图 5-13　设置仿真芯片

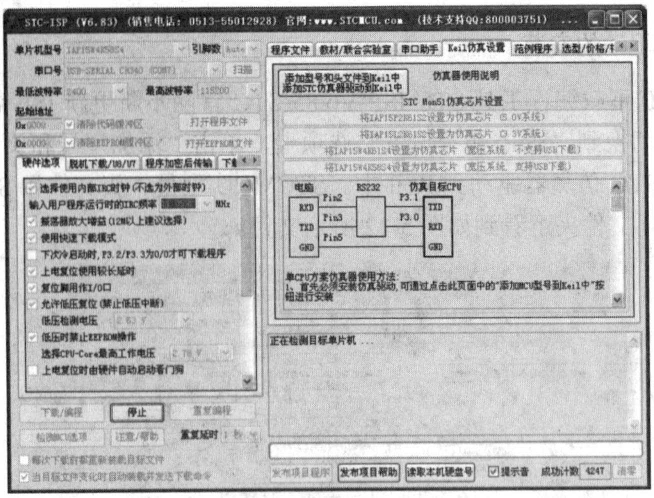

图 5-14　等待主控芯片冷启动

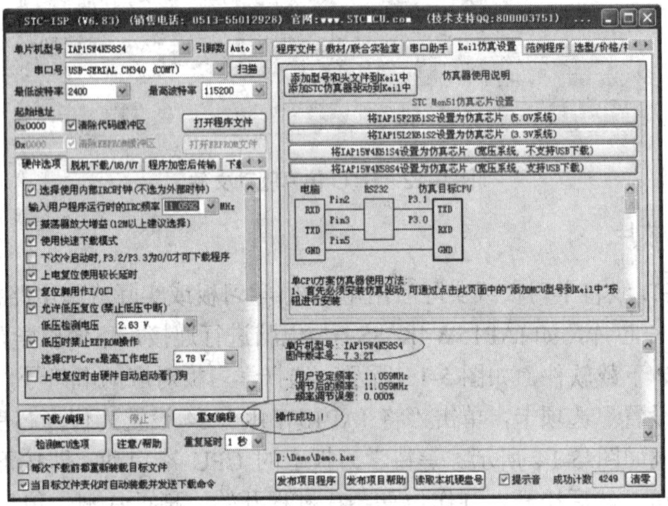

图 5-15　主控芯片制作成功

3. 项目仿真配置

(1) 按第 1 章介绍的 Keil 操作步骤，建立工程、添加文件、编译文件。

(2) 按 Alt+F7 组合键或选择菜单命令 Project→Option for target “Target1”，在如图 5-16 所示的 Option for target “Target1” 对话框中对项目进行配置。

① 切换到 Debug 选项卡。

② 选中右侧的 Use 单选按钮。

③ 在仿真驱动下拉列表框中选择 STC Monitor-51 Driver 选项。

④ 单击 Settings 按钮，进入串口设置对话框。

⑤ 设置串口号和波特率。串口号设置为学习板对应的串口，波特率一般设置为 115.2K。

⑥ 单击 OK 按钮，仿真设置完成。

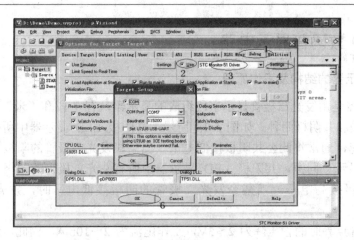

图 5-16　项目仿真设置

4. 仿真调试

在 Keil 界面中，单击 🔍 按钮启动仿真调试，如图 5-17 所示。单击 🔲 按钮全速运行应用程序。发光二极管是否按照希望的方式亮了？

如果调试结果符合系统性能要求，可将程序代码下载到实验板中当作"样机"试运行；若不能满足要求，则利用单步、断点等调试方法，分别调试硬件和软件，找出问题，修改硬件电路或软件程序，直到结果符合要求为止。

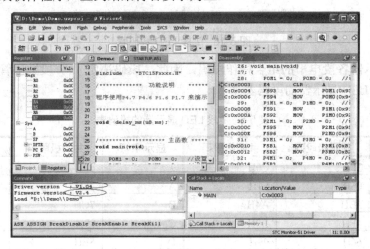

图 5-17　仿真调试

5.4　单片机显示电路

在单片机应用系统中，有时需要显示数字、字符，显示功能是通过显示电路实现的。常用的显示器主要有数码管显示器(LED)与液晶显示器(LCD)。数码管显示器简称 LED 显示器，由于其亮度高、价格低、寿命长，对电流、电压的要求较低等优点而得到广泛的应用。

5.4.1　LED 数码管显示电路

1. LED 显示器的结构及工作原理

LED 显示器是由发光二极管显示字段组成的显示器，有 7 段和"米"字段之分。7 段显示器有共阳极和共阴极两种。如图 5-18 所示，共阴极 LED 显示器中所有发光二极管的阴极连接在一起，通常将此公共阴极接低电平。当某段发光二极管的阳极为高电平时，相应的段被点亮显示。同样，共阳极 LED 显示器中所有发光二极管的阳极连接在一起，通常将此公共阳极接高电平。当某个发光二极管的阴极接低电平时，发光二极管被点亮显示。

发光二极管点亮时的管压降为 2～3V，工作电流为 2～10mA，因此，通常在发光二极管电路中串接一个限流电阻，限流电阻的阻值视具体电路而定。

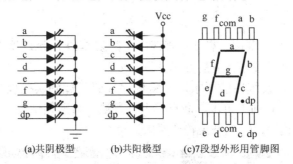

(a)共阴极型　　　(b)共阳极型　　　(c)7段型外形用管脚图

图 5-18　7 段 LED 数码管

LED 显示器各段电平的组合称作段码，因此，段码决定了 7 段数码管的显示内容。表 5-5 为 7 段 LED 显示器的段码表。

表 5-5　7 段 LED 显示器的段码表

显示字符	共阴极段码	共阳极段码	显示字符	共阴极段码	共阳极段码
0	3FH	C0H	9	6FH	90H
1	06H	F9H	A	77H	88H
2	5BH	A4H	B	7CH	83H
3	4FH	B0H	C	39H	C6H
4	66H	99H	D	5EH	A1H
5	6DH	92H	E	79H	86H
6	7DH	82H	F	71H	8EH
7	07H	F8H	P	73H	8CH
8	7FH	80H	灭	00H	FFH

2. 8 位 LED 显示器显示电路

LED 显示器有静态显示与动态显示两种方式，当显示位数较多时，多采用动态显示。动态显示接口电路是把所有显示器的 8 个笔画段 a～dp 同名端并联在一起，由一个 8 位 I/O 口控制，形成段线合用；而每一个显示器的公共极 com(位选线)各自独立地受 I/O 线控制，实现各位分时选通。8 位 LED 显示器动态显示电路如图 5-19 所示(本电路为实验板 8 位数码管显示电路)。

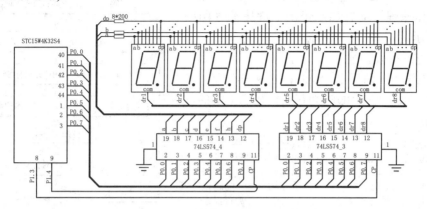

图 5-19　8 位数码管动态显示电路

3. 动态显示电路工作原理

动态显示电路由于 LED 数码管的段控制端公用，实际应用中只能采用"轮流点亮"的方法，利用人眼的暂留效应实现多位显示。以共阴极 LED 数码管动态显示电路为例(见图 5-19)，其工作原理如下。

(a) 关所有 LED 数码管，即从位控制端口 74LS574_3 输出 11111111b，使 8 位数码管的公共端均为高电平。

(b) 从段控制端口 74LS574_4 输出要显示的数据的段码。

(c) 从位控制端口 74LS574_3 输出 01111111b(也称位码)，这时，8 位数码管中最左边的一位显示，其余仍处于不亮状态。

(d) 延时一会儿，一般 1~2ms，这样，我们就看到最左边的数码管显示的内容了。

(e) 准备好下一位数码管的段码和位码，转步骤(a)，循环的次数由 LED 数码管位数决定。

(f) 循环结束，关所有 LED 数码管。

至此，8 位 LED 数码管从左至右依次点亮一次，由于时间很快，而人眼有暂留效应，我们看到 8 位 LED 数码管好像同时被点亮了；为了能清楚地看到 8 位要显示的内容，必须让 CPU 不停地按上述步骤控制显示电路，这就是所谓的动态显示工作原理。

知识链接　暂留效应是指人眼在观察景物时，光信号传入大脑神经，需经过一段短暂的时间，光的作用结束后，视觉形象并不立即消失，这种残留的视觉称"后像"。视觉的这一现象则被称为"视觉暂留"，这是由视神经的反应速度造成的，其时值约为二十四分之一秒。

4. 动态显示子程序(函数)设计

动态 LED 数码管显示程序是完成上述步骤(a)~(f)的功能模块，也称作动态显示子函数，通常取名 Displayled。这个功能函数是与动态电路对应的，同时还需要有一个存放"待显示数据段码"的内存缓冲区，通常称作 LEDBUF。

1) 动态显示子程序流程图

与图 5-19 所示动态显示电路相对应，根据动态显示工作原理，动态显示子函数程序流程图如图 5-20 所示。

2) 动态显示子程序

(1) 汇编语言源程序(Displayled.asm)。

(入口：R0，LEDBUF 为存放待显示数据的段码首地址)：

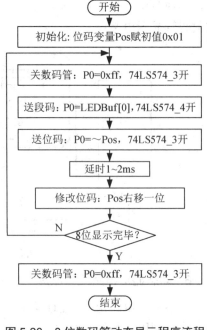

```
Displayled:          ;动态显示子程序
   MOV   R0,#LEDBUF   ;指向显示缓冲区(段码)
   MOV   R1,#8        ;显示器位数
   MOV   A,#0FEH      ;显示左边一位(位码)
LOOP3: MOV  P0,#0FFH      ;关所有显示
   CLR       P1.3
   SETB      P1.3       ;开门
   MOV       P0,@R0     ;送段码
   CLR       P1.4
   SETB      P1.4       ;开门
   MOV       P0,A       ;送位码
   CLR       P1.3
   SETB      P1.3       ;开门
   RL        A          ;位码处理,准备显示下一位
   INC       R0         ;指向下一位段码
   MOV       R6,#20
   LCALL     DELAY      ;延时,详见例3-20
   DJNZ      R1,LOOP3
   RET
```

图 5-20 8位数码管动态显示程序流程

(2) C51 语言源程序(Displayled.c)。

```
unsigned char data LEDBuf[8];      //存放要显示数据的段码
void delay(unsigned int i);        //延时函数,详见例4-2
void DisplayLED()                  //显示函数:功能是把数码管依次点亮
{
  unsigned char Pos,i,j;
  Pos = 0x01;                      // 从左边开始显示
  for (j = 0; j <8; j++)           //8位数码管,循环8次
  {
   P0=0xff;                        //关数码管
   P13=0;                          //P13为P1.3口,由头文件定义
      ;                            //空语句,延时作用
   P13=1;                          //锁存器74LS574_3送数据
   P0 = LEDBuf[j];                 //送段码
   P14=0;                          // P14为P1.4口,由头文件定义
   ;                               //空语句,延时作用
   P14=1;                          //锁存器74LS574_4送数据
   P0 = ~Pos;                      //送位码,只有一位是0
   P13=0;
      ;                            //空语句,延时作用
   P13=1;                          //锁存器74LS574_3送数据
   Delay(400);                     //延时一会儿
Pos <<= 1;                         //修改位码,为显示下一位做准备
  }
P0=0xff;                           //关数码管
```

```
    P13=0;                          //P13为P1.3口，由头文件定义
       ;                            //空语句，延时作用
    P13=1;                          //锁存器74LS574_3送数据
}
```

在所有与数码显示有关的系统中，都可以直接调用显示子程序 DisplayLED()。DisplayLED()函数中用到了延时子函数 Delay()，实现 1~2ms 的延时；还用到了存放"待显示数据的段码"的内存缓冲区 LEDBuf[]数组，其内容是由查表函数 seg()按照存放"待显示数据"数组 DATAbuf[]的内容从段码表 LEDmap[]中查出来的。为了使用方便，我们将数组 LEDBuf[]、Databuf[]、LEDMAP[]和子函数 seg()、Delay()、DisplayLED()集成为头文件 display.h：

```
#ifndef __display_H_
#define __display_H_
unsigned char data LEDBuf[8];        // 存放要显示的数据的段码
unsigned char data Databuf[8];       // 存放要显示的数据
code unsigned char LEDMAP[] = {      // 共阴极数码管0~f的段码表
  0x3f, 0x06, 0x5b, 0x4f, 0x66, 0x6d, 0x7d, 0x07,
  0x7f, 0x6f, 0x77, 0x7c, 0x39, 0x5e, 0x79, 0x71};
void seg()                           //查表函数，详见例4-3
void Delay(unsigned int i)           //延时函数，详见例4-2
void DisplayLED()                    //显示函数：功能是把数码管依次点亮
#endif
```

5.4.2　应用项目 2：学号显示系统

1. 功能要求

要求用 8 位数码管显示自己学号的后 8 位，不够 8 位的前面补 0。

2. 硬件电路

学号显示系统如图 5-19 所示，由 8 位数码管组成。

3. 应用程序设计

 学号显示系统的任务是把学号(数字)在数码管上显示出来，并且保证显示效果。

1)　学号显示系统编程要点

(1) 将欲显示的学号(现在假设学号是 0~9 的数字)保存到数组 Databuf 中，这个工作可以在定义数组 Databuf 时完成。这样做的好处是欲改变显示的内容时，只需改变数组 Databuf 中的内容就行了，当然，也可以在主函数中完成。

(2) 根据上一节介绍的 LED 数码管的显示原理，必须从表 5-5 中把欲显示的数字(Databuf[n])的段码查出来并送到显示缓冲区 LEDBuf[n]中保存，这个工作可以设计一个专用子程序来完成，我们定义这个功能模块为 Seg()，详见 3.4.5 节和 4.7.5 节。

2) 学号显示系统程序流程图

学号显示系统程序流程图如图 5-21 所示。

3) 学号显示系统应用程序

(1) 学号显示系统应用程序——汇编语言程序(T5_3.asm)：

```
        Lcall   IO_init          ;I/O口初始化,详见5.1.3节
        MOV     databuf+0,#5     ; 赋学号
        MOV     databuf+1,#7
        MOV     databuf+2,#2
        MOV     databuf+3,#4
        MOV     databuf+4,#7
        MOV     databuf+5,#1
        MOV     databuf+6,#8
        MOV     databuf+7,#9
        MOV     P0M0,#0ffh       ; P0口设置为强输出方式
        LCALL   SEG              ;查段码函数,详见例3-22
LOOP:   LCALL   Displayled       ; 动态显示函数,见5.4.1节
        LJMP    LOOP
```

图 5-21 学号显示系统
程序流程图

(2) 学号显示系统应用程序——C51 语言程序(T5_3.c)：

```
#include <stc15.h>                   //定义STC15F2K60S2的SFR
#include <IO_init.h>
#include <display.h>
void main()                          //主函数
{   IO_init();
    Databuf[0]=5;                    //学号：57247189
    Databuf[1]=7;
    Databuf[2]=2;
    Databuf[3]=4;
    Databuf[4]=7;
    Databuf[5]=1;
    Databuf[6]=8;
    Databuf[7]=9;
    seg();                           //查段码
    while (1)                        //while循环__无限循环
    {
        DisplayLED();                //循环体,不停地调用动态显示函数
    }
}
```

4. 学号显示系统操作流程单

(1) 按照图 5-19 所示电路图在实验电路板上焊接相关元器件。要求：元件放置端正，焊点饱满整洁。

(2) 编译应用程序。

① 运行 Keil 仿真平台。

② 新建并设置项目"学号显示系统"。

③ 新建并编辑应用程序 T5_3.asm 或 T5_3.c。

④ 将应用程序 T5_3.asm 或 T5_3.c 添加到项目"学号显示系统"中。

⑤ 编译应用程序，生成代码文件"学号显示系统.hex"。

(3) 下载应用程序代码。

① 运行 ISP 下载程序。

② 正确选择 CPU 型号。要求：与电路板一致。

③ 连接电路板与计算机，正确选择通信端口。注意：安装 CH340 驱动程序。

④ 正确设置硬件选项。要求：选择使用内部 IRC 时钟，频率为 6MHz。

⑤ 打开程序文件"学号显示系统.hex"。

⑥ 单击"下载"按钮，按一下电路板上的"程序下载"按键。注意：STC 单片机下载程序代码时要求冷启动，按下"程序下载"按键对单片机断电，松开"程序下载"按键对单片机上电。

⑦ 观察 ISP 下载界面，等待下载完成。

(4) 观察运行结果并记录。

(5) 修改应用程序中的延时时间，编译并下载程序，观察运行结果并记录。

(6) 修改应用程序中的学号，编译并下载程序，观察运行结果并记录。

(7) 得出结论。

5.5　单片机键盘电路

单片机应用系统在运行过程中，常需要进行功能切换、参数输入等，操作者通常是通过按键实现这些功能的。

5.5.1　简单按键应用实例

1. 性能要求

用按键控制发光二极管的亮与灭。当按键按下时发光二极管亮；当按键松开时发光二极管灭。

2. 硬件电路

按键控制发光二极管电路如图 5-22 所示。

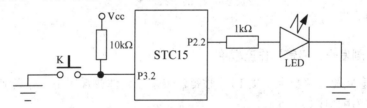

图 5-22　按键控制发光二极管电路

在图 5-22 中，将按键 K 的一端通过上拉电阻接到单片机的一个端口(如图 5-22 为 P3.2)，另一端接地。当按键 K 松开时，在上拉电阻作用下，端口 P3.2 为高电平(逻辑 1)；当按键 K 按下时，端口 P3.2 被接到电源地(逻辑 0)。这种一个按键占用一个 I/O 口的按键称作独立式按键，当应用系统中按键数量较少时，常采用这种电路。

注意：当 P3.2 设置为工作模式 0 时，10kΩ 上拉电阻可以省略。

3. 应用程序设计

根据图 5-22 所示按键控制发光二极管电路和"按键按下时发光二极管亮，按键松开时发光二极管灭"的性能要求，应用程序的编写要点如下。

(1) 端口工作模式的设定。P3.2 为输入口，因为有外接上拉电阻，可选用工作模式 0(弱上拉)和工作模式 2(纯输入)；P3.7 为控制端口，高电平时 LED 灯亮，必须设定为工作模式 1(强推挽输出)。

(2) 按键按下的状态与 LED 灯亮为反逻辑。

(3) 要实现按键状态实时检测和对 LED 灯的实时控制。

按键控制发光二极管可用图 5-23 所示的程序流程图来表示。

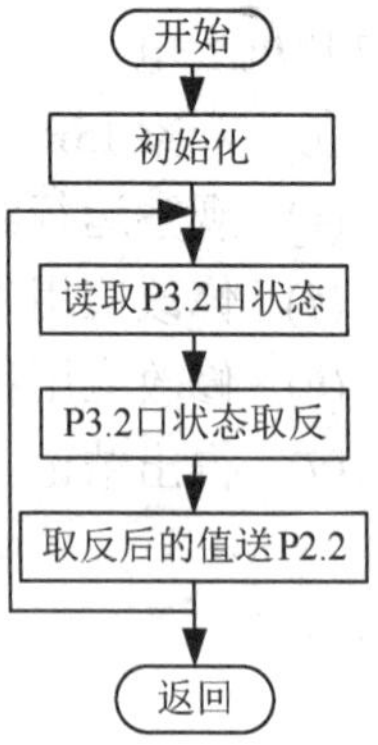

按键控制发光二极管汇编语言源程序(T5_4.asm)：

```
       ORG  0
       P2M0 EQU 096H    ;定义P2M0寄存器。用汇编语言编
                        ;写应用程序，Keil系统只
                        ;默认8051单片机的SFR，其他的
                        ;SFR必须在程序中定义。
       P2M1 EQU 095H
       MOV  P2M0,#04H   ;设置P2.2为工作模式1
       MOV  P2M1,#0
LOOP:  MOV  C,P3.2      ;读取P3.2(按键)状态
       CPL  C           ;P3.2状态取反
       MOV  P2.2,C      ;结果送P2.2
       LJMP LOOP        ;循环
```

图 5-23　LED 灯控制程序流程图

按键控制发光二极管 C51 语言源程序(T5_4.c)：

```
#include<stc15.h>   //stc15.h是STC15系列单片机头文件
void main()          //主函数
{
  P2M0=0x04;         //设置P2.2为工作模式1
  P2M1=0x00;
while (1)            //无限循环
  {
   P22=~P32;         //P3.2状态取反后送P2.2
  }
}
```

4. 按键控制发光二极管操作流程单

(1) 在配套实验电路板上焊接 18 个按键。要求：元件放置端正，焊点饱满整洁。

(2) 编译应用程序。

① 运行 Keil 仿真平台。

② 新建并设置项目"按键控制发光二极管"。

③ 新建并编辑应用程序 T5_4.asm 或 T5_4.c。

④ 将应用程序 T5_4.asm 或 T5_4.c 添加到项目"按键控制发光二极管"中。

⑤ 编译应用程序，生成代码文件"按键控制发光二极管.hex"。

(3) 下载应用程序代码。

① 运行 ISP 下载程序。

② 正确选择 CPU 型号。要求：与电路板一致。

③ 连接电路板与计算机，正确选择通信端口。注意：安装 CH340 驱动程序。

④ 正确设置硬件选项。要求：选择使用内部 IRC 时钟，频率为 6MHz。

⑤ 打开程序文件"按键控制发光二极管.hex"。

⑥ 单击"下载"按钮，按一下电路板上的"程序下载"按键。注意：STC 单片机下载程序代码时要求冷启动，按下"程序下载"按键对单片机断电，松开"程序下载"按键对单片机上电。

⑦ 观察 ISP 下载界面，等待下载完成。

(4) 观察运行结果并记录。

(5) 得出结论。

5.5.2　行列式键盘接口技术

每一个按键占用一根 I/O 口线，叫作独立式按键。很显然，独立式按键适合按键较少的应用场合；当按键数较多时，为了减少所占用的 I/O 口线，通常采用行列式(又称矩阵式)键盘接口电路。

1. 行列式键盘接口电路及工作原理

行列式键盘接口电路可以采用单片机 I/O 口线组成，也可以用门电路、锁存器或可编程并行 I/O 接口芯片组成，例如 74HC245、74HC574、8155、8255 等芯片构成。本项目采用单片机的 P4 口组成查询方式的行列式键盘接口电路，如图 5-24 所示。

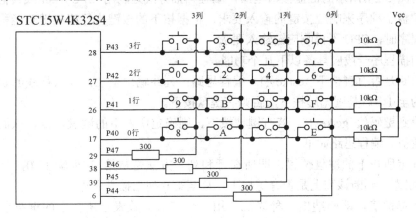

图 5-24　用 P4 口组成的行列式键盘接口电路

图 5-24 中行线 P40～P43 通过 4 个上拉电阻接 Vcc，处于输入状态(在实现应用电路中，将 P4 口设置为工作模式 0，则上拉电阻可以省略。在图 5-24 中，4 个上拉电阻用虚线画出)；P44～P47 串入限流电阻形成列线，为输出状态。按键设置在行、列线交点上，行、列线分别连接到按键开关的两端。

其工作过程如下。

(1) 判断是否有键按下。CPU 由 P4 口输出 0x0f，使所有的列线输出低电平(称开放所有列)，行线的锁存器输出全 1(注意：这是单片机管脚用作输入口时所必需的)，然后读取行线 P40～P43 的状态，判断是否为全 1。若键盘上没有按键按下时，行、列线之间是断开的，所有行线 P40～P43 均为高电平；若有按键按下(闭合)时，则对应的行线和列线短路，则行线的输入即为列线的输出，为低电平。

(2) 当有键按下时，确定按键位置。通过逐列扫描的方法确定被按下的键盘所在的行号和列号。逐列扫描法首先从第 3 列(P47)开始，使 P47 输出 0，其他列为高，然后读 P40～P43，判断是否为全 1，若是，表示被按下的键盘不在第 3 列上，以此类推，直到第 0 列为止。通过逐列扫描确定按键的行号和列号以后，由此行号和列号形成查表的地址，查键码表获得被按下的键盘的键码值，而转其处理程序。

> **知识链接** 键码表是按键顶面上印的"字符"与按键实际位置(按键所处的行与列)相对应的表格。按键实际位置由其所处的行与列按一定算法得到，通常为字符型数据。对算法的要求是：①最好从 0 开始；②连续；③绝不重复。

2. 行列式键盘的软件设计

在单片机应用系统中，扫描键盘只是 CPU 的工作任务之一。在实际应用中，要想做到既能及时响应按键操作，又不过多地占用 CPU 的工作时间，就要根据应用系统中 CPU 的忙闲情况，选择适当的键盘工作方式。键盘按工作方式一般有编程扫描方式和中断扫描方式两种。下面分别加以介绍。

1) 编程扫描方式

如采用图 5-24 所示的键盘接口电路，编程扫描方式是利用 CPU 在完成其他工作的空余，调用键盘子程序来响应按键的输入要求，根据按下的按键执行相应键功能程序。在执行键功能程序时，CPU 不再响应键输入要求。

键盘扫描程序一般应具备以下几个功能。

(1) 判断是否有键按下 testkey()。编程思路：列线输出全 0，读入行线的状态，判断行线是否为全 1，若是则无键按下，否则有键盘按下。

(2) 得到键码值 getkey()。若有键被按下，则确定所按下的键盘位置，从而得到该按键代表的数值。编程思路如下。

① 确定所按下的键盘位置，即所在行和列。方法是从第 3 列输出 0，其他列输出 1，读行线状态，判断该列上是否有键按下，直至第 0 列扫描完为止。

② 计算键值，即归纳出一种算法，用一个字节的数表示所按下的键盘所在的行和列，对算法的要求是：最好从 0 开始；连续；绝不重复。图 5-24 中 16 个键的键值为列值(第 0 列为 0，第 3 列为 3)乘以 4 加行值(第 0 行为 0，第 3 行为 3)，即键值=列值×4+行值。

③ 等待键释放，即判断闭合的键是否释放，目的是实现键闭合一次仅进行一次键功能操作。方法是延时调用键盘测试程序。

④ 得到并返回键码值。方法是按键值查键码表。键码表是按键顶面印刷的字符(由设计者定义)与按键所在位置(行和列)相对应的表格，与图 5-24 的键盘接口电路对应的键码表如表 5-6 所示。

表 5-6　4×4 行列式键盘键码表

列	行			
	0 行	1 行	2 行	3 行
	0CH	0DH	0EH	0FH
1 列	0BH	07H	08H	09H
2 列	0AH	04H	05H	06H
3 列	00H	01H	02H	03H

键盘扫描程序流程图如图 5-25 所示。

(1)　键盘扫描汇编语言源程序(key.asm)：

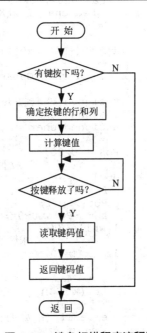

图 5-25　键盘扫描程序流程图

```
TestKey:                          ;键盘测试子程序
        mov     p4,#0fh           ;输出列线置为0
        mov     a,p4              ;读入键状态
        cpl     a
        anl     a, #0fh           ;高四位不用，返回值在A中
        ret

KeyTable:                         ; 键码定义---键码表
        db      0ch,0dh,0eh,0fh
        db      0bh,07h,08h,09h
        db      0ah,04h,05h,06h
        db      00h,01h,02h,03h

GetKey:                           ;得到键码值子程序
        mov     r1,#01111111b     ;从第3列扫描
        mov     r2,#4
KLoop:
        mov     a,r1              ;找出键所在列
        mov     p4,a
        rr      a                 ;右移
        mov     r1,a              ;下一列
        mov     a,p4
        cpl     a
        anl     a,#0fh
        jnz     Goon1             ;该列有键入
        djnz    r2,KLoop
        mov     r2,#0ffh          ;没有键按下，返回 0ffh
        sjmp    Exit
Goon1:
        mov     r1, a             ;保存"行值"
        mov     a,r2
        dec     a                 ;得到列值
        rl      a                 ;列×4
        rl      a
        mov     r2,a              ;
        mov     a,r1              ;键值 = 列× 4 + 行
        mov     r1, #4
LoopC:
        rrc     a                 ;移位找出所在行
        jc      Exit
        inc     r2                ; r2 = r2+ 行值
        djnz    r1,LoopC
Exit:
        mov     a,r2              ;取出键码
        mov     dptr, #KeyTable
        movc    a,@a+dptr
        mov     r2,a

WaitRelease:                      ;等待键释放子程序
```

```
    mov   r6,#10
    call  Delay               ;延时子程序,详见例3-23
    call  TestKey
    jnz   WaitRelease
    mov   a,r2                 ;键码值在A中,返回
    ret
```

(2) 键盘扫描 C51 语言源程序(key.c):

```
code unsigned char KeyTable[] = {   // 键码表
  0x0c, 0x0d, 0x0e, 0x0f, 0x0b, 0x07, 0x08, 0x09,
  0x0a, 0x04, 0x05, 0x06, 0x00, 0x01, 0x02, 0x03};
unsigned char TestKey( )      //键盘测试子函数
{ P4=0x0f;                    //输出列线置为0
;                             //空语句
return (~P4& 0x0f);
}
unsigned char GetKey()        //得到键码值子函数
{
  unsigned char Pos;
  unsigned char i,j;
  unsigned char k;
  i = 4;                      //i 的值为列号
  Pos = 0x80;                 // 从最左边一列开始扫描
                  //查询按键位置:
  do {
    P4 = ~ Pos;
    Pos >>= 1;
    k = ~P4 & 0x0f;           //K的值为行号
  } while ((--i != 0) && (k == 0));
                  // 求键值: 列 x 4 + 行
  if (k != 0)
  {
    i *= 4;                   //列值* 4
    if (k & 2)                //当K=2为第一行
      i += 1;
    else if (k & 4)           //当K=4为第二行
      i += 2;
    else if (k & 8)           //当K=8为第三行
      i += 3;
              //等键释放:
    do Delay(10); while (TestKey());
              //查键码值并返回:
    return(KeyTable[i]);
  }             // 误操作(或干扰)时键码值返回0xff:
  else return(0xff);
}
```

在配有键盘的应用系统中，一般相应地配有显示器，因而在系统初始化后，CPU 必须反复不断地调用扫描显示子程序和键盘输入程序。在识别有键闭合后，执行规定的操作再重复进入上述循环。

为了使用方便，将键码表 KeyTable[]、键盘测试子函数 TestKey( )和得到键码值子函数 GetKey()集成为头文件 key.h:

```
#ifndef __key_H_
#define __key_H_
code unsigned char KeyTable[] = {   // 键码表
  0x0c, 0x0d, 0x0e, 0x0f, 0x0b, 0x07, 0x08, 0x09,
  0x0a, 0x04, 0x05, 0x06, 0x00, 0x01, 0x02, 0x03
};
unsigned char TestKey( )     //键盘测试子函数
unsigned char GetKey( )      //得到键码值子函数
```

```
}
#endif
```

2) 中断扫描方式

中断扫描方式不用重复调用键盘扫描程序，当键盘上有任一键按下时，均可向 CPU 申请中断，CPU 响应中断请求后，在中断服务程序中扫描键盘判断按键的行、列值以形成键值。其中断服务程序和上面的程序类似，进入键盘扫描程序应加入保护现场和恢复现场的操作，返回指令应改为 RETI。

知识链接 单片机在执行程序的过程中，CPU 中止执行当前程序转去处理内部和外部随机发生的事件，处理完毕后再返回继续执行原来中止的程序，这一过程被称为中断，将在第 6 章中学习。

5.5.3 应用项目 3：学号输入系统

1. 功能要求

从键盘输入自己学号的后 8 位并在数码管显示。

2. 硬件电路

学号输入系统由键盘电路和显示电路组成，电路如图 5-26 所示，有 0～f 共 16 个按键和 8 位数码管。

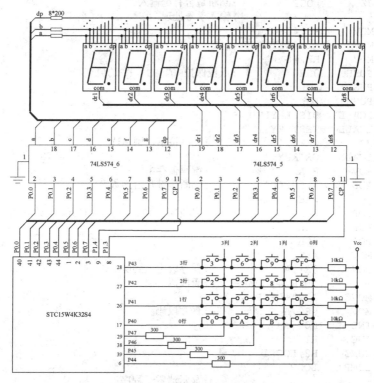

图 5-26 学号输入系统电路图

3. 应用程序设计

编程分析 由项目功能要求及图 5-26 所示电路图知，该项目的显示电路同"学号显示"项目；新添加的功能是用键盘输入学号。

1) 学号输入系统编程要点

(1) 输入的学号是保存在 Databuf[i]中的，其中 i=0～7，i=0 对应显示器的最左边。

(2) 输入的学号要查段码送 LEDBuf[i]，并调用 DisplayLED() 显示出来。

(3) 每输入一位学号，i 的值加 1，指向下一个设定位，直到 8 位数据输入完毕。

2) 学号输入系统程序流程图

学号输入系统程序流程图如图 5-27 所示。

3) 学号输入系统应用程序

① 汇编语言源程序：

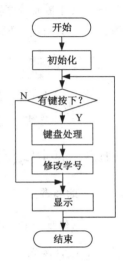

图 5-27 学号输入系统
程序流程图

```
        IO_init
        MOV     P0M0,#0ffh    ；P0口设置为强输出方式
        LCALL   XSQL          ；显示清零
LOOP:   LCALL   Displayled    ；动态显示函数，见5.4.1节
        LCALL   TESTKEY       ；测试键盘，详见5.5.2节
        JZ      LOOP          ；判断是否有键输入
                              ；输入学号处理:
        MOV     R0,#ledbuf
        MOV     R1,#DATABUF
        MOV     R2,#8
LOOP1:  PUSH    00H           ；压栈保护R0、R1、R2的值
        PUSH    01H
        PUSH    02H
WKEY1:  LCALL   DISPLAYLED
        LCALL   TESTKEY
        JZ      WKEY1         ；无键按下，则再读
        LCALL   GETKEY
        MOV     B,A           ；键码值存B
        ADD     A,#0F6H       ；判断按键是否为数字键
        JC      WKEY1
        POP     02H           ；出栈恢复R0、R1、R2的值，先进后出
        POP     01H
        POP     00H
        MOV     A,B
        MOV     @R1,A         ；保存设定值到Databuf
        MOV     DPTR,#LEDMAP  ；查段码
        MOVC    A,@A+DPTR
        MOV     @R0,A         ；保存段码
        INC     R0
        INC     R1
LOP3:   DJNZ    R2,LOOP1
        LJMP    LOOP
XSQL:                         ；显示清零子程序:
        MOV R0,#8
```

```
          MOV R1,#DATABUF
          CLR A
LOP1:     MOV @R1,A
          INC R1
          DJNZ R0,LOP1
          LCALL      SEG      ; 查段码函数，详见例3-22
          RET
```

② C51 语言源程序(T5_5.c)：

```
#include <stc15.h>                    //定义STC15F2K60S2的SFR
#include <IO_init.h>                  //IO口初始化
#include <display.h>                  //数码管显示
#include <key.h>                      //行列式键盘处理
void main()                          //主函数
{unsigned chari;
   IO_init();                        //I/O口初始化，详见5.1.3小节
   for(i=0;i<8;i++)
   Databuf[i]=0;                     //显示初值为00000000
   seg();                           //查段码
   while (1)                        //while循环__死循环
   { DisplayLED();                  //显示
   if(TestKey())                    //键盘扫描
{unsigned char m,n;                 //**********************
   n=0;
   while (n<8)                      //学号共8位
{
DisplayLED();                       //显示
if(TestKey())                       //键盘扫描
{                                   //有键按下处理
m=GetKey();                         //得到键码值
if(m<10)                            //判断：学号为数字
{
   Databuf[n]=m;                    //修改学号
n++;                                //指针加1
seg();                              //查段码
}
   }}}                              //**********************
}}
```

"*" 中间的程序功能是从左到右输入 8 位数字，可以写成子函数 key_8()，与 key.h 集成输入 8 位数字头文件 key_in8.h。

4. 学号输入系统操作流程单

(1) 按图 5-26 所示学号输入系统电路图，在实验电路板上焊接元器件。要求：元件放置端正，焊点饱满整洁。

(2) 编译应用程序。

① 运行 Keil 仿真平台。

② 新建并设置项目"学号输入系统"。

③ 新建并编辑应用程序 T5_5.asm 或 T5_5.c。

④ 将应用程序 T5_5.asm 或 T5_5.c 添加到项目"学号输入系统"中。

⑤ 编译应用程序，生成代码文件"学号输入系统.hex"。

(3) 下载应用程序代码。

① 运行 ISP 下载程序。

② 正确选择 CPU 型号。要求：与电路板一致。

③ 连接电路板与计算机，正确选择通信端口。注意：安装 CH340 驱动程序。

④ 正确设置硬件选项。要求：选择使用内部 IRC 时钟，频率为 12MHz。

⑤ 打开程序文件"学号输入系统.hex"。

⑥ 单击"下载"按钮，按一下电路板上的"程序下载"按键。注意：STC 单片机下载程序代码时要求冷启动，按下"程序下载"按键对单片机断电，松开"程序下载"按键对单片机上电。

⑦ 观察 ISP 下载界面，等待下载完成。

(4) 按下按键，输入自己的学号，观察运行结果并记录。

(5) 得出结论。

(6) 问题：当按键按下时间较长时，显示器为什么会熄灭？试修正这一现象。

本 章 小 结

本章介绍了 STC15W4K32S4 系列单片机 I/O 口工作模式的选择方法、工作模式的结构，通过几个实例说明了 I/O 口的应用方法，本章知识要点如下。

(1) 单片机 CPU 是通过其 I/O 口与外围电路联系的，STC15W4K32S4 系列单片机最多有 62 个 I/O 口。

(2) 所有 I/O 口均可由软件配置成 4 种工作模式之一，4 种工作模式为：准双向口/弱上拉(标准 8051 输出模式)、推挽输出/强上拉、仅为输入(高阻)或开漏输出模式。STC15W4K32S4 系列单片机上电复位后为准双向口/弱上拉(传统 8051 的 I/O 口)模式。

(3) STC15W4K32S4 系列单片机 I/O 口在任何工作模式下，每个 I/O 口吸纳电流(灌电流)均可达到 20mA，在推挽输出状态下高电平电流(拉电流)也可达到 20mA，但 40-pin 及 40-pin 以上的单片机整个芯片最大不要超过 120mA，32-pin 以下(包括 32-pin)单片机的整个芯片最大不要超过 90mA。

(4) I/O 口应用注意事项如下。

① 因为 STC15W4K32S4 系列单片机为 1T 8051 单片机，程序运行速度快，软件执行由低变高指令后立即读外部状态，此时由于实际输出还没有变高，就有可能读不对，正确的方法是在软件设置由低变高后加 1～2 个空操作指令延时，再读就对了。

② 准双向口读外部状态前(作输入口使用)，要先将锁存器置为 1，才可读到外部正确的状态。

③ 设为开漏模式时，I/O 口必须外加 10kΩ左右上拉电阻。

④ 当用 I/O 口直接驱动 NPN 三极管时，基极串多大电阻，I/O 口就应该上拉多大的电阻，或者将该 I/O 设置为强推挽输出。

⑤ 当用 I/O 口直接驱动 LED 发光二极管时，要串入 470Ω以上限流电阻。

⑥ 当用 I/O 口直接做行列矩阵按键扫描电路时，在其中的一侧(行或列)串接 1kΩ限流电阻。

(5) I/O 口的具体应用是由应用系统的功能要求决定的，要针对具体的应用，合理选择 I/O 口及其工作模式，首先要考虑功能是否满足要求，其次要以方便布局、连线简捷为优。

思考与练习

1. STC15W4K32S4 系列单片机的 I/O 端口各有什么特点？使用时有什么分工？

2. STC15W4K32S4 系列单片机 I/O 端口作输入口使用时，为什么要先把其锁存器置 1？

3. STC15W4K32S4 单片机的 I/O 口有哪几种工作模式？各有什么特点？是如何设置的？

4. STC15W4K32S4 单片机的 I/O 口的最大灌电流驱动能力与拉电流驱动能力各是多少？

5. STC15W4K32S4 单片机 I/O 口的总线驱动与非总线扩展是什么含义？在现代单片机应用系统设计中，一般推荐哪种扩展模式？

6. STC15W4K32S4 单片机 I/O 电路结构中包含锁存器、输入缓冲器、输出驱动三部分，请说明寄存器、输入缓冲器、输出驱动在输入/输出端口中的作用。

7. STC15W4K32S4 单片机的 I/O 端口用作输入时，应注意什么？

8. 一般情况下，驱动 LED 灯应加限流电阻。请问：如何计算限流电阻？

9. 试说明下列语句的含义。

(1)　unsigned char x;
　　unsigned char y;
　　k=(bit)(x+y);

(2)　#define uchar unsigned char
　　uchar a ;
　　uchar b;
　　uchar min;

(3)　#define uchar unsigned char
　　uchar tmp ;
　　P1=0xff;
　　Temp=P1;
　　Temp&=0x0f;

第6章 单片机中断系统及应用

学习要点：本章主要介绍 STC15W4K32S4 系列单片机中断系统的基本结构、工作原理、管理、响应及中断技术的应用。

知识目标：了解单片机中断概念、中断结构和中断过程，掌握中断源、对应的中断入口地址(中断号)及优先级，熟练使用相关 SFR 实现对中断的控制，会编写中断应用程序。

单片机具有常用的功能模块，它包括中断模块、定时/计数器模块和串行通信模块等。中断系统使单片机能及时响应并处理运行过程中片内和片外的突发事件，提高单片机的工作效率和可靠性。

6.1 中 断 系 统

中断技术是计算机中一项很重要的技术，中断系统由软件和硬件组成，实现中断与中断控制。

6.1.1 中断基本概念

1. 中断的定义

单片机在执行程序的过程中，为响应(处理)内部和外部随机发生的事件，CPU 中止执行当前程序转去处理事件，处理完毕后再返回继续执行原来中止的程序，这一过程被称为中断。

2. 中断系统

STC15W4K32S4 系列单片机的中断系统由中断源、与中断有关的特殊功能寄存器、顺序查询逻辑电路、中断程序入口(或称作中断向量表)及相应中断服务程序组成。

STC15W4K32S4 系列单片机有 21 个中断源，可分为 2 个中断优先级，即高优先级和低优先级，大部分中断源的优先级都可以由程序来设定。

6.1.2 中断系统结构

STC15W4K32S4 单片机的中断系统组成如图 6-1 所示，它由与中断有关的特殊功能寄存器和中断顺序查询逻辑电路等组成。

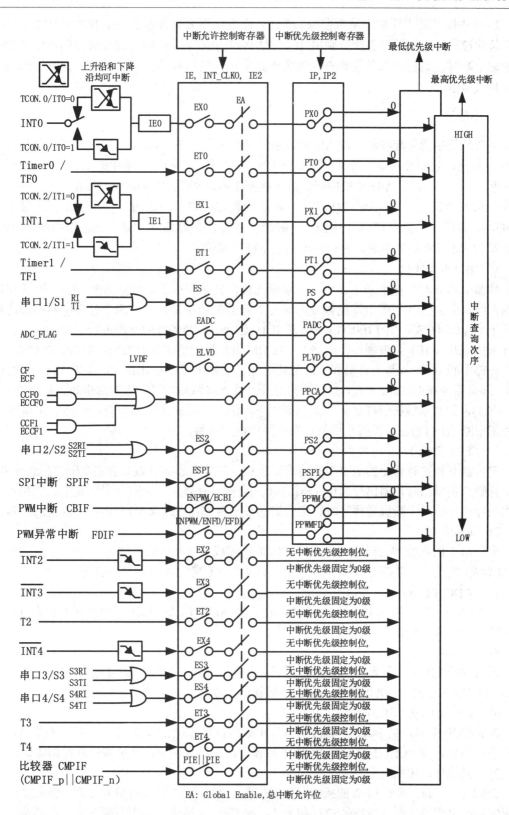

图 6-1 STC15W4K32S4 系列中断系统结构图

21 个中断源的中断请求是否会得到响应，要受中断允许寄存器 IE、IE2 和 INT_CLKO 相关位的控制，它们的优先级分别由 IP、IP2 相关位来确定；同一优先级内的各中断源同时请求中断时，就由内部的硬件查询逻辑电路来确定响应次序；不同的中断源有不同的中断矢量入口地址。

1．中断源

中断源是指能引起中断、发出中断请求信号的装置或事件，STC15W4K32S4 单片机有 21 个中断源，它们分别是：外部中断 0(INT0)、定时器 0 中断、外部中断 1(INT1)、定时器 1 中断、串口 1 中断、A/D 转换中断、低压检测(LVD)中断、CCP/PWM/PCA 中断、串口 2 中断、SPI 中断、外部中断 2(INT2)、外部中断 3(INT3)，定时器 2 中断、外部中断 4(INT4)、串口 3 中断、串口 4 中断、定时器 3 中断、定时器 4 中断、比较器中断、PWM 中断及 PWM 异常检测中断，它们发出相应中断请求信号。

1）IE0 和 IE1

外部中断 0 和外部中断 1 的中断请求标志位，其中断请求信号分别由 P3.2、P3.3 引脚输入，既可上升沿和下降沿均能触发，又可下降沿单独触发。请求两个外部中断的标志位是位于寄存器 TCON 中的 IE0/TCON.1 和 IE1/TCON.3。当外部中断服务程序被响应后，中断标志位 IE0 和 IE1 会被硬件自动清 0。TCON 寄存器中的 IT0/TCON.0 和 IT1/TCON.2 决定了外部中断 0 和 1 是上升沿和下降沿均可触发还是下降沿单独触发。如果 $ITx = 0(x = 0,1)$，那么系统在 $INTx(x = 0,1)$脚探测到上升沿或下降沿后均可产生外部中断；如果 $ITx = 1(x = 0,1)$，那么系统在 $INTx(x = 0,1)$脚探测下降沿后才可产生外部中断。外部中断 0(INT0) 和外部中断 1(INT1)还可以用于将单片机从掉电模式唤醒。

2）TF0 和 TF1

定时器 0 和定时器 1 的溢出中断请求标志位，当定时器的计数寄存器 $THx/TLx(x = 0,1)$ 加 1 计数产生溢出时，溢出标志位 $TFx(x = 0,1)$会被硬件置位，定时器中断发生。当单片机转去执行该定时器中断服务程序时，定时器的溢出标志位 $TFx(x = 0,1)$会被硬件自动清零。

3）RI 和 TI

串行口 1 的接收和发送中断。当串行口 1 接收或发送完一帧数据时，硬件将 SCON 中的 RI 或 TI 位置 1，向 CPU 申请中断。中断标志位 RI 或 TI 必须由软件清零。

4）ADC_FLAG

A/D 转换中断，当 A/D 转换结束时，硬件将 ADC_FLAG/ADC_CONTR.4 位置 1，请求中断。该位需用软件清零。

5）LVDF

低压检测(LVD)中断，当电源电压下降到低于 LVD 检测电压时，硬件将 LVDF/PCON.5 位置 1，请求中断。该位需用软件清零。

6）CF、CCF0、CCF1

PCA/CCP 中断，当 PCA/CCP 发生时，中断申请标志位 CF、CCF0、CCF1 被置 1，若相应的中断允许位 ECF、ECCF0、ECCF1 被置位，则请求中断。该位需用软件清零。

7）其他串口中断

S2RI 和 S2TI：串行口 2 的接收和发送中断。当串行口 2 接收或发送完一帧数据时，相应的中断请求标志位 S2RI 或 S2TI 位置 1，向 CPU 申请中断。中断响应后，中断标志位

S2RI 或 S2TI 必须由软件清零。

S3RI 和 S3TI：串行口 3 的接收和发送中断。当串行口 3 接收或发送完一帧数据时，相应的中断请求标志位 S3RI 或 S3TI 置 1，向 CPU 申请中断。中断响应后，中断标志位 S3RI 或 S3TI 必须由软件清零。

S4RI 和 S4TI：串行口 4 的接收和发送中断。当串行口 4 接收或发送完一帧数据时，相应的中断请求标志位 S4RI 或 S4TI 置 1，向 CPU 申请中断。中断响应后，中断标志位 S4RI 或 S4TI 必须由软件清零。

8)　SPIF

SPI 中断。当同步串行口 SPI 传输完成时，SPIF/SPCTL.7 被置 1，如果 SPI 被允许，则向 CPU 申请中断；中断响应完成后，SPIF 需通过软件向其写入 1 清零。

9)　CBIF

PWM 计数器归零中断标志，当 PWM 计数器归零时，硬件自动将此位置 1，若 PWM 计数器归零中断被允许，则向 CPU 申请中断，单片机执行 PWM 计数器归零中断。中断响应后，中断标志位 CBIF 必须由软件清零。

10)　FDIF

PWM 异常检测中断标志，当发生 PWM 异常(比较器正极 P5.5/CPM+的电平比比较器负极 P5.4/CPM-的电平高或比较器正极 P5.5/CPM+的电平比内部参考电压源 1.28V 高或比较器正极 P5.5/CPM+的电平比 P2.4 的电平高)时，硬件自动将此位置 1，若 PWM 异常检测中断被允许，则向 CPU 申请中断，单片机执行 PWM 异常检测中断。中断响应后，中断标志位 FDIF 必须由软件清零。

11)　其他外部中断

外部中断 2(INT2)、外部中断 3(INT3)及外部中断 4(INT4)都只能下降沿触发。外部中断 2~4 的中断请求标志位被隐藏起来了，对用户不可见。当相应的中断服务程序执行后或 EXn=0(n=2,3,4)，这些中断请求标志位会自动地被清零。外部中断 2(INT2)、外部中断 3(INT3) 及外部中断 4(INT4)也可以用于将单片机从掉电模式唤醒。

12)　其他定时器中断

定时器 2、定时器 3 和定时器 4 的中断请求标志位被隐藏起来了，对用户不可见。当相应的中断服务程序执行后或 ET2/ET3/ET4=0，相应中断请求标志位会自动地被清 0。

13)　CMPIF

比较器中断标志，CMPIF=(CMPIF_p||CMPIF_n)，CMPIF_p 为内建的标志比较器上升沿中断的寄存器，CMPIF_n 为内建的标志比较器下降沿中断的寄存器；当 CPU 读取 CMPIF 时会读到 CMPIF_p||CMPIF_n，当 CPU 对 CMPIF 清零时 CMPIF_p 及 CMPIF_n 会被自动设置为 0。

当比较器的比较结果由 LOW 变成 HIGH 时，寄存器 CMPIF_p 会被设置成 1，比较器中断标志位 CMPIF 也被置 1，若比较器中断被允许(即 PIE/CMPCR1.5 已被置 1)，则向 CPU 申请中断，单片机执行比较上升沿中断；当比较器的比较结果由 HIGH 变成 LOW 时，寄存器 CMPIF_n 会被设置成 1，比较器中断标志位 CMPIF 也被置 1，若比较器中断被允许(即 NIE/CMPCR1.4 已被置 1)，则向 CPU 申请中断，单片机执行比较下降沿中断。中断响应完成后，需通过软件向其写入 0 来清除中断标志。

2. 中断入口地址和中断号

当某中断源的中断请求被 CPU 响应之后，CPU 将自动把此中断源的中断入口地址(又称中断矢量地址)装入程序计数器 PC，中断服务程序即从此地址开始执行，若用 C51 语言编程，则有对应的中断号指向此地址。

STC15W4K32S4 单片机各中断源的中断矢量地址是固定的，中断矢量地址和对应的中断号见表 6-1。

表 6-1　STC15W4K32S4 单片机中断源的矢量地址及中断号

中 断 源	矢量地址	中 断 号	自然优先级
INT0 外中断 0	0003H	0	最高
T0 定时器 0	000BH	1	
INT1 外中断 1	0013H	2	
T1 定时器 1	001BH	3	
串口 1(RI 或 TI)	0023H	4	
A/D 转换	002BH	5	
低压检测(LVD)	0033H	6	
PCA/CCP 中断	003BH	7	
串口 2 中断	0043H	8	
SPI 中断	004BH	9	
INT2 外中断 2	0053H	10	
INT3 外中断 3	005BH	11	
T2 定时器 2	0063H	12	
INT4 外中断 4	0083H	16	
串口 3 中断	008BH	17	
串口 4 中断	0093H	18	
T3 定时器 3	009BH	19	
T4 定时器 4	00A3H	20	
比较器	00ABH	21	
PWM	00B3H	22	最低
PWM 异常检测	00BBH	23	

3. 中断优先级、优先权、中断嵌套

1)　优先级

在应用系统中可能有多个中断源，若两个或更多中断源同时提出中断请求，应先响应哪个中断请求，设计者要事先根据中断事件的轻重缓急确定一个响应级别，即中断优先级(priority)。STC15W4K32S4 单片机的 21 个中断源分为两个中断源优先级：高优先级和低优先级。当几个中断源同时发出中断请求时，CPU 先响应优先级高的中断；当新发出的中断请求的优先级与 CPU 正在处理的中断的优先级相同或更低时，CPU 不立即响应，直到正在处理的中断服务程序执行完毕后，才受理该中断(若该中断请求未撤销)请求。

各中断源的优先级是可以通过对特殊功能寄存器 IP 和 IP2 编程来确定的。

2)　优先权

优先权也称自然优先级，是由单片机内部的硬件查询逻辑电路对各个中断源的查询顺

序来确定的，如表 6-1 所示。在同一优先级中，内部的硬件查询逻辑电路总是先查询外部中断 INT0，最后查询 PWM 异常检测，所以 INT0 的优先权最高。优先权无法通过编程来改变。

3) 中断嵌套

当 CPU 正在为某一中断源服务时，又有更高级的中断源发出中断请求，则 CPU 将暂停对该中断源的服务，转去为更高级的中断源服务，直到为高级中断服务结束，又返回来为低级中断继续服务，这个过程叫作中断嵌套。STC15W4K32S4 系列单片机允许两级中断嵌套。中断嵌套过程如图 6-2 所示。

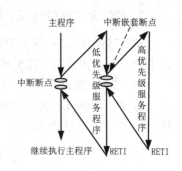

图 6-2 中断嵌套示意图

6.1.3 中断控制

STC15W4K32S4 单片机中断控制是由相应特殊功能寄存器实现的，通过对它们的相应位置位或清零操作实现对中断的控制。与 STC15W4K32S4 单片机中断控制有关的专用寄存器如表 6-2 所示。

表 6-2 中断控制相关的专用寄存器

符号	描 述	地址	位地址及符号								复位值
			B7	B6	B5	B4	B3	B2	B1	B0	
IE	Interrupt Enable	A8H	EA	ELVD	EADC	ES	ET1	EX1	ET0	EX0	0000 0000b
IE2	Interrupt Enable2	AFH	-	ET4	ET3	ES4	ES3	ET2	ESPI	ES2	x000 0000b
INT_CLKO	外部中断允许和时钟输出寄存器	8FH	-	EX4	EX3	EX2	MCKO_S2	T2CLKO	T1CLKO	T0CLKO	x000 0000b
IP	Interrupt Priority register	B8H	PPCA	PLVD	PADC	PS	PT1	PX1	PT0	PX0	0000 0000b
IP2	Interrupt Priority register2	B5H	-	-	-	PX4	PPWMFD	PPWM	PSPI	PS2	xxx0 0000b
TCON	Timer Control register	88H	TF1	TR1	TF0	TR0	IE1	IT1	IE0	IT0	0000 0000b
SCON	Serial Control	98H	SM0/FE	SM1	SM2	REN	TB8	RB8	TI	RI	0000 0000b
S2CON	Serial 2/ UART2 Control	9AH	S2SM0	-	S2SM2	S2REN	S2TB8	S2RB8	S2TI	S2RI	0100 0000b
S3CON	Serial 3/ UART3 Control	ACH	S3SM0	S3ST3	S3SM3	S3REN	S3TB8	S3RB8	S3TI	S3RI	0000 0000b
S4CON	Serial 4/ UART4 Control	84H	S4SM0	S4ST4	S4SM4	S4REN	S4TB8	S4RB8	S4TI	S4RI	0000 0000b
T4T3M	T4 和 T3 控制寄存器	D1H	T4R	T4_C/T	T4x12	T4CLKO	T3R	T3_C/T	T3x12	T3CLKO	0000 0000b
PCON	Power Control register	87H	SMOD	SMOD0	LVDF	POF	GF1	GF0	PD	IDL	0011 0000b
ADC_CONTR	ADC control register	BCH	ADC_POWER	SPEED1	SPEED0	ADC_FLAG	ADC_START	CHS2	CHS1	CHS0	0000 0000b
SPSTAT	SPI Status register	CDH	SPIF	WCOL	-	-	-	-	-	-	00xx xxxxb
CCON	PCA Control Register	D8H	CF	CR	-	-	-	CCF2	CCF1	CCF0	00xx x000b
CMOD	PCA Mode Register	D9H	CIDL	-	-	-	CPS2	CPS1	CPS0	ECF	0xxx 0000b
CCAPM0	PCA Module 0 Mode Register	DAH	-	ECOM0	CAPP0	CAPN0	MAT0	TOG0	PWM0	ECCF0	x000 0000b
CCAPM1	PCA Module 1 Mode Register	DBH	-	ECOM1	CAPP1	CAPN1	MAT1	TOG1	PWM1	ECCF1	x000 0000b
CCAPM2	PCA Module 2 Mode Register	DCH	-	ECOM2	CAPP2	CAPN2	MAT2	TOG2	PWM2	ECCF2	x000 0000b
AUXR	辅助寄存器	8EH	T0x12	T1x12	UART_M0x6	T2R	T2_C/T	T2x12	EXTRAM	S1ST2	0000 0000b
CMPCR1	比较器控制寄存器 1	E6H	CMPEN	CMPIF	PIE	NIE	PIS	NIS	CMPOE	CMPRES	0000 0000b
PWMCR	PWM 控制寄存器	F5H	ENPWM	ECBI	ENC70	ENC60	ENC50	ENC40	ENC30	ENC20	xxx0 0000b
PWMIF	PWM 中断标志寄存器	F6H	-	CBIF	C7IF	C6IF	C5IF	C4IF	C3IF	C2IF	x000 0000b
PWMFDCR	PWM 外部异常控制寄存器	F7H	-	-	-	ENFD	FLTFLIO	EFDI	FDCMP	FDIO	FDIF	x000 0000b
PWM2CR	PWM2 控制寄存器	FF04H	-	-	-	-	PWM2_PS	EPWM2I	EC2T2SI	EC2T1SI	xx00 0000b
PWM3CR	PWM3 控制寄存器	FF14H	-	-	-	-	PWM3_PS	EPWM3I	EC3T2SI	EC3T1SI	xxxx 0000b
PWM4CR	PWM4 控制寄存器	FF24H	-	-	-	-	PWM4_PS	EPWM4I	EC4T2SI	EC4T1SI	xxxx 0000b
PWM5CR	PWM5 控制寄存器	FF34H	-	-	-	-	PWM5_PS	EPWM5I	EC5T2SI	EC5T1SI	xxxx 0000b
PWM6CR	PWM6 控制寄存器	FF44H	-	-	-	-	PWM6_PS	EPWM6I	EC6T2SI	EC6T1SI	xxxx 0000b
PWM7CR	PWM7 控制寄存器	FF54H	-	-	-	-	PWM7_PS	EPWM7I	EC7T2SI	EC7T1SI	xxxx 0000b

1. 中断允许寄存器 IE、IE2 和 INT_CLKO

STC15W4K32S4 系列单片机 CPU 对中断源的开放或屏蔽，即每一个中断源是否被允许中断，是由内部的中断允许寄存器 IE、IE2 和 INT_CLKO 中相应位控制的。

1) IE(中断允许寄存器)

专用寄存器 IE 称为中断允许寄存器，其作用是用来对相关中断源进行开放或屏蔽的控制。IE 字节地址为 A8H，可位寻址，IE 结构、位名称、位地址如表 6-3 所示。

表 6-3 IE 结构及位名称、位地址表

位 号	IE.7	IE.6	IE.5	IE.4	IE.3	IE.2	IE.1	IE.0
位名称	EA	ELVD	EADC	ES	ET1	EX1	ET0	EX0
位地址	AFH	AEH	ADH	ACH	ABH	AAH	A9H	A8H

① EA：中断总允许位。

0——禁止一切中断；

1——开放中断。

② ELVD：低压检测中断允许位。

0——禁止低压检测中断；

1——允许低压检测中断。

③ EADC：A/D 转换中断允许位。

0——禁止 A/D 转换中断；

1——允许 A/D 转换中断。

④ ES：串行口 1 中断允许位。

0——禁止串行口 1 的接收和发送中断；

1——允许串行口 1 的接收和发送中断。

⑤ ET1：T1 中断允许位。

0——禁止 T1 中断；

1——允许 T1 中断。

⑥ EX1：INT1 中断允许位。

0——禁止 INT1 中断；

1——允许 INT1 中断。

⑦ ET0：T0 中断允许位。

0——禁止 T0 中断；

1——允许 T0 中断。

⑧ EX0：INT0 中断允许位。

0——禁止 INT0 中断；

1——允许 INT0 中断。

系统复位后，IE 各位均为 0，即禁止所有中断。

2) IE2(中断允许寄存器 2)

专用寄存器 IE2 也是中断允许寄存器，IE2 结构、位名称、位地址如表 6-4 所示。

表 6-4　IE2 结构及位名称、位地址表

SFR name	Address	bit	B7	B6	B5	B4	B3	B2	B1	B0
IE2	AFH	name	—	ET4	ET3	ES4	ES3	ET2	ESPI	ES2

① ET4：定时器 2 中断允许位。

0——禁止定时器 4 产生中断；

1——允许定时器 4 产生中断。

② ET3：定时器 2 中断允许位。

0——禁止定时器 3 产生中断；

1——允许定时器 3 产生中断。

③ ES4：串行口 4 中断允许位。

0——禁止串行口 4 中断；

1——允许串行口 4 中断。

④ ES3：串行口 3 中断允许位。

0——禁止串行口 3 中断：

1——允许串行口 3 中断。

⑤ ET2：定时器 2 中断允许位。

0——禁止定时器 2 产生中断；

1——允许定时器 2 产生中断。

⑥ ESPI：SPI 中断允许位。

0——禁止 SPI 中断；

1——允许 SPI 中断。

⑦ ES2：串行口 2 中断允许位。

0——禁止串行口 2 中断；

1——允许串行口 2 中断。

系统复位后，IE2 各位的值为 x000 0000b。

3)　INT_CLKO (AUXR2)(外部中断允许和时钟输出寄存器)

INT_CLKO (也称 AUXR2)是 STC15W4K32S4 系列单片机新增寄存器，地址是 8FH，不可位寻址，INT_CLKO (AUXR2)结构、位名称、位地址如表 6-5 所示。

表 6-5　INT_CLKO (AUXR2)结构及位名称、位地址表

SFR name	Address	bit	B7	B6	B5	B4	B3	B2	B1	B0
INT_CLKO (AUXR2)	8FH	name	—	EX4	EX3	EX2	LVD_WAKE	T2CLKO	T1CLKO	T0CLKO

① EX4：外部中断 4(INT4)中断允许位。外部中断 4(INT4)只能下降沿触发。

0——禁止 INT4 中断；

1——允许 INT4 中断。

② EX3：外部中断 3(INT3)中断允许位。外部中断 3(INT3)只能下降沿触发。

0——禁止 INT3 中断；

1——允许 INT3 中断。

③ EX2：外部中断 2(INT2)中断允许位。外部中断 2(INT2)只能下降沿触发。

0——禁止 INT2 中断；

1——允许 INT2 中断。

④ LVD_WAKE, T2CLKO, T1CLKO,T0CLKO 与中断无关。

系统复位后，INT_CLKO (AUXR2)各位的值为 x000 0000b。

STC15W4K32S4 系列单片机复位以后，IE、IE2 和 INT_CLKO(AUXR2)被清零，由用户程序置 1 或清零 IE、IE2 和 INT_CLKO (AUXR2)的相应位，实现允许或禁止各中断源的中断申请。若使某一个中断源允许中断，必须同时使 CPU 开放中断。

更新 IE 的内容可由位操作指令来实现(SETB BIT；CLR BIT)，也可用字节操作指令实现(即 MOV IE，#DATA，ANL IE， #DATA；ORL IE，#DATA；MOV IE，A 等)；IE2 和 INT_CLKO 是不可位寻址的，要更新其内容，只可用字节操作指令(即 MOV IE2, #DATA 或 MOV INT_CLKO, #DATA)来解决。

2. 中断优先级控制寄存器 IP、IP2

STC15W4K32S4 单片机的中断分为 2 个优先级，每个中断源的优先级都可以通过中断优先级寄存器 IP 和 IP2 中的相应位来设定。

1) IP(中断优先级控制寄存器)

IP 字节地址为 B8H，可位寻址，IP 结构、位名称、位地址如表 6-6 所示。

表 6-6 IP 结构、位名称及位地址表

位 号	IP.7	IP.6	IP.5	IP.4	IP.3	IP.2	IP.1	IP.0
位名称	PPCA	PLVD	PADC	PS	PT1	PX1	PT0	PX0
位地址	BFH	BEH	BDH	BCH	BBH	BAH	B9H	B8H

① PPCA：PCA 中断优先级控制位。

0——PCA 中断为最低优先级中断(优先级 0)；

1——PCA 中断为最高优先级中断(优先级 1)。

② PLVD：低压检测中断优先级控制位。

0——低压检测中断为最低优先级中断(优先级 0)；

1——低压检测中断为最高优先级中断(优先级 1)。

③ PADC：A/D 转换中断优先级控制位。

0——A/D 转换中断为最低优先级中断(优先级 0)；

1——A/D 转换中断为最高优先级中断(优先级 1)。

④ PS：串口 1 中断优先级控制位。

0——串口 1 中断为最低优先级中断(优先级 0)；

1——串口 1 中断为最高优先级中断(优先级 1)。

⑤ PT1：定时器 1 中断优先级控制位。

0——定时器 1 中断为最低优先级中断(优先级 0)；

1——定时器 1 中断为最高优先级中断(优先级 1)。

⑥ PX1：外部中断 1 优先级控制位。

0——外部中断 1 为最低优先级中断(优先级 0)；

1——外部中断 1 为最高优先级中断(优先级 1)。

⑦ PT0：定时器 0 中断优先级控制位。

0——定时器 0 中断为最低优先级中断(优先级 0)；

1——定时器 0 中断为最高优先级中断(优先级 1)。

⑧ PX0：外部中断 0 优先级控制位。

0——外部中断 0 为最低优先级中断(优先级 0)；

1——外部中断 0 为最高优先级中断(优先级 1)。

系统复位后，IP 各位的值为 0000 0000b，即相应中断均默认为低优先级。

【例 6-1】 某系统允许 INT0、T0 和串行口中断，要求 T0 为高优先级，试初始化编程。

解：汇编语言初始化程序如下。

```
MOV IE,#10010011B         ;开放总中断及串口、T0、INT0中断允许位
SETB   PT0                ;设定T0为高优先级
```

2) IP2(中断优先级控制寄存器)

IP2 字节地址为 B5H，不可位寻址，IP2 结构、位名称、位地址如表 6-7 所示。

表 6-7　IP2 结构、位名称及位地址表

SFR name	Address	bit	B7	B6	B5	B4	B3	B2	B1	B0
IP2	B5H	name	—	—	—	PX4	PPWMFD	PPWM	PSPI	PS2

① PX4：外部中断 4 优先级控制位。

0——外部中断 4 为最低优先级中断(优先级 0)；

1——外部中断 4 为最高优先级中断(优先级 1)。

② PPWMFD：PWM 异常检测中断优先级控制位。

0——PWM 异常检测中断为最低优先级中断(优先级 0)；

1——PWM 异常检测中断为最高优先级中断(优先级 1)。

③ PPWM：PWM 中断优先级控制位。

0——PWM 中断为最低优先级中断(优先级 0)；

1——PWM 中断为最高优先级中断(优先级 1)。

④ PSPI：SPI 中断优先级控制位。

0——SPI 中断为最低优先级中断(优先级 0)；

1——SPI 中断为最高优先级中断(优先级 1)。

⑤ PS2：串口 2 中断优先级控制位。

0——串口 2 中断为最低优先级中断(优先级 0)；

1——串口 2 中断为最高优先级中断(优先级 1)。

系统复位后，IP2 各位的值为 xxx0 0000b，即相应中断均默认为低优先级。

中断优先级控制寄存器 IP 和 IP2 的各位都可由用户程序置 1 和清零。但 IP 寄存器可位操作，所以可用位操作指令或字节操作指令更新 IP 的内容。而 IP2 寄存器的内容只能用字节操作指令来更新。STC15W4K32S4 系列单片机复位后 IP 和 IP2 均为 00H，各个中断

源均为低优先级中断。

3. 定时/计数器控制寄存器 TCON

TCON 是定时/计数器 T0、T1 的控制寄存器，字节地址为 88H，可位寻址，其中 6 个位与中断有关。TCON 结构、位名称、位地址如表 6-8 所示。

表 6-8　TCON 结构及位名称、位地址表

位　号	TCON.7	TCON.6	TCON.5	TCON.4	TCON.3	TCON.2	TCON.1	TCON.0
位名称	TF1	TR1	TF0	TR0	IE1	IT1	IE0	IT0
位地址	8FH	8EH	8DH	8CH	8BH	8AH	89H	88H

① TF1：T1 溢出中断标志。T1 被允许计数以后，从初值开始加 1 计数。当产生溢出时由硬件将 TF1 置 1，向 CPU 请求中断，一直保持到 CPU 响应中断时，才由硬件清零(也可由查询软件清零)。

② TR1：定时器 1 的运行控制位。

③ TF0：T0 溢出中断标志。T0 被允许计数以后，从初值开始加 1 计数，当产生溢出时，由硬件将 TF0 置 1，向 CPU 请求中断，一直保持 CPU 响应该中断时，才由硬件清零(也可由查询软件清零)。

④ TR0：定时器 0 的运行控制位。

⑤ IE1：外部中断 1(INT1/P3.3)中断请求标志。IE1=1，外部中断向 CPU 请求中断，当 CPU 响应该中断时由硬件将 IE1 清零。

⑥ IT1：外部中断 1 中断源类型选择位。

0——INT1/P3.3 引脚上的上升沿或下降沿信号均可触发外部中断 1；

1——外部中断 1 为下降沿触发方式。

⑦ IE0：外部中断 0(INT0/P3.2)中断请求标志。IE0=1，外部中断 0 向 CPU 请求中断，当 CPU 响应外部中断时，由硬件将 IE0 清零。

⑧ IT0：外部中断 0 中断源类型选择位。

0——INT0/P3.2 引脚上的上升沿或下降沿均可触发外部中断 0；

1——外部中断 0 为下降沿触发方式。

当系统复位时，TCON 所有位均为 0。

4. 串行口 1 控制寄存器 SCON

STC15W4K32S4 单片机有四个串行口，SCON 是串行口 1 控制寄存器，字节地址为 98H，可位寻址，其中 2 个位与中断有关。SCON 结构、位名称、位地址如表 6-9 所示。

表 6-9　SCON 结构及位名称、位地址表

位　号	SCON.7	SCON.6	SCON.5	SCON.4	SCON.3	SCON.2	SCON.1	SCON.0
位名称	SM0	SM1	SM2	REN	TB8	RB8	TI	RI
位地址	9FH	9EH	9DH	9CH	9BH	9AH	99H	98H

与串行口 1 中断有关的位有两个。

(1) TI：发送中断标志位。每发送完一帧数据，由硬件自动将 TI 位置 1，申请中断。

(2) RI：接收中断标志位。当一帧数据接收完毕，由硬件自动将 RI 位置 1，申请中断。

CPU 响应串行口中断后，不能自动清除 TI、RI 位，必须由软件清除。

其他与中断有关的寄存器及相应位的应用，将在后续相关章节中介绍。

6.1.4　中断过程

STC15W4K32S4 单片机中断处理过程可分为四个阶段，即中断请求、中断响应、中断处理和中断返回，如图 6-3 所示。其中大部分操作是 CPU 自动完成的，用户只需了解来龙去脉，设置堆栈、设置中断允许、设置中断优先级、编写中断服务子程序。若为外部中断，还应设置触发方式。

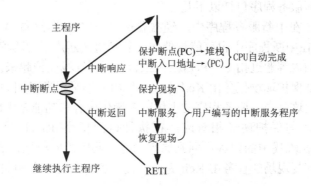

图 6-3　中断过程示意图

1. 中断请求

中断源要求 CPU 为其服务时，必须发出中断请求信号。对于外部中断，需将外部中断源接到相应的引脚上。当外部中断源发出有效中断信号时，相应的中断请求标志被硬件置 1，提出中断请求。若是内部中断源发出有效中断有效信号，则相应的中断请求信号位由硬件置 1，提出中断请求。CPU 每个机器周期查询一次这些中断请求标志，一旦查询到某个中断请求标志置位，CPU 就根据中断响应条件响应中断。

2. 中断响应

1)　中断响应条件

中断源发出中断请求后，CPU 响应中断必须满足以下条件。

(1) 已开总中断(EA=1)和相应中断源的中断(相应中断允许控制位置 1)；

(2) 未执行同级或更高级的中断；

(3) 正在执行指令的指令周期已结束；

(4) 正在执行的不是 RETI 和访问 IE、IE2、INT_CLKO、IP、IP2 指令，否则要再执行一条指令后才能响应。

2) 中断响应操作

CPU 响应中断后，进行如下操作。

(1) 屏蔽同优先级和低优先级的其他中断；

(2) 清除该中断源的中断请求标志，避免重复响应。有的中断请求标志在 CPU 响应后会由 CPU 自动清除，有的中断标志 CPU 不能自动清除，只能由用户编程清除。

CPU 响应中断后，自动把断点地址压入堆栈保护起来。然后将对应的中断源的矢量地址(中断入口地址)装入程序计数器 PC，使程序转向该入口地址执行中断服务程序。中断服务程序的最后一条指令 RETI 自动将原先压入堆栈的断点地址弹回至 PC 中，返回断点处继续执行被中断程序。

3. 执行中断服务程序

执行根据要完成的任务编写的中断服务程序。

一般来说，中断服务程序包括以下几部分。

(1) 保护现场。在中断服务程序中，经常要使用一些寄存器(如 A、B、DPTR、PSW 等)，而这些寄存器在中断程序中也可能被使用，若其值在断点后的程序段中还要用，这时就必须将这些单元的内容通过指令"PUSH direct"压入堆栈保护起来；若用 C51 语言编写中断服务函数，则保护现场任务由 Keil 完成，使用者不必再考虑相关内容。

(2) 中断服务。这是中断服务程序的主体，其操作内容和功能是中断源要求的。

(3) 恢复现场。与保护现场相对应，在执行返回指令 RETI 前，必须通过"POP direct"指令将保存在堆栈中的内容送回到原来的寄存器中；同样地，若用 C51 语言编写中断服务函数，则恢复现场的任务由 Keil 完成，使用者不必再考虑相关内容。

4. 中断返回

在中断服务程序的最后，必须有一条中断返回指令 RETI，其作用如下。

(1) 恢复断点地址。将压入堆栈中的断点地址弹出，送到 PC 中，使 CPU 返回到断点处继续执行程序。

(2) 开放响应中断时屏蔽的其他中断。

6.1.5 中断初始化和中断服务程序

中断系统的应用，主要任务是中断初始化(实现中断的控制)和中断服务程序的设计。

1. 中断初始化

中断初始化应在产生中断请求前完成，一般放在主程序中，与主程序其他初始化内容一起完成。中断初始化程序一般包括下列 3 项内容。

(1) 优先级设定。根据各中断源的轻重缓急设定其优先级，将 IP 或 IP2 中的相应位置 1。

(2) 设定外部中断的触发方式。若使用外部中断 INT0 或 INT1，将 TCON 中的相应位置 1 或清零。

(3) 开放中断。将 IE、IE2、INT_CLKO (AUXR2)中的中断控制位 EA 和相应中断的中断允许位置 1。

2. 中断服务程序

中断服务程序是具有特定功能的独立程序段，根据中断源的具体要求进行编写。用汇编语言编写中断服务程序一般有如下要求。

(1) 在相应的中断入口地址处设置一条跳转指令(LJMP、AJMP 或 SJMP)，将中断服务程序转到合适的 ROM 空间。为了提高抗干扰能力，不用的中断可以转到软件陷阱处理程序。

(2) 保护现场。视需要而定，保护的数据要尽可能少，以减少堆栈的负担。

(3) 中断请求标志位的清除。对于不能自动清除的中断请求标志位，一定要用指令予以清除。

(4) 恢复现场。

(5) 最后一条指令一定是中断返回指令 RETI。

若用 C51 语言编写中断程序，其格式为：

```
返回值类型函数名() interrupt n
{
中断服务：
对于不能自动清除的中断请求标志位，要用指令清除；按中断源的具体要求编写的服务程序段。
}
```

其中 n 是中断号，与中断源相对应。

6.1.6 中断使用过程中应注意的问题

1. 中断响应等待时间

中断源从请求中断到 CPU 响应中断为其服务，一般要等待 3~8 个机器周期。但在请求中断时，若 CPU 正在为其他同级中断或更高级中断服务，就必须等待 CPU 执行完服务程序返回后才能响应，这种情况下，等待的时间取决于服务程序的执行时间。

2. 中断请求的撤销

CPU 响应某中断请求后，在中断返回(RETI)之前，该中断请求标志应该撤销，否则会引起另一次中断。STC15W4K32S4 系列单片机各中断源请求标志撤销的方法各不相同。

(1) 自动撤销。对于外部中断、定时器溢出中断，CPU 在中断返回前，由硬件自动清除相应中断标志位标志位，即中断请求自动撤销。

(2) 软件清除。串行口中断、低压检测中断、A/D 转换中断、CCP 中断、SPI 中断、PWM 计数器归零中断、PWM 异常检测中断、比较器中断等，CPU 不能自动清除其标志位，因此在 CPU 响应中断后，必须在中断服务程序中，用软件来清除相应的中断标志位，以撤销中断请求。

6.2 外部中断的应用

中断技术是计算机中一项很重要的技术，中断系统由软件和硬件组成，实现中断与中断控制。中断系统使单片机能及时响应并处理运行过程中内部和外部的突发事件，提高单片机的工作效率和应用系统的实时性。

6.2.1　外部中断的应用

STC15W4K32S4 系列单片机有 5 个外部中断源，用来处理来自单片机芯片以外的突发事件，由来自外部管脚的信号触发。

外部中断的使用由实际应用系统决定，主要包括以下内容。

1. 正确选择外部中断的触发方式

外部中断 INT0 和 INT1 有两种触发方式，可以通过 TCON 寄存器中的 IT0 位和 IT1 位设置，当 IT0 或 IT1 的值为 0 时，为双沿触发；当 IT0 或 IT1 的值为 '1' 时，为下降沿触发。外部中断 INT2、INT3 和 INT4 只有下降沿触发方式。

2. 外部中断的开放

外部中断的开放通过 IE、INT_CLKO 寄存器中的相关位设置，EA(IE.7)为 1 为中断开放(注：这是必需的)，其余是针对具体中断的，视具体应用情况而定：

EX0(IE.0)=1，开放外部中断 INT0；

EX1(IE.2)=1，开放外部中断 INT1；

EX2(INT_CLKO.4)=1，开放外部中断 INT2；

EX3(INT_CLKO.5)=1，开放外部中断 INT3；

EX4(INT_CLKO.6)=1，开放外部中断 INT4。

3. 中断优先级设置

只有外部中断 INT0 和 INT1 有优先级选择，外部中断 INT2、INT3 和 INT4 均为低级中断。中断优先级也是视具体应用情况而定的。

PX0(IE.0)=1 设置外部中断 INT0 为高级；

PX1(IE.2)=1 设置外部中断 INT1 为高级。

4. 中断服务程序

中断服务程序的内容由具体应用情况而定，用汇编语言编写时要注意中断入口地址，以 RETI 语句结束；用 C51 语言编写时要注意中断对应的中断号，详见表 6-1。

6.2.2　应用项目 4：两只按键输入学号系统

1. 功能要求

用两只按键输入自己学号的后 8 位并在数码管显示。

2. 硬件电路

用两只按键输入学号系统的硬件电路如图 6-4 所示，显示电路同"应用项目 2_学号显示"，K0 为"数字按钮"，K1 为"移位按钮"。

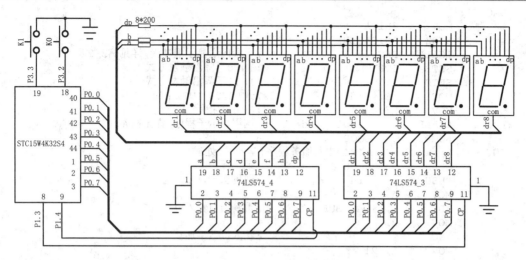

图6-4 输入学号系统的电路图

3. 应用程序设计

> **编程分析** 由项目功能要求及图 6-4 所示电路图知，该项目与 5.5.3 节的"学号输入系统"都是实现学号输入，显示电路相同，不同的是输入学号用的键盘，前者是"行列式"键盘，此项目用的是"独立式"按键；行列式键盘采用程序"扫描"，独立式按键则是通过外部中断实现输入。

1) 两只按键输入学号系统编程要点

① 按键分工：按键 K0 为外部中断 INT0，下降沿触发方式，实现数字 0～9 的输入，当数字为 10 时归零；按键 K1 为外部中断 INT1，下降沿触发方式，每按一次输入位向右移动一位，当移过最右边一位时要返回最左边。

② 主程序主要完成初始化工作，不断扫描显示电路实现动态显示。

2) 两只按键输入学号系统程序流程图

两只按键输入学号系统程序流程图如图 6-5 所示。

3) 两只按键输入学号系统应用程序

① 两只按键输入学号系统汇编语言源程序(T6-1.asm)如下：

```
LEDBUF      EQU 60H        ;显示缓冲区
DATABUF EQU 50H            ;数据缓冲区
ORG         0000H
LJMP        START
ORG         0003H          ;INT0中断入口
LJMP        INT_0
ORG         0013H          ;INT1中断入口
LJMP        INT_1
START:                     ;主程序
MOV         SP,#7FH        ;修改堆栈指针
                           ;数据缓冲区初始化子程序
MOV         A,#0           ;显示值清零
MOV         R0,#8
MOV         R1,#DATABUF
```

```
DACLR1:
        MOV       @R1,A
        DJNZ      R0,DACLR1
        LCALL     SEG                 ;查段码送显示缓冲区,详见例3-22
        SETB      IT0                 ;INT0下降沿触发方式
        SETB      IT1                 ;INT1下降沿触发方式
        MOV       IE,#85H             ;开INT0、INT1中断
        MOV       R3,#0               ;R0作为指针
LOOP:   LCALL     Displayled          ;调用显示子程序,详见5.4.1节
        LJMP      LOOP
INT_0:                                ;INT0中断服务程序:学号加1处理
        PUSH      0E0H                ;现场保护, A
        PUSH      01H                 ;现场保护, R1
        MOV       A,R0
        ADD       A, #DATABUF         ;得到当前输入位
        MOV       R1,A
        INC       @R1                 ;输入位数字加1
        MOV       A,@R1
        CJNE      A,#10,INT01
        MOV       @R1,#0              ;输入位数字清零
INT01:  LCALL     SEG                 ;查段码送显示缓冲区,见例3-23
        POP       01H                 ;恢复现场,R1
        POP       0E0H                ;恢复现场,A
        RETI
INT_1:                                ;INT1中断服务程序: 移位
        PUSH      0E0H                ;现场保护,A
        INC       R0                  ;输入位右移一位
        CJNE      R0,#8,INT11
        MOV       R0,#0               ;输入位数字清零
INT11:  POP       0E0H                ;恢复现场,A
        RETI
        END
```

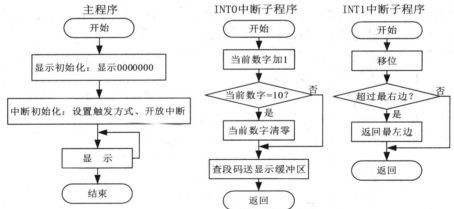

图6-5 两只按键输入学号系统程序流程图

② 两只按键输入学号系统C51语言源程序(T6-1.c)如下:

```
#include <stc15.h>
#include <IO_init.h>
#include <display.h>             //定义STC15F2K60S2的SFR
unsigned char data n=0;          //输入位指针
void main()                      //主函数
```

```
{   IO_init();
    seg();                          //查段码
    IT0=1;                          //INT0下降沿触发方式
        IT1=1;                      //INT1下降沿触发方式
        IE=0x85;                    //开INT0、INT1中断
    while (1)                       //while循环__死循环
    { DisplayLED();}                //显示
}
void int0() interrupt 0             //INT0中断函数：学号加1处理
{ Databuf[n]++;                     //学号加1
  if(Databuf[n]==10)                //判断是否到10
  Databuf[n]=0;                     //学号清零
  seg();
}
void int1() interrupt 2             //INT1中断函数：输入位右移处理
{ n++;                              //输入位右移一位
  if(n==8)                          //判断是否超过最右边一位
  n=0;                              //返回最左边一位
}
```

4. 两只按键输入学号系统操作流程单

(1) 实验电路板已经焊接完毕。

(2) 编译应用程序。

① 运行 Keil 仿真平台。

② 新建并设置项目"两只按键输入学号系统"。

③ 新建并编辑应用程序 T6_1.asm 或 T6_1.c。

④ 将应用程序 T6_1.asm 或 T6_1.c 添加到项目"两只按键输入学号系统"中。

⑤ 编译应用程序，生成代码文件"两只按键输入学号系统.hex"。

(3) 下载应用程序代码。

① 运行 ISP 下载程序。

② 正确选择 CPU 型号，要求：与电路板一致。

③ 连接电路板与计算机，正确选择通信端口。注意：安装 CH340 驱动程序。

④ 正确设置硬件选项。要求：选择使用内部 IRC 时钟，频率为 12MHz。

⑤ 打开程序文件"两只按键输入学号系统.hex"。

⑥ 点击"下载"按钮，按一下电路板上的"程序下载"按键。注：STC 单片机下载程序代码时要求"冷启动"，按下"程序下载"按键对单片机断电，松开"程序下载"按键对单片机上电。

⑦ 观察 ISP 下载界面，等待下载完成。

(4) 按下按键，输入自己的学号，观察运行结果并记录。

(5) 得出结论。

本 章 小 结

本章介绍了 STC15W4K32S4 系列单片机的中断系统及其应用，知识要点如下。

1. 中断系统

使用频率最高的外部中断 INT1/INT0、定时器 T1/T0 和串口 1 的中断结构如下。

中断源	中断触发	中断标志位	中断允许	中断优先级	自然优先级	中断入口
INT0	边沿触发	IE0	EX0	PX0	高	0003H
T0	计数溢出	TF0	ET0	PT0		000BH
INT1	边沿触发	IE1	EX1	PX1		0013H
T1	计数溢出	TF1	ET1	PT1		001BH
SIO	接收/发送	RI/TI	ES	PS	低	0023H

中断源通过相应触发方式使相应标志位置 1 申请中断；中断允许位为 1 则中断，EA=1 则开放中断；中断优先级控制寄存器 IP 相应位置 1 为高优先级；CPU 每个机器周期按自然优先级顺序查询一次中断状态，先查高优先级，再查低优先级；若查询到某中断源的中断标志位为 1，则在下个机器周期执行一次"硬调用指令"，将断点地址压栈，将相应中断入口地址送入 PC，执行中断服务程序。在执行中断服务程序的最后一条指令 RETI 前，对于串口 1 等中断需用指令"CLR TI/CLR RI"清除中断标志位。

从中断源申请中断到 CPU 响应中断，至少有 3 个机器周期时间延迟，这在有些具体应用系统中要特别给予注意。

2. 中断请求与控制

中断请求与控制是通过相关 SFR 的相关位实现的，与外部中断 INT1/INT0、定时器 T1/T0 和串口 1 的中断有关的 SFR 有 4 个：TCON、SCON、IE 和 IP。

1) 中断请求标志

外部中断和定时器中断的中断请求标志位在 TCON 中，特别注意 TCON 的 IT0 和 IT1 位，它们是外部中断的触发方式设置位，决定外部中断的触发方式；串行口的中断请求标志为 SCON 的 D0 和 D1 位。RI(SCON.0)为接收中断标志位；TI(SCON.1)为发送中断标志位。

2) 中断开放和屏蔽

中断允许寄存器 IE 用来对各中断源进行开放或屏蔽的控制。

IE	AFH	AEH	ADH	ACH	ABH	AAH	A9H	A8H
A8H	EA	——	ET2	ES	ET1	EX1	ET0	EX0

EA，IE.7 位为 CPU 中断总允许位，EA=1，CPU 开放中断，而每个中断源是开放还是屏蔽，分别由各自的允许位确定。EA=0，CPU 关中断，禁止一切中断。

ES，IE.4 位为串行口中断允许位。ES=1，允许串行口的接收和发送中断；否则禁止串行口中断。

ET1，IE.3 位为定时器 1 中断允许位。ET1=1，允许 T1 中断，否则禁止定时器 1 中断。

EX1，IE.2 位为外部中断 1 的中断允许位。EX1=1 允许外部中断 1 中断；否则禁止外部中断 1 中断。

ET0，IE.1 位为定时器 0 的中断允许位。ET0=1 允许 T0 中断，否则禁止定时器 0

中断。

EX0，IE.0 位为外部中断 0 的中断允许位。EX0=1 允许外部中断 0 中断，否则禁止外部中断 0 中断。

3)　中断优先级设定

中断分为 2 个优先级，每个中断源的优先级都可以通过中断优先级寄存 IP 中的相应位来设定。

IP	BFH	BEH	BDH	BCH	BBH	BAH	B9H	B8H
BA8H	——	——	PT2	PS	PT1	PX1	PT0	PX0

PS，IP.4 位为串行口优先级设定位。PS=1 时，串行口为高优先级，否则为低优先级。

PT1，IP.3 位为定时器 1 优先级设定位。PT1=1 时，T1 为高优先级，否则为低优先级。

PX1，IP.2 位为外部中断 1 优先级设定位。PX1=1 时，外部中断 1 为高优先级，否则为低优先级。

PT0，IP.1 位为定时器 0 优先级设定位。PT0=1 时，T0 为高优先级，否则为低优先级。

PX0，IP.0 位为外部中断 0 优先级设定位。PX0=1，外部中断 0 为高优先级，否则为低优先级。

3. 中断应用

是否使用中断，是由应用系统的功能要求决定的。使用中断一般包括以下两个主要内容：中断初始化(中断控制)和中断服务程序的设计。

(1)　中断初始化。即优先级设定、外部中断的触发方式设定和开放中断。中断初始化一般放在主程序中，应在产生中断请求前完成。

(2)　中断服务程序设计。中断服务程序是具有特定功能的独立程序段，根据中断源的具体要求编写。

若用汇编语言编写中断程序，主要有以下几个内容。

①　在相应的中断入口地址处设置一条跳转指令(LJMP、AJMP 或 SJMP)，将中断服务程序转到合适的 ROM 空间。

②　保护现场。视需要而定，保护的数据要尽可能少，以减少堆栈的负担。

③　中断服务。按中断源的具体要求编写的服务程序段。

④　中断请求标志位的清除。对于不能自动清除的中断请求标志位，一定要用指令或指令加硬件电路的方法予以清除。

⑤　恢复现场。

⑥　中断返回。最后一条指令一定是中断返回指令 RETI。

若用 C51 语言编写中断程序，其格式为：

返回值类型函数名() interruptn//"n"是中断号，与中断源相对应。

```
{
中断服务：按中断源的具体要求编写的服务程序段。
注：对于不能自动清除的中断请求标志位，要用指令清除。
}
```

思考与练习

1. STC15W4K32S4 单片机有几个中断源？各中断标志是如何产生的？如何清除？

2. STC15W4K32S4 单片机中断源的中断请求被响应时，各中断服务程序的入口地址是多少？在什么物理存储空间？

3. STC15W4K32S4 系列单片机的中断系统有几个优先级？如何设定？在什么情况下，一个中断能够中断某个正在处理的中断？

4. 简述 STC15W4K32S4 单片机中断响应的过程。

5. STC15W4K32S4 单片机中断源从请求中断到 CPU 响应要等待多少时间？请加以说明。

6. STC15W4K32S4 单片机外部中断 0、T0 中断、外部中断 1、T1 中断，串行口 1 中断的中断号各是多少？

7. STC15W4K32S4 单片机有几个外部中断？

8. STC15W4K32S4 单片机外部中断 0 与外部中断 1 的触发方式是怎样的？如何设置？

9. STC15W4K32S4 单片机有哪几种扩展外部中断源方法？各有什么特点？

10. STC15W4K32S4 单片机的 INT0、INT1 引脚分别输入压力超限、温度超限中断请求信号，定时器/计数器 0 作为定时检测的实时时钟。用户规定的中断优先权排队次序为：压力超限→温度超限→定时检测。要求确定 IE、IP 的内容，以满足上述要求。

第7章 单片机定时/计数器及应用

学习要点： 本章主要介绍 STC15W4K32S4 系列单片机定时/计数器的内部结构、工作原理、使用方法及实际应用，读者要理解、掌握定时/计数器并能用它解决实际问题。

知识目标： 了解单片机定时/计数器的内部结构，掌握定时/计数器的工作原理及使用方法，熟练使用定时/计数器解决实际问题。

STC15W4K32S4 系列单片机内部有 5 个 16 位的定时/计数器 T0、T1、T2、T3 和 T4，可用来实现定时控制、延时、计数、脉冲宽度测量等功能，还可用作串行口的波特率发生器。本章介绍 STC15W4K32S4 系列单片机定时/计数器的工作原理、使用方法及实际应用，以求读者能理解、掌握它，并能用定时/计数器解决实际问题。

7.1 定时/计数器

STC15W4K32S4 系列单片机内有 5 个定时/计数器 T0、T1、T2、T3 和 T4，它们可以工作在定时工作状态，即定时器；也可以工作在计数工作状态，即计数器，但两者只能选择其一。

7.1.1 定时/计数器概述

1. 定时/计数器是"加1计数器"

STC15W4K32S4 系列单片机内部设有 5 个 16 位可编程的定时/计数器 T0、T1、T2、T3 和 T4，它们的核心是"加 1 的计数器"，即"来一个脉冲其值加 1"。

2. 计数器

T0、T1、T2、T3 或 T4 作为计数器时，计数脉冲来自相应的外部输入引脚 T0(P3.4)、T1(P3.5)、T2(P3.1)、T3(P0.7)、T4(P0.5)，故计数方式是用于对外部事件进行计数。当外部输入脉冲信号产生由 1 至 0 的负跳变时，计数器的值加 1。CPU 在第一个机器周期中采样到高电平 1，而在第二个机器周期中采样到低电平 0 为一个有效负跳变，因此，每检测一个脉冲，至少需要 2 个机器周期，高电平和低电平保持时间均要求在一个机器周期以上。

3. 定时器

T0、T1、T2、T3 或 T4 作为定时器时，计数脉冲来自内部时钟电路，可编程设置为每 12 个时钟或每 1 个时钟使计数器的值加 1。例如晶振的频率 fosc=12MHz 时，编程设置为每 12 个时钟使计数器的值加 1，若计数器计数值为 10，则定时时间为 10μs。

4. 与定时/计数器有关的特殊功能寄存器

STC15W4K32S4 系列单片机是通过特殊功能寄存器来实现定时/计数器的各种功能的，这些特殊功能寄存器如表 7-1 所示。

表 7-1 与定时/计数器有关的特殊功能寄存器

符号	描述	地址	位地址及符号								复位值
			B7	B6	B5	B4	B3	B2	B1	B0	
TCON	Timer Control register	88H	TF1	TR1	TF0	TR0	IE1	IT1	IE0	IT0	0000 0000b
TMOD	Timer Mode register	89H	GATE	C/$\overline{T}$	M1	M0	GATE	C/$\overline{T}$	M1	M0	0000 0000b
TL0	Timer Low 0	8AH									0000 0000b
TL1	Timer Low 1	8BH									0000 0000b
TH0	Timer High 0	8CH									0000 0000b
TH1	Timer High 1	8DH									0000 0000b
IE	Interrupt Enable	A8H	EA	ELVD	EADC	ES	ET1	EX1	ET0	EX0	0000 0000b
IP	Interrupt Priority register	B8H	PPCA	PLVD	PADC	PS	PT1	PX1	PT0	PX0	0000 0000b
IE2	Interrupt Enable2	AFH	—	ET4	ET3	ES4	ES3	ET2	ESPI	ES2	x000 0000b
INT_CLKO	外部中断允许和时钟输出寄存器	8FH	—	EX4	EX3	EX2	MCKO_S2	T2CLKO	T1CLKO	T0CLKO	x000 0000b
AUXR	辅助寄存器	8EH	T0x12	T1x12	UART_M0x6	T2R	T2_C/T	T2x12	EXTRAM	S1ST2	0000 0000b
T2H	Timer High 2	D6H									0000 0000b
T2L	Timer Low 2	D7H									0000 0000b
T4T3M	T4 和 T3 控制寄存器	D1H	T4R	T4_C/T	T4x12	T4CLKO	T3R	T3_C/T	T3x12	T3CLKO	0000 0000b
T4H	Timer High 4	D2H									0000 0000b
T4L	Timer Low 4	D3H									0000 0000b
T3H	Timer High 3	D4H									0000 0000b
T3L	Timer Low 3	D5H									0000 0000b

7.1.2　定时/计数器 T0、T1 的控制

STC15W4K32S4 系列单片机是通过特殊功能寄存器来实现对定时/计数器的控制的，通过 TMOD、TCON、IE、IP 和 AUXR 来实现对定时/计数器 T0、T1 的控制。TMOD 用于控制 T1 和 T0 的启动方式、工作方式及工作模式；TCON 用于控制定时器的启、停及中断请求；IE 用来控制 T0、T1 是否可以申请中断；IP 用来控制 T0、T1 的中断优先级；AUXR 用于控制定时方式时是 12 个时钟还是 1 个时钟计数 1 次；还用来控制定时/计数器 T2 的工作方式、启动和停止及是 12 个时钟还是 1 个时钟计数 1 次。T4T3M 用来控制定时/计数器 T3、T4 的工作方式、启动和停止及是 12 个时钟还是 1 个时钟计数 1 次；IE2 用来控制 T2、T3 和 T4 是否可以申请中断；INT_CLKO 和 T4T3M 用来控制 T0、T1、T2、T3 或 T4 是否可以产生时钟输出。

1. 模式控制寄存器 TMOD

TMOD 用于设定 T0 和 T1 的启动方式、工作方式及工作模式，其字节地址为 89H，低 4 位用于 T0，高 4 位用于 T1。TMOD 结构及位名称如表 7-2 所示。

表 7-2　TMOD 结构及位名称表

位名称	T1				T0			
	GATE	C/$\overline{T}$	M1	M0	GATE	C/$\overline{T}$	M1	M0

① GATE：门控位，启动方式控制。

0——定时/计数器只由软件控制位 TR0 或 TR1 来控制启停(俗称软启动)；

1——定时/计数器的启动要由外部中断引脚 $\overline{INTi}$ 和 TRi 位共同控制(俗称硬启动)，如表 7-3 所示。

表 7-3　GATE 对 T0/T1 启动方式的控制

GATE	$\overline{INT0}$/$\overline{INT1}$	TR0/TR1	功　能
0	无关	1/1	T0/T1 运行
0	无关	0/0	T0/T1 停止
1	1/1	1/1	T0/T1 运行
1	1/1	0/0	T0/T1 停止
1	0/0	1/1	T0/T1 停止
1	0/0	0/0	T0/T1 停止

② C/$\overline{T}$：工作方式选择位。

0——设置为定时器工作方式，计数脉冲来自内部时钟；

1——设置为计数器工作方式，计数脉冲来自外部管脚的负跳变信号。

③ M1 M0：工作模式控制位。

对应于 4 种工作模式，如表 7-4 所示。注意，T1 没有工作模式 3。

表 7-4　T0/T1 工作模式及功能表

M1 M0	工作模式	功　能	最大计数值
0　0	0	16 位自动重装初值计数器	$2^{16}=65536$
0　1	1	16 位不可重装初值计数器	$2^{16}=65536$
1　0	2	自动重装初值 8 位计数器	$2^8=256$
1　1	3	不可屏蔽中断 16 位自动重装计数器	$2^{16}=65536$

系统复位时 TMOD 所有位均为 0。

例如设 T1 为定时器工作方式，由软件启动，选择工作模式 2；T0 为计数方式，由软件启动，选择工作模式 1，则 TMOD 各位设置为：

$$0\ 0\ 1\ 0\ 0\ 1\ 0\ 1 \qquad 25H$$

用"MOV　TMOD，#25H"指令写入 TMOD 中。

2. 控制寄存器 TCON

TCON 用于控制定时器的启、停及定时器的溢出标志和外部中断触发方式等，其字节地址为 88H，可位寻址。TCON 结构、位名称、位地址如表 7-5 所示。

表 7-5　TCON 结构及位名称表

位　号	TCON.7	TCON.6	TCON.5	TCON.4	TCON.3	TCON.2	TCON.1	TCON.0
位名称	TF1	TR1	TF0	TR0	IE1	IT1	IE0	IT0
位地址	8FH	8EH	8DH	8CH	8BH	8AH	89H	88H

① TF1：T1 溢出标志位。当 T1 计数器计满产生溢出时，由硬件自动置 1，并可申请中断。

② TF0：T0 溢出标志位。功能同 TF1。

③ TR1：T1 启动控制位。

0——停止 T1 的工作；

1——启动 T1 的工作。

④ TR0：T0 启动控制位。

0——停止 T0 的工作；

1——启动 T0 的工作。

其余 4 个位与外部中断有关，前面已讲述。

值得注意的是，T0/T1 一经启动就一直工作，直到被关闭。

系统复位时，TCON 所有位均为 0。

7.1.3　定时/计数器 T0、T1 的工作模式

定时/计数器的工作模式由工作模式寄存器 TMOD 的 M1、M0 位来决定，共有四种工作模式。

1. 工作模式 0

当 M1M0=00 时，定时/计数器 T0、T1 工作于模式 0，内部计数器为 16 位的，由 THi 和 TLi(i 为 0 或 1)组成。16 位加 1 计数器溢出时，TFi(i 为 0 或 1)置 1，请求中断，并将初值自动装入，最大计数值为 2^{16}=65536。T0 和 T1 的内部结构完全相同，T0 模式 0 的逻辑结构如图 7-1 所示。

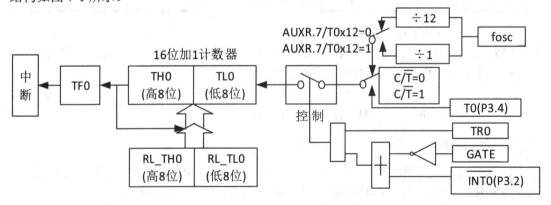

图 7-1　T0 模式 0 的逻辑结构图

由图 7-1 可看出，当 C/$\overline{T}$=0 时为定时方式，开关与系统时钟 fosc 连通，此时 T0 对系统时钟进行计数，当 AUXR.7/T0x12=0 时，12 个系统时钟 T0 计数 1 次，当 AUXR.7/T0×12=1 时，1 个系统时钟 T0 计数 1 次；当 C/$\overline{T}$=1 时为计数方式，开关与定时器的外部引脚连通；当外部信号电平发生由 1 至 0 的跳变时，计数器加 1，这时 T0 成为外部事件的计数器。

定时器的启动过程如下。

当 GATE=0 时，反相器输出为 1，或门输出为 1，使定时器启动的与门打开与否只受 TR0 的控制，此情况下 INT0 引脚的电平变化对或门不起作用。TR0 为 1 时，接通控制开关，计数脉冲加到计数器上，每来一个脉冲计数器加 1，当加到由全 1 变为 0 时，产生溢出使 TF0 置位，并申请中断，同时，计数初值自动装入 16 位加 1 计数器，继续计数，只有当 TR0 置 0，断开控制开关，方可停止计数。

当 GATE=1 同时 TR0=1 时，外部信号电平通过 INT0 引脚控制或门、与门，从而控制定时器的启动和关闭。INT0 输入 1 时允许计数，否则停止计数。这种操作方法可以用来测试外部信号的脉冲宽度。

T0 有两个隐藏的初值寄存器 RL_TL0 和 RL_TH0，其与 TL0 和 TH0 共用地址，当 TR0=0 即 T0 被禁止计数时，对 TL0 写入的内容同时写入 RL_TL0，对 TH0 写入的内容同时写入 RL_TH0；当 TR0=1 即 T0 被允许计数时，对 TL0 写入的内容实际上不是写入 TL0 而是写入 RL_TL0，对 TH0 写入的内容实际上不是写入 TH0 而是写入 RL_TH0。读取 TL0 和 TH0 时，读到的值就是 TL0 和 TH0 的值。

2. 工作模式 1

当 M1M0=01 时，定时/计数器 T0、T1 工作于模式 1，内部计数器为 16 位的，由 THi 和 TLi(i 为 0 或 1)组成。16 位计数溢出时，TFi(i 为 0 或 1)置 1，请求中断，最大计数值为 2^{16}=65536。T0 模式 1 的逻辑结构如图 7-2 所示。

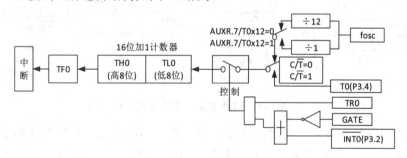

图 7-2　T0 模式 1 的逻辑结构图

其结构和工作过程与模式 0 几乎完全相同，唯一的区别是计数器计数溢出后其初值必须用指令装入。

3. 工作模式 2

当 M1M0=10 时，定时/计数器 T0、T1 工作于模式 2，内部计数器为 8 位的，用 TLi(i 为 0 或 1，以下同)计数，THi 用来存放初值。8 位计数溢出时，TFi 置 1，请求中断，同时将 THi 中初值装入 TLi 中，最大计数值为 2^8=256。T0 模式 2 的逻辑结构如图 7-3 所示。

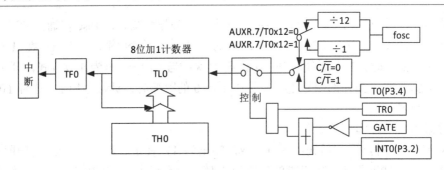

图 7-3　T0 模式 2 的逻辑结构图

4. 工作模式 3

当 M1M0=11 时，定时/计数器 T0 工作于模式 3，T1 无模式 3。T0 在该模式下为不可屏蔽中断的 16 位自动重装初值计数器，其操作与模式 0 完全相同，可作定时器也可作计数器用，唯一不同的是：只要 ET0=1 允许其溢出中断，就不再受总中断控制位 EA 的控制，即不管 EA 是否为 1，T0 溢出中断一定发生且优先级最高。T0 模式 3 的逻辑结构同模式 0。

5. 时钟输出

不管定时/计数器 T0 工作于何种模式，当 T0CLKO /INT_CLKO.0=1 时，P3.5 管脚配置为 T0 的时钟(方波)输出 T0CLKO，输出的时钟(方波)频率=T0 溢出率/2。以 T0 工作在模式 2 为例，输出方波的逻辑框图如图 7-4 所示。

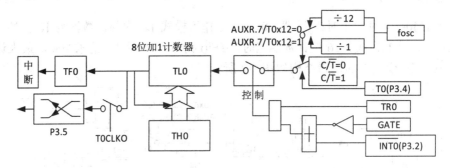

图 7-4　T0 模式 2 输出方波逻辑结构图

T1 时钟输出的工作原理与 T0 完全一样，唯一不同的是 T1 时钟输出受 T1CLKO/INT_CLKO.1 控制，当 T1CLKO /INT_CLKO.1=1 时，P3.4 管脚配置为 T1 的时钟(方波)输出 T0CLK1，不再赘述。

7.1.4　定时/计数器 T0、T1 的计数容量及初值

1. 定时/计数器 T0、T1 的最大计数容量

定时/计数器实质上是一个"加 1 计数器"，即每来一个脉冲，计数器的值加 1。定时/计数器的最大计数容量与计数器的位数有关，若用 M 表示不同工作模式时的计数器位数，

则定时/计数器的最大计数容量为 2^M。因此，工作模式 0、工作模式 1 和工作模式 3 的最大计数容量为 $2^{16}=65536$；工作模式 2 的最大计数容量为 $2^8=256$。

定时/计数器的计数值达到最大值后，计数器产生"溢出"，TFi(i 为 0 或 1)被置位，请求中断，同时，计数器的值变为 0，若装入初值则从初值开始继续计数，否则从 0 继续计数。

2. 定时/计数器的计数初值

定时/计数器的计数起点不一定从 0 开始。计数起点可根据需要，预先设定为一个小于最大计数容量的值，称作计数初值，简称初值，用 X 表示。显然，从初值开始计数到计数溢出，实际的计数值为 2^M-初值。可见，在定时/计数器的工作模式确定之后，其实际计数值就由初值决定，即：

$$计数值=2^M-X$$
$$X=2^M-计数值 \qquad ①$$

3. 定时/计数器作为定时器时的初值计算

1) 定时初值计算公式

定时/计数器作为定时器时，它是对内部的系统时钟计数，即定时时间：

$$t=计数值×计数周期 \qquad ②$$

或者
$$计数值=t×fosc/12^{1-T0×12} \qquad ③$$

代入式①得定时时间为 t 时的初值：

$$X=2^M-t/计数周期 \qquad ④$$

或者
$$X=2^M-t×fosc/12^{1-T0×12} \qquad ⑤$$

2) 定时初值计算实例

【例 7-1】 已知某单片机应用系统的时钟频率为 12MHz，定时/计数器工作在定时方式，求：①在工作模式 1 和工作模式 2 下的最大定时时间为多少？②若定时 50ms，求初值。③若定时 200μs，求初值。

解： 因系统时钟频率为 12MHz，所以计数周期为 $12^{1-T0×12}/12=12^{-T0×12}$μs。

① 为使定时时间最长，可设置为 12 个时钟周期计数 1 次，即 T0×12=0，计数周期为 1μs。

在工作模式 1 时，M=16，最大计数值为 $2^{16}=65536$，所以最大定时时间为 65536μs。

在工作模式 2 时，M=8，最大计数值为 $2^8=256$，所以最大定时时间为 256μs。

② 设 T0×12=0，由式③知，定时 50ms，计数值=0.05×12×10^6/12=50000，可选择工作模式 0、工作模式 1 或工作模式 3，M=16，由式①知，X=2^{16}-50000=15536=3CB0H。一般选择工作模式 0，即 16 位自动重装初值工作模式。

③ 设 T0×12=0，由式③知，定时 200μs，计数值=0.0002×12×10^6/12=200，四种工作模式都可以选择，若选择工作模式 2，则 M=8，由式①知，X=2^8-200=56=38H。

可见，定时初值与单片机应用系统的时钟频率、定时/计数器的工作模式和所要求的定时时间有关。初值越大，则定时时间越短。

7.1.5　定时/计数器 T0、T1 的中断控制

当 T0 或 T1 计数器计满产生溢出时，由硬件自动将 TF0 或 TF1 置 1，可申请中断。与 T0 或 T1 中断有关的特殊功能寄存器，有定时/计数器控制寄存器 TCON、中断允许寄存器 IE 和中断允许寄存器 IP。

1. 控制寄存器 TCON

TCON 用于控制定时器的启、停及定时器的溢出标志和外部中断触发方式等，其字节地址为 88H，可位寻址。TCON 结构、与 T0 或 T1 中断有关的位名称如表 7-6 所示。

表 7-6　TCON 结构及位名称表

位　号	TCON.7	TCON.6	TCON.5	TCON.4	TCON.3	TCON.2	TCON.1	TCON.0
位名称	TF1		TF0					
位地址	8FH		8DH					

① TF1：T1 溢出标志位。当 T1 计数器计满产生溢出时，由硬件自动置 1，并可申请中断。

② TF0：T0 溢出标志位。当 T0 计数器计满产生溢出时，由硬件自动置 1，并可申请中断。

2. 中断允许寄存器 IE

专用寄存器 IE 称为中断允许寄存器，其作用是用来对相关中断源进行开放或屏蔽的控制。IE 字节地址为 A8H，可位寻址，IE 结构、与 T0 或 T1 中断有关的位名称如表 7-7 所示。

表 7-7　IE 结构及位名称表

位　号	IE.7	IE.6	IE.5	IE.4	IE.3	IE.2	IE.1	IE.0
位名称	EA				ET1		ET0	

① EA：中断总允许位。

0——禁止一切中断；

1——开放一切中断。

② ET1：T1 中断允许位。

0——禁止 T1 中断；

1——允许 T1 中断。

③ ET0：T0 中断允许位。

0——禁止 T0 中断；

1——允许 T0 中断。

3. 中断优先级控制寄存器 IP

IP 为中断优先级控制寄存器，控制相关中断的优先级，IP 字节地址为 B8H，可位寻

址，IP 结构、与 T0 或 T1 中断有关的位名称如表 7-8 所示。

表 7-8　IP 结构及位名称表

位　号	IP.7	IP.6	IP.5	IP.4	IP.3	IP.2	IP.1	IP.0
位名称					PT1		PT0	

①　PT1：定时器 1 中断优先级控制位。

0——定时器 1 中断为最低优先级中断(优先级 0)；

1——定时器 1 中断为最高优先级中断(优先级 1)。

②　PT0：定时器 0 中断优先级控制位。

0——定时器 0 中断为最低优先级中断(优先级 0)；

1——定时器 0 中断为最高优先级中断(优先级 1)。

4. 辅助寄存器 AUXR

AUXR 为辅助寄存器，字节地址为 8EH，不可位寻址，AUXR 结构、与 T0 或 T1 中断有关的位名称如表 7-9 所示。

表 7-9　AUXR 结构及位名称表

位　号	AUXR.7	AUXR.6	AUXR.5	AUXR.4	AUXR.3	AUXR.2	AUXR.1	AUXR.0
位名称	T0×12	T1×12						

①　T0×12：定时器 0 时钟 12 分频控制位。

0——定时器 0 的计数脉冲为系统时钟的 12 分频；

1——定时器 0 的计数脉冲为系统时钟的 1 分频。

②　T1×12：定时器 1 时钟 12 分频控制位。

0——定时器 1 的计数脉冲为系统时钟的 12 分频；

1——定时器 1 的计数脉冲为系统时钟的 1 分频。

7.1.6　定时/计数器 T0、T1 应用的基本步骤

1. 确定定时/计数器 T0、T1 的启动方式、工作方式和工作模式写入 TMOD

根据系统的应用要求选择启动方式和工作方式。当用于测外部脉冲宽度时选用硬启动；一般选用软启动。用于对外部脉冲计数时选用计数方式；用于定时时选用定时方式。

工作模式是根据所要求的计数值大小或定时时间长短及计数的重复性来合理选择的。一般来说，计数值大或定时时间长则选择工作模式 0、工作模式 1 或工作模式 3；定时时间短或计数小且需自动恢复计数初值时则选择工作模式 0、工作模式 2 或工作模式 3。

2. 计算初值写入计数器

根据系统时钟频率、工作模式及计数值或定时时间计算出初值，写入计数器 THi 和 TLi(i 为 0 或 1)。

3. 开放中断

若使用定时/计数器中断，则要设置中断系统、开放中断。

4. 启动定时/计数器

使用指令"SETB Tri"(i 为 0 或 1)启动定时/计数器。注意，定时/计数器一经启动就一直工作，欲停止其工作，必须使用指令"CLR Tri"(i 为 0 或 1)。

5. 编写应用程序

根据应用要求编写定时/计数器的应用程序或中断服务程序。在应用程序中，要特别注意是否需要重新装入初值。

7.1.7   定时/计数器 T0、T1 应用举例

【例 7-2】 选用 T0 工作模式 0，用于定时，由 P1.0 输出周期为 1ms 的方波，设系统时钟 fosc=6MHz。

解：P1.0 输出周期为 1ms 的方波，只要每隔 500μs 取反一次 P1.0 即可实现，因此可以选用 T0 定时 500μs。初值计算(设 T0×12=1)：
$$X=2^{16}-6\times500/12^0=65536-3000=62536=F448H$$

根据题意设置模式控制字：00000000B，即 00H。

采用查询方式，汇编语言源程序如下：

```
        ORG 0000H
        MOV TMOD,#0            ;T0、软启动、定时、模式0
        MOV TL0,#48H           ;T0的计数初值X
        MOV TH0,#0F4H
        MOV 8EH,#80H           ;设T0x12=1
        SETB  TR0             ;启动T0
LP1: JBCTF0,LP2               ;查询T0计数溢出否,同时清除TF0
        AJMP  LP1            ;没有溢出等待
LP2: CPLP1.0                  ;输出取反
        CLR   TF0            ;清除溢出标志位
        SJMP  LP1            ;重复循环
        END
```

C51 语言源程序如下：

```
#include <stc15.h>          //定义STC15W4K32S4的SFR
void main( )                 //只有主函数
{
 TMOD=0;                     //T0、软启动、定时、模式0
 TL0=0x48;                   //T0赋计数初值
 TH0=0xf4;
 AUXR=0x80;                  //12T计数模式
 TR0=1;                      //启动T0
 while (1)                   //while无限循环
 if(TF0)                     //定时时间到产,则
 { P10=~P1.0;                //P1.0取反
   TF0=0;                    //清T0溢出标志位
  }
 }
```

【例 7-3】 用定时器 T1 产生一个 50Hz 的方波，由 P1.1 输出，用中断方式，fosc=12MHz。

解：方波周期 T=1/50=0.02S=20ms，用 T1 定时 10ms=10000μs，因 fosc=12MHz，设 T0×12=0，即 12T 计数模式，则计数次数=10000，可选择工作模式 1，初值 X：

$$X=2^{16}-10000=55536=D8F0H$$

汇编语言源程序如下：

```
        ORG     0000H
        LJMP    START
        ORG     001BH           ;T1中断入口
        LJMP    T1C
START:
        MOV     SP,#7FH         ;将堆栈设定在内部RAM的高端
        MOV     TMOD,#10H       ;T1模式1,定时
        MOV     TH1,#0D8H       ;T1计数初值
        MOV     TL1,#0F0H
        MOV     IE,#10001000B   ;开放T1中断
        SETB    TR1             ;启动T1
        SJMP    $
T1C:                            ;T1中断服务程序
        MOV     TH1,#0D8H       ;装入T1定时初值
        MOV     TL1,#0F0H
        CPL     P1.1            ;P1.1取反输出
        RETI
```

C51 语言源程序如下：

```
#include <stc15.h>          //定义STC15W4K32S4的SFR
void main( )                //主函数
{
 TMOD=0x10;                 //T1、软启动、定时、模式1
 TL1=0xf0;                  //T1赋计数初值
 TH1=0xd8;
 IE=0x88;                   //T1开中断
 TR1=1;                     //启动T1
 while (1)                  //while无限循环
  {;}
 }
void t1_10ms()interrupt 3   //T1中断函数,中断号为3
 {
    TH0=0xD8;               //T1重赋计数初值
    TL0=0xF0;
    P11=~P11;               //P1.1取反
    }
```

【例 7-4】 由 P3.4 引脚(T0)输入一低频脉冲信号(其频率<0.5kHz)，要求 P3.4 每发生一次负跳变时，P1.0 输出一个 500μs 的同步负脉冲，同时 P1.1 输出一个 1ms 的同步正脉冲。已知 fosc=6MHz。

解：按题意画出输出信号的波形，如图 7-5 所示。

思路：设 P1.0 初态输出高电平，P1.1 初态输出低电平；T0 为模式 2，计数工作方式，初值为 FFH，允许中断；T1 为模式 2，定时方式，定时 500μs，查询方式。当加在 P3.4 上的外部脉冲产生由 1 至 0 的负跳变时，则使 T0 计数器加 1 而产生溢出，请求中

断。在 T0 中断服务程序中，启动 T1，并且使 P1.0 输出 0，P1.1 输出 1；当 T1 第一次定时 500μs 到时，使 P1.0 恢复为 1，T1 继续第二次 500μs 定时的计数，产生溢出后恢复 P1.1 为 0；然后停止 T1 工作，返回。

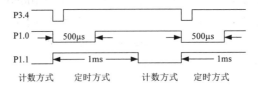

图 7-5　例 7-5 输出信号波形图

由 T1 定时 500μs，设 T1 为 12T 计数模式，则 T1 的定时初值 X 为：

$$X=2^8-500\times6/12=6$$

汇编语言源程序如下：

```
        ORG     0000H
        LJMP    START
        ORG     000BH           ;T0中断入口
        LJMP    T0C
START:
        MOV     TMOD,#26H        ;T0模式2,计数方式；T1模式2,定时方式
        MOV     TH0,#0FFH        ;T0计数初值
        MOV     TL0,#0FFH
        MOV     TH1,#06H         ;T1定时初值
        MOV     TL1,#06H
        CLR     P1.1             ;P1.1初态为0
        SETB    EA               ;开放T0中断
        SETB    ET0
        SETB    TR0              ;启动T0
        SJMP    $
T0C:                            ;T0中断服务程序
        SETB    TR1              ;启动T1
        CLR     P1.0             ;P1.0输出负脉冲
        SETB    P1.1             ;P1.1输出正脉冲
        JNB     TF1,$            ;等待第一个500μS
        CLR     TF1              ;清溢出标志
        SETB    P1.0             ;P1.0输出负脉冲结束
        JNB     TF1,$            ;等待第二个500μS
        CLR     TF1
        CLR     P1.1             ;P1.1输出正脉冲结束
        CLR     TR1              ;关T1
        RETI
```

C51 语言源程序如下：

```
#include <stc15.h>              //定义STC15W4K32S4的SFR
void main( )                    //主函数
{
 TMOD=0x26;                     //T1、软启动、定时、模式1
 TL0=0xff;                      //T0赋计数初值
 TH0=0xff;
 TL1=0x6;                       //T1赋计数初值
 TH1=0x6;
 P11=0;                         //P1.1初态为0
 IE=0x82;                       //T0开中断
```

```
    TR0=1;                          //启动T0
while (1)                           //while无限循环
  {;}
  }
void t0()interrupt 1               //T0中断函数,中断号为1
  {
    TR1=1;                         //启动T1
    P11=1;                         //P1.1输出高电平
    P10=0;                         //P1.0输出低电平
    while (!TF1)                   //等待T1定时500uS
     {;}
    TF1=0;                         //清T1溢出标志
    P10=1;                         //P1.0输出高电平
    while (!TF1)                   //等待T1再定时500uS
     {;}
    TF1=0;                         //清T1溢出标志
    P11=0;                         //P1.1输出低电平
    TR1=0;                         //关T1
  }
```

思考：本例还有其他解决方法吗？

【例 7-5】 利用 T0 门控位测试 INT0 引脚上出现的正脉冲宽度，已知 fosc=12MHz，将所测得的高 8 位值存入片内 71H 单元中，低 8 位值存入片内 70H 单元中。

解：设外部脉冲由 INT0(P3.2)输入，T0 工作于定时器方式，选择工作模式 1。GATE 设为 1，测试时，应在 INT0 为低电平时，设置 TR0 为 1，一旦 INT0 变为高电平，就启动计数；INT0 再次变化时，停止计数。此计数值即为被测正脉冲的宽度，设 T0 为 12 计数模式，时间单位为 1μs。

汇编语言源程序如下：

```
ORG     0000H
MOV     TMOD,#09H      ;T0定时,模式1,硬启动
MOV     TL0,#00H       ;T0从0000H开始计数
MOV     TH0,#00H
MOV     R0,#70H
JB      P3.2,$         ;等待P3.2变低
SETB    TR0            ;P3.2变低,启动T0
JNB     P3.2,$         ;等待P3.2变高
JB      P3.2,$         ;等待P3.2再次变低
CLR     TR0            ;停止计数
MOV     @R0,TL0        ;存入计数值
INC     R0
MOV     @R0,TH0
SJMP    $
END
```

C51 语言源程序如下：

```
#include <stc15.h>       //定义STC15W4K32S4的SFR
void main( )             //主函数
{unsigned char data datah _at_0x71;        //定义绝对地址变量
unsigned char data datal _at_0x70;
 TMOD=0x09;              //T0定时,模式1,硬启动
 TL0=0x0;               //T0赋计数初值
 TH0=0x0;
while (!P32)             //等待P3.2变低
```

```
 TR0=1;              //启动T0
while (P32)          //等待P3.2变高
while (!P32)         //等待P3.2变低
TR0=0;               //停止T0
 datal=TL0;          //保存数据
 datah=TH0;
while (1)            //while无限循环
  {;}
 }
```

这种方案的最大被测脉冲宽度为 65535μs(fosc=12MHz)，由于靠软件启动和停止计数，有一定的测量误差，其最大可能的误差应由有关指令的时序确定。

7.2 应用项目5：航标灯控制

1. 性能要求

控制发光二极管的"亮"与"灭"，要求"准确控制"发光二极管亮2秒灭2秒。

2. 硬件电路

航标灯控制电路如图 5-5 所示。

3. 应用程序设计

 本项目关键是"如何实现2秒钟准确定时"。

1) 航标灯控制系统编程要点

因系统要求"准确控制"发光二极管亮2秒灭2秒，时间定时采用定时器。

怎样实现较长时间的定时？可采用定时器定时加软件计数的方法实现定时 2 秒钟，方法如下。

设系统时钟为 12MHz，T0 定时 50ms，工作模式 0，T0 为 12T 计数模式，所以，T0 的计数初值为：

$$X=2^{16}-50\times1000/1=3CB0H$$

选用一个软件计数器，其计数初值=2×1000(ms)/50(ms)=40；

T0 定时和软件计数实现延时 2s。

2) 航标灯控制系统程序流程图

航标灯控制系统程序流程图如图 7-6 所示。

3) 航标灯控制系统应用程序

① 航标灯控制系统汇编语言源程序(T7_0.asm)如下：

```
P2M0 EQU 096H ;定义P2M0寄存器。用汇编语言编写应用程序，Keil系统只
             ;默认8051单片机的SFR，其他的SFR必须在程序中定义。
P2M1EQU 095H
ORG 0000H                ;主程序
MOV    P2M0,#04H         ;设置P2.2为工作模式1
MOV    P2M1,#00H
```

```
            AJMP      MAIN
            ORG       000BH              ;T0中断入口地址
            AJMP      T0C
            ORG       0100H
MAIN:       MOV       SP,#7FH            ;设置堆栈指针
            CLR       P2.2               ;设灯亮的初态为灭
            MOV       TMOD,#00H          ;T0定时，模式0，软启动
            MOV       TL0,#0B0H          ;T0计数初值
            MOV       TH0,#3CH
            SETB      TR0                ;启动T0
            SETB      ET0                ;T0开中断
            MOV       R7,#40             ;软件计数值
            SETB      EA                 ;允许CPU中断
HERR:       AJMP      HERR
T0C:                                     ; 定时器0中断服务程序
            DJNZ      R7,EXIT            ;软件计数为0吗？
            MOV       R7,#40             ;计数已到，重赋初值
            CPL       P2.2               ;输出取反控制灯亮或灭
EXIT:       RETI                         ;中断返回
            END
```

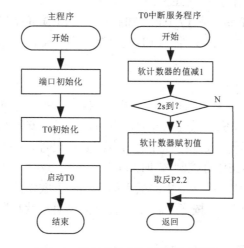

图 7-6　航标灯控制系统程序流程图

② C51 语言源程序(T7_0.c)如下：

```c
#include <stc15.h>              //定义STC15W4K32S4的SFR
unsigned char data i=40;        //定义全程变量i
void main( )                    //主函数
{P2M0=0x04;                     //设置P2.2为工作模式1
P2M1=0x00;
 SP=0x7f;                       //设置堆栈指针
 P22=0 ;                        //设灯亮的初态为灭
TMOD=0;                         //T0定时，模式0
TL0=0xb0;                       //T0计数初值
TH0=0x3c;
TR0=1;                          //启动T0
IE=0x82;                        //T0开中断
while (1)                       //while无限循环
  {;}
 }
void t0()interrupt 1            //T0中断函数，中断号为1
```

```
{
    i--;                          //软件计数器的值减1
    if(i==0)
    {  i=40;                      //计数已到，重赋初值
       P22=~P22;                  //输出取反控制灯亮或灭
    }
}
```

上面的这个应用实例使我们了解了硬件定时与软件计数相结合产生较长定时时间的方法，只要掌握了要领，还可以选择多种多样的方案。

4. 航标灯控制实例操作流程单

(1) 实验电路板上已焊接好。

(2) 编译应用程序。

① 运行 Keil 仿真平台。

② 新建并设置项目"LED 灯控制_定时"。

③ 新建并编辑应用程序 T7_0.asm 或 T7_0.c。

④ 将应用程序 T7_0.asm 或 T7_0.c 添加到项目"LED 灯控制_定时"中。

⑤ 编译应用程序生成代码文件"LED 灯控制_定时.hex"。

(3) 下载应用程序代码。

① 运行 ISP 下载程序。

② 正确选择 CPU 型号。要求：与电路板一致。

③ 连接电路板与计算机，正确选择通信端口。注意：安装 CH340 驱动程序。

④ 正确设置硬件选项。要求：选择使用内部 IRC 时钟，频率为 12MHz。

⑤ 打开程序文件"LED 灯控制_定时.hex"。

⑥ 点击"下载"按钮，按一下电路板上的"程序下载"按键。注：STC 单片机下载程序代码时要求"冷启动"，按下"程序下载"按键对单片机断电，松开"程序下载"按键对单片机上电。

⑦ 观察 ISP 下载界面，等待下载完成。

(4) 观察运行结果并记录。

(5) 得出结论。

7.3 定时/计数器 T2、T3、T4

STC15W4K32S4 还有定时/计数器 T2、T3 和 T4，它们的工作模式固定为 16 位自动重装模式，可编程为定时器、计数器、时钟输出或串口的波特率发生器。

7.3.1 定时/计数器 T2

1. 与定时/计数器 T2 有关的寄存器

与定时/计数器 T2 有关的特殊功能寄存器如表 7-10 所示。

表 7-10　与定时/计数器 T2 有关的特殊功能寄存器

符　号	描　述	地址	位地址及符号								复位值
			B7	B6	B5	B4	B3	B2	B1	B0	
IE	Interrupt Enable	A8H	EA								0000 0000b
IE2	Interrupt Enable2	AFH	—					ET2			x000 0000b
INT_CLKO	外部中断允许和时钟输出寄存器	8FH	—					T2CLKO			x000 0000b
AUXR	辅助寄存器	8EH				T2R	T2_C/T	T2x12			0000 0000b
T2H	Timer High 2	D6H									0000 0000b
T2L	Timer Low 2	D7H									0000 0000b

2. 定时/计数器 T2 的控制

AUXR 控制定时/计数器 T2 的启/停、工作方式和时钟分频方式，AUXR 字节地址为 8EH，不可位寻址。

① T2R：T2 运行控制位。

0——不允许 T2 运行；

1——允许 T2 运行。

② T2_C/T：T2 工作方式控制位。

0——定时方式，计数脉冲来自系统时钟；

1——计数方式，计数脉冲来自外部管脚 P3.1。

③ T2×12：T2 定时脉冲分频控制位。

0——系统时钟 12 分频，即 12T 模式；

1——不分频，即 1T 模式。

④ IE、IE2 相关位控制定时/计数器 T2 的中断，IE2 字节地址为 AFH，不可位寻址。

⑤ IE.7/EA：总的中断控制位。

0——禁止所有中断；

1——开放中断。

⑥ IE2.2/ET2：T2 中断允许位。

0——不允许 T2 中断；

1——允许 T2 中断。

⑦ INT_CLKO 相关位控制定时/计数器 T2 的时钟输出，INT_CLKO 字节地址为 8FH，不可位寻址。

⑧ T2CLKO/INT_CLKO.2：T2 的时钟输出控制位。

0——不允许 T2 时钟输出；

1——允许 T2 从 P3.0 口输出时钟，时钟输出频率=T2 溢出率/2。

3. 定时/计数器 T2 的逻辑结构

T2H 和 T2L 组成 T2 的 16 位加 1 计数器。T2 的逻辑结构图如图 7-7 所示。

T2 有两个隐藏的初值寄存器 RL_TL2 和 RL_TH2，其与 T2L 和 T2H 共用地址，当 TR2=0 即 T2 被禁止计数时，对 T2L 写入的内容同时写入 RL_TL2，对 T2H 写入的内容同时写入 RL_TH2；当 TR2=1 即 T2 被允许计数时，对 T2L 写入的内容实际上不是写入

T2L，而是写入 RL_TL2，对 T2H 写入的内容实际上不是写入 T2H，而是写入 RL_TH2。读取 T2L 和 T2H 时，读到的值就是 T2L 和 T2H 的值。

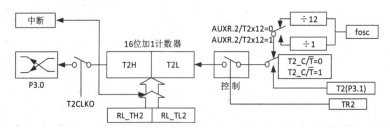

图 7-7　T2 逻辑结构图

【例 7-6】 用定时器 T2 产生一个 50Hz 的方波，由 P3.0 输出，fosc=12MHz。

解：方波周期 T=1/50=0.02S=20ms，用 T2 定时 10ms=10000μs，因 fosc=12MHz，设 T2×12=0，即 12T 计数模式，则计数次数=10000，计数初值 X：

$$X=2^{16}-10000=55536=D8F0H$$

汇编语言源程序如下：

```
ORG 0000H
MOVT2H,#0D8H          ;T2计数初值
MOVT2L,#0F0H
MOV 8FH,#00000100B    ;允许T2时钟输出
MOV 8EH,#00010000B    ;启动T2、定时方式、12T计数方式
SJMP    $
```

C51 语言源程序如下：

```
#include <stc15.h>    //定义STC15W4K32S4的SFR
void main( )          //主函数
{
 T2L=0xf0;            //T2赋计数初值
 T2H=0xd8;
 INT_CLKO =0x04;      //允许T2时钟输出
 AUXR=0x10;           //启动T2、定时方式、12T计数方式
 while (1)            //while无限循环
  {;}
 }
```

7.3.2　定时/计数器 T3、T4

1. 与定时/计数器 T3、T4 有关的寄存器

与定时/计数器 T3、T4 有关的特殊功能寄存器如表 7-11 所示。

表 7-11　与定时/计数器 T3、T4 有关的特殊功能寄存器

符号	描　述	地址	位地址及符号								复位值
			B7	B6	B5	B4	B3	B2	B1	B0	
IE	Interrupt Enable	A8H	EA								0000 0000b
IE2	Interrupt Enable2	AFH	-	ET4	ET3						x000 0000b
T4T3M	T4 和 T3 控制寄存器	D1H	T4R	T4_C/T	T4×12	T4CLKO	T3R	T3_C/T	T3×12	T3CLKO	0000 0000b
T4H	Timer High 4	D1H									0000 0000b
T4L	Timer Low 4	D2H									0000 0000b
T3H	Timer High 3	D3H									0000 0000b
T3L	Timer Low 3	D4H									0000 0000b

2. 定时/计数器 T3、T4 的控制

①　T4T3M 控制定时/计数器 T3、T4 的启/停、工作方式、分频方式和时钟输出，T4T3M 字节地址为 D1H，不可位寻址。

②　T4R：T4 运行控制位。

0——不允许 T4 运行；

1——允许 T4 运行。

③　T4_C/T：T4 工作方式控制位。

0——定时方式，计数脉冲来自系统时钟；

1——计数方式，计数脉冲来自外部管脚 P0.7。

④　T4×12：T4 定时脉冲分频控制位。

0——系统时钟 12 分频，即 12T 模式；

1——不分频，即 1T 模式。

⑤　T4CLKO：T4 时钟输出控制位。

0——不允许 T4 时钟输出；

1——允许 T4 从 P0.6 口输出时钟，时钟输出频率=T4 溢出率/2。

⑥　T3R：T3 运行控制位。

0——不允许 T3 运行；

1——允许 T3 运行。

⑦　T3_C/T：T3 工作方式控制位。

0——定时方式，计数脉冲来自系统时钟；

1——计数方式，计数脉冲来自外部管脚 P0.5。

⑧　T3×12：T3 定时脉冲分频控制位。

0——系统时钟 12 分频，即 12T 模式；

1——不分频，即 1T 模式。

⑨　T3CLKO：T3 时钟输出控制位。

0——不允许 T4 时钟输出；

1——允许 T3 从 P0.4 口输出时钟，时钟输出频率=T3 溢出率/2。

⑩　IE、IE2 相关位控制定时/计数器 T3、T4 的中断，IE2 字节地址为 AFH，不可位寻址。

⑪　IE.7/EA：总的中断控制位。

0——禁止所有中断；

1——开放中断。

⑫　IE2.6/ET4：T4 中断允许位。

0——不允许 T4 中断；

1——允许 T4 中断。

⑬　IE2.5/ET3：T3 中断允许位。

0——不允许 T3 中断；

1——允许 T3 中断。

3. 定时/计数器 T3 的逻辑结构

T3H 和 T3L 组成 T3 的 16 位加 1 计数器。T3 的逻辑结构图如图 7-8 所示。

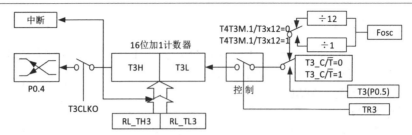

图 7-8　T3 逻辑结构图

T3 有两个隐藏的初值寄存器 RL_TL3 和 RL_TH3，其与 T3L 和 T3H 共用地址，当 TR3=0 即 T3 被禁止计数时，对 T3L 写入的内容同时写入 RL_TL3，对 T3H 写入的内容同时写入 RL_TH3；当 TR3=1 即 T3 被允许计数时，对 T3L 写入的内容实际上不是写入 T3L 而是写入 RL_TL3，对 T3H 写入的内容实际上不是写入 T3H 而是写入 RL_TH3。读取 T3L 和 T3H 时，读到的值就是 T3L 和 T3H 的值。

4. 定时/计数器 T4 的逻辑结构

T4H 和 T4L 组成 T4 的 16 位加 1 计数器。T4 的逻辑结构图如图 7-9 所示。

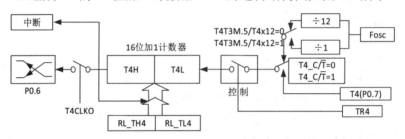

图 7-9　T4 逻辑结构图

T4 有两个隐藏的初值寄存器 RL_TL4 和 RL_TH4，其与 T4L 和 T4H 共用地址，当 TR4=0 即 T4 被禁止计数时，对 T4L 写入的内容同时写入 RL_TL4，对 T4H 写入的内容同时写入 RL_TH4；当 TR4=1 即 T4 被允许计数时，对 T4L 写入的内容实际上不是写入 T4L，而是写入 RL_TL4，对 T4H 写入的内容实际上不是写入 T4H，而是写入 RL_TH4。读取 T4L 和 T4H 时，读到的值就是 T4L 和 T4H 的值。

7.3.3　主时钟可编程输出

STC15W4K32S4 系列单片机有六路可编程时钟输出，其中有五路是由定时/计数器实现的，即 T0 从 P3.5 口输出，T1 从 P3.4 口输出，T2 从 P3.0 口输出，T3 从 P0.4 口输出，T4 从 P0.6 口输出，它们的控制与使用方法前面已介绍，不再赘述。除此之外，主时钟也可以编程从 P5.4 或 P1.6 口输出时钟。

1. 主时钟输出时钟的控制

主时钟从 P5.4 或 P1.6 口输出时钟是由特殊功能寄存器 CLK_DIV 和 INT_CLKO 控制的，如表 7-12 所示。

表 7-12　与主时钟有关的寄存器

SFR Name	SFR Address	bit	b7	b6	b5	b4	b3	b2	b1	b0	Reset Value
CLK_DIV (PCON2)	97H	Name	MCKO_S1	MCKO_S0			MCLKO_2				0000,0000
INT_CLKO (AUXR2)	8FH	Name					MCKO_S2				x000,0000

① MCKO_S2、MCKO_S1、MCKO_S0：主时钟输出分频控制位，如表 7-13 所示。

表 7-13　MCKO_S2、MCKO_S1、MCKO_S0 主时钟输出分频控制位

MCK0_S2	MCK0_S1	MCK0_S0	主时钟输出分频控制位
0	0	0	主时钟不对外输出
0	0	1	输出时钟频率=主时钟频率 MCLK
0	1	0	输出时钟频率=主时钟频率 MCLK/2
0	1	1	输出时钟频率=主时钟频率 MCLK/4
1	0	0	输出时钟频率=主时钟频率 MCLK/16

② MCLKO_2：时钟输出端口控制位。

0——从 P5.4 输出时钟；

1——从 P1.6 输出时钟。

2. 主时钟输出的应用

主时钟输出也可以用来控制步进电机等需要用脉冲控制的场合，不再赘述。

7.4　应用项目 6：电子秒表

1. 性能要求

用 8 位数码管显示时、分、秒、10ms(××× ×× ×× ××)，用 int0 作启/停按钮，用 int1 作清零按钮。

2. 硬件电路

电子秒表电路图如图 7-10 所示，是由两个按键和动态显示电路组成的。

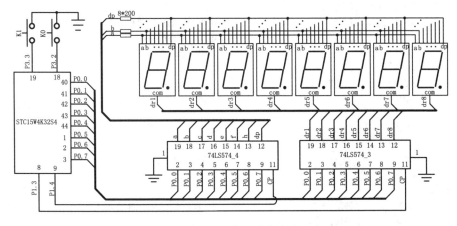

图 7-10　电子秒表电路图

3. 应用程序设计

 由项目功能要求及图 7-10 所示电路图知，硬件电路图同 6.2.2 节"两只按键输入学号系统"。在此使用单片机内部的定时/计数器实现定时；按键 K0 的功能是启动/停止秒表工作；按键 K1 的功能是清零。

1) 电子秒表系统编程要点

① 实现 10ms 定时，可由定时器实现。设系统时钟为 12MHz，12T 计数模式，工作模式 0，则定时 10ms 的计数初值为：

$$X=2^{16}-10\times12\times10^6/12=55536=0xD8F0$$

② 完成数据处理。

数据处理在 10ms 中断程序中完成。

③ 数据显示。

调用动态显示函数 Displayled()，实现时间显示。

④ 实现"启动/停止"和时间清零，可用"外部中断"实现。

2) 10ms 中断程序流程图

10ms 中断程序流程图如图 7-11 所示。

3) 电子秒表系统应用程序

① 电子秒表汇编语言应用程序清单(T7_2.asm)：

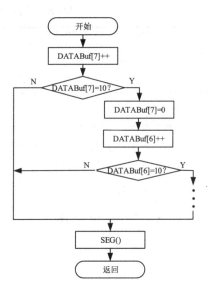

图 7-11 10ms 中断程序流程图

```
        LEDBUF   EQU  60H          ;显示缓冲区
        DATABUF  EQU  50H          ;数据缓冲区
        P0M0     EQU  094H         ;定义P0、P1模式寄存器
        P0M1     EQU  093H
        P1M0     EQU  092H
        P1M1     EQU  091H
        P5       EQU  0C8H         ;P5口定义
        P4       EQU  0C0H         ;P4口定义
        T4H EQU  0D2H              ;定义T4计数器
        T4L EQU  0D3H
        IE2 EQU  0AFH              ;定义中断控制寄存器2
        T3T4M    EQU  0D1H         ;定义T4模式寄存器
SC      EQU  030H                 ;软件计数器
        ORG      0000H
        AJMP     START
        ORG      003H             ;定时器INT0中断入口
        AJMP     INT_0
        ORG      00bH             ;定时器T0中断入口
        AJMP     CTC_T0
        ORG      0013H            ;定时器INT1中断入口
        AJMP     INT_1
START:
        MOV      P0M0,#0ffh        ; P0口设置为强输出方式
        MOV      P0M1,#0
        LCALL    XSQL              ;显示清零，详见5.5.3节
```

```
            mov TMOD,#0            ; T0 工作模式0 软启动 定时方式
            mov TH0,#0D8h          ;Fosc=12MHz定时10ms
            mov TL0,#0F0h;
            mov TCON,#5            ; INT0、INT1为下降沿触发
            mov IE,#87h            ;开放T0、INT0和INT1的中断
LOOP:   MOV     R0,#LEDBUF
        LCALL   Displayled        ; 动态显示函数
        LJMP    LOOP
int_0:                            ;int0中断子程序
        cpl tr0
        reti
int_1:                            ;int1中断子程序
        push    Acc               ;现场保护
        push    0
        push    1
        push    2
        LCALL   XSQL              ;显示清零，详见5.5.3节
        pop 2                     ;现场恢复
        pop 1
        pop 0
        pop Acc
        reti
CTC_T0:                           ;T0中断服务子程序,定时10ms
        PUSH    DPH               ;保护现场
        PUSH    DPL
        PUSH    ACC
        PUSH    PSW
        PUSH    00H
        PUSH    01H
        PUSH    02H
        MOV     R0,#DATABUF+7     ;秒表数据处理
        MOV     DPTR,#TAB         ;TAB表为时、分、秒、10毫秒各位的进位数
        MOV     R2,#8
CLOOP1: INC     @R0
        MOV     A,@R0
        MOV     B,A
        CLR     A
        MOVC    A,@A+DPTR         ;进位处理
        CJNE    A,B,CNEXT
        MOV     @R0,#00H
        DEC     R0
        INC     DPTR
        DJNZ    R2,CLOOP1
CNEXT:  LCALL   SEG               ;查段码送显示缓冲区子程序,见例4-22
        POP     02H               ;恢复现场
        POP     01H
        POP     00H
        POP     PSW
        POP     ACC
        POP     DPL
        POP     DPH
        RETI
TAB:    DB  0AH,0AH,0AH,06H,0AH,06H,0AH,0AH
```

② 电子秒表 C51 语言应用程序清单(T7_2.c)：

```c
#include <stc15.h>              //定义STC15F2K60S2的SFR
#include <IO_init.h>
#include <display.h>
unsigned int i;
void main()
{                               //初始化:
   unsigned char i;
   IO_init();
   for(i=0;i< 8;i++)            //秒表初值
   Databuf[i]=0;
   seg();
   TMOD=0x0;                    //T0 工作模式0 软启动 定时方式
   TH0=0xD8;                    //Fosc=12MHz定时10ms
   TL0=0xF0;
   IE=0x87;                     //开放T0、INT0和INT1的中断
   while (1)                    //while循环
   {
    DisplayLED();
   }
}
void int0() interrupt 0         //INT0中断: 启动/停止秒表工作
{
  TR0=~TR0;
}
void int1() interrupt 2         //INT1中断: 秒表清零
{
  for(i=0;i< 8;i++)             //秒表初值
  Databuf[i]=0;
   seg();
}
void T10ms() interrupt 1        //10ms中断: 秒表数据处理
{
 Databuf[7]++;                  //10ms个位
 if(Databuf[7]==10)
 {Databuf[7]=0;
  Databuf[6]++;                 //10ms十位
 if(Databuf[6]==10)
 {Databuf[6]=0;
  Databuf[5]++;                 //s个位
 if(Databuf[5]==10)
 {Databuf[5]=0;
  Databuf[4]++;                 //s十位
 if(Databuf[4]==6)
 {Databuf[4]=0;
  Databuf[3]++;                 //m个位
 if(Databuf[3]==10)
 {Databuf[3]=0;
  Databuf[2]++;                 //m十位
 if(Databuf[2]==6)
 {Databuf[2]=0;
  Databuf[1]++;                 //h个位
```

```
if(Databuf[1]==10)
{Databuf[1]=0;
 Databuf[0]++;                          //h十位
if(Databuf[0]==10)
{Databuf[0]=0;}}}}}}}}}
 seg();
}
```

4. 电子秒表系统操作流程单

(1) 实验电路板已焊接好。

(2) 编译应用程序。

① 运行 Keil 仿真平台。

② 新建并设置项目“电子秒表系统”。

③ 新建并编辑应用程序 T7_2.asm 或 T7_2.c。

④ 将应用程序 T7_2.asm 或 T7_2.c 添加到项目“电子秒表系统”中。

⑤ 编译应用程序生成代码文件“电子秒表系统.hex”。

(3) 下载应用程序代码。

① 运行 ISP 下载程序。

② 正确选择 CPU 型号，要求：与电路板一致。

③ 连接电路板与计算机，正确选择通信端口。注意：安装 CH340 驱动程序。

④ 正确设置硬件选项。要求：选择使用内部 IRC 时钟，频率为 6MHz。

⑤ 打开程序文件“电子秒表系统.hex”。

⑥ 单击“下载”按钮，按一下电路板上的“程序下载”按键。注：STC 单片机下载程序代码时要求“冷启动”，按下“程序下载”按键对单片机断电，松开“程序下载”按键对单片机上电。

⑦ 观察 ISP 下载界面，等待下载完成。

(4) 观察运行结果并记录。

(5) 得出结论。

7.5　应用项目 7：电子时钟系统

1. 性能要求

用 8 位数码管显示时、分、秒(××××××××)，能设定初值(校时)。

2. 硬件电路

根据性能指标要求，电子时钟系统除了显示时间(采用动态显示电路)外，还要设定时间的初值，即能输入数字 0～9，采用行列式按键电路实现，电子时钟系统电路如图 7-12 所示。

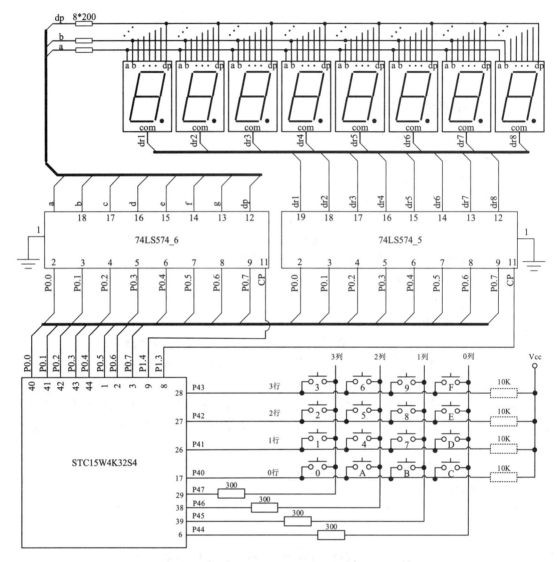

图 7-12　电子时钟系统电路图

3. 应用程序设计

由项目功能要求及图 7-12 所示电路图知，硬件电路图同 5.5.3 节"学号输入系统"。在此使用单片机内部的定时/计数器实现定时，行列式按键实现电子时钟初值设定。

1)　电子时钟系统编程要点

①　实现 10ms 定时。

详见 7.5 节电子秒表工作任务。

②　完成数据处理。

数据处理在 10ms 中断程序中完成

③　数据显示。

详见 7.5 节电子秒表工作任务。

④　实现时间初值设定，即行列式键盘的使用，参照 5.5 节。

2)　电子时钟 10ms 中断程序流程图

电子时钟 10ms 中断程序流程图如图 7-13 所示。

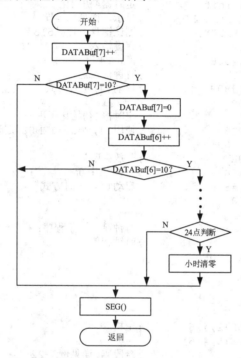

图 7-13　电子时钟 10ms 中断程序流程图

3)　应用程序

①　电子时钟系统汇编语言应用程序清单(T7_3.asm)：

```
LEDBUF  equ 60H          ;显示缓冲区
DATABUF equ 50H          ;数据缓冲区
p0m0    equ 94h
p0m1    equ 93h
p1m0    equ 92h
p1m1    equ 91h
p4m0    equ 0b4h
p4m1    equ 0b3h
p5m0    equ 0cah
p5m1    equ 0c9h
P5      EQU 0C8H         ;P5口定义
P4      EQU 0C0H         ;P4口定义
T4H EQU 0D2H             ;定义T4计数器
T4L EQU 0D3H
IE2 EQU 0AFH             ;定义中断控制寄存器2
T3T4M   EQU 0D1H         ;定义T4模式寄存器
SC      EQU 030H         ;软件计数器
```

```
            ORG     0000H
            AJMP    START
            ORG     00A3H                   ;定时器T4中断入口
            AJMP    CTC_T4
    START:
            LCALL   IO_init_SZ              ;时钟I/O口初始化
            MOV SP,#7FH                     ;栈顶设置
            CLR P5.5                        ;为开门信号做准备
            CLR P1.4                        ;
            LCALL   SZFCZ                   ;时钟赋初值
            LCALL   t4_init                 ;定时器4初始化
    LOP:    LCALL   DISPLAYLED              ;显示，详见5.4节
            LCALL   TESTKEY                 ;测试键盘，详见5.5节
            JZ      LOP                     ;有键输入
            MOV T3T4M,#00H                  ;停止T4
            LCALL   SZSD                    ;时钟值设定
            MOV T3T4M,#80H                  ;启动T4，定时方式
            SJMP    LOP
    T4_init:                                ;定时器4初始化子程序
            MOV T4H,#0D8H                   ;使用T4,Fosc=12MHZ 定时10ms
            MOV T4L,#0F0H;
            MOV IE,#80H                     ;开放中断
            MOV IE2,#40H                    ;允许T4中断
            MOV T3T4M,#80H                  ;启动T4，定时方式
            MOV SC,#100                     ;100*10ms=1秒
            RET
    SZFCZ:                                  ;时钟赋初值子程序：
            MOV R0,#8                       ;时钟初值
            MOV R1,#DATABUF
            CLR A
    LOP1:   MOV @R1,A
            INC R1
            DJNZ    R0,LOP1
            MOV DATABUF+2,#16               ;空格
            MOV DATABUF+5,#16;
            LCALL   seg                     ;查段码,详见例3-22
            RET
    IO-inint_SZ:                            ;时钟I/O口初始化子程序：
            MOV P0M0,#0ffh                  ;P0口设置为强输出方式
            MOV P0M0,#0
            MOV P1M0,#0
            MOV P1M1,#0
            MOV P4M0,#0
            MOV P4M1,#0
            MOV     P5M0,#0
            MOV P5M1,#0
            RET
    SZSD:                                   ;时钟值设定子程序：
            MOV     R0,#ledbuf
            MOV     R1,#DATABUF
            MOV     R2,#6
    LOOP1:  PUSH    00H                     ;压栈保护R0、R1、R2的值
            PUSH    01H
            PUSH    02H
    WKEY1:  LCALL   DISPLAYLED
            LCALL   TESTKEY
            JZ      WKEY1                   ;无键按下，则再读
            LCALL   GETKEY
```

```
            MOV     B,A                     ; 键码值存B
            ADD     A,#0F6H                 ;判断是否为数字键，功能键键码值+0F6H溢出
            JC      WKEY1
            POP     02H                     ;出栈恢复R0、R1、R2的值，先进后出
            POP     01H
            POP     00H
            MOV     A,B
            MOV     @R1,A                   ;保存设定值到Databuf
            MOV     DPTR,#LEDMAP            ;查段码
            MOVC    A,@A+DPTR
            MOV     @R0,A                   ;保存段码
            INC     R0
            INC     R1
            MOV     A,R0
            CJNE    A,#ledbuf+2,LOP2
            INC     R0                      ;空格处理
            INC     R1
    LOP2:   CJNE    A,#ledbuf+5,LOP3
            INC     R0                      ;空格处理
            INC     R1
    LOP3:   DJNZ    R2,LOOP1
            RET
CTC_T4:                                     ;T4中断服务子程序，定时10毫秒
            DJNZ    SC,CT1END
            MOV     SC,#100                 ;20*50ms=1s
            PUSH    DPH                     ;保护现场
            PUSH    DPL
            PUSH    ACC
            PUSH    PSW
            PUSH    00H
            PUSH    01H
            PUSH    02H
            MOV     R0,#DATABUF+7           ;时钟数据处理
            MOV     DPTR,#TAB               ;TAB表为时、分、秒各位的进位数
            MOV     R2,#6
CLOOP1:     INC     @R0
            MOV     A,@R0
            MOV     B,A
            CLR     A
            MOVC    A,@A+DPTR               ;进位处理
            CJNE    A,B,CNEXT
            MOV     @R0,#00H
            DEC     R0
            MOV     A,R0
            CJNE    A,#DATABUF+5,CLOOP2
            DEC     R0                      ;空格处理
CLOOP2:     CJNE    A,#DATABUF+2,CLOOP3
            DEC     R0                      ;空格处理
CLOOP3:     INC     DPTR
            DJNZ    R2,CLOOP1
CNEXT:      MOV     R0,#DATABUF             ;判断是否24小时
            MOV     A,@R0
            SWAP    A
            INC     R0
            ADD     A,@R0
            CJNE    A,#24H,CEXIT1
            MOV     DATABUF,#00H
            MOV     DATABUF+1,#00H
```

```
Cexit1: LCALL   SEG             ;查段码送显示缓冲区子程序,见例4-22
        POP     02H             ;恢复现场
        POP     01H
        POP     00H
        POP     PSW
        POP     ACC
        POP     DPL
        POP     DPH
CT1END:         RETI
TAB:    DB      0AH,06H,0AH,06H,0AH,0AH
        END
```

② 电子时钟系统 C51 语言应用程序清单(T7_3.c):

```
#include <stc15.h>              //定义STC15F2K60S2的SFR
#include <IO_init.h>
#include <display.h>
#include <key.h>
 void T4_init()                 //T4初始化
{ unsigned char data i;
  for(i=0;i< 8;i++)             //时钟初值
  Databuf[i]=0;
  Databuf[2]=16;                //空格
  Databuf[5]=16;
  seg();
  T4H=0xD8;                     //使用T4,Fosc=12MHz 定时10ms
  T4L=0xF0;
  IE=0x80;                      //开放中断
  IE2=0x40;                     //允许T4中断
  T3T4M=0x80;                   //启动T4,定时方式
}
void main()
{                               //初始化  :
  IO_init();
  T4_init();
  while (1)                     //while循环
  {
   DisplayLED();
if(TestKey( ))                  //初值设定处理,参见5.5节"学号处理系统"
{  T3T4M=0x0;                   //停止T4
   {unsigned char n,m;          //输入时钟6位初值********************
   n=0;
   while (n<8)                  //时间设定,共6位
   {
   DisplayLED();                //显示
   if(TestKey())                //键盘扫描
   {                            //有键按下处理:
    m=GetKey();                 //得到键码值
    if(m<10)                    //判断:学号为数字
    {
    Databuf[n]=m;               //修改学号
    n++;                        //指针加1
    if(n==2)                    //空格处理
    n++;
    if(n==5)
    n++;
    seg();                      //查段码
    }
```

```
      }
    }}                          //********************
  T3T4M=0x80;                   //初值设定完毕，启动T4
}}}
unsigned char data k=0;         //1秒计数器，T4定时10ms，k计数100次为1s
void T4_10ms() interrupt 20//T4的10ms中断：电子时钟数据处理
{ if(++k==100)
 {k=0;                          //秒计数器清零
  Databuf[7]++;                 //s个位
  if(Databuf[7]==10)
  {Databuf[7]=0;
   Databuf[6]++;                //s十位
   if(Databuf[6]==6)
   {Databuf[6]=0;
    Databuf[4]++;               //m个位
    if(Databuf[4]==10)
    {Databuf[4]=0;
     Databuf[3]++;              //m十位
     if(Databuf[3]==6)
     {Databuf[3]=0;
      Databuf[1]++;             //h个位
      if(Databuf[1]==10)
      {Databuf[1]=0;
       Databuf[0]++;            //h十位
       if(Databuf[0]==10)
       {Databuf[0]=0;}}
   if(((Databuf[0]<<4)+Databuf[1])==0x24)//24点处理
   {Databuf[0]=0;
    Databuf[1]=0;
   }
}}}}
 seg();}
}
```

为了以后应用方便，我们将使用定时器 T4 实现电子钟功能的初始化函数 T4_init()和 T4 定时中断函数 T4_10ms()集成为头文件 T4_clk.h：

```
#ifndef __T4_clk_H_
#define __T4_clk_H_
unsigned char data k=0;         //1秒计数器，T4定时10ms，k计数100次为1s
void T4_init()                  //T4初始化
void T4_10ms() interrupt 20//T4的10ms中断：电子时钟数据处理
#endif
```

将"*"中间部分实现电子时钟6位时间设定，与key.h一起集成头文件key_in6.h：

```
#ifndef __key_in6_H_
#define __key_in6_H_
#include "key.h"                //行列式键盘处理
void Key_6()
{ unsigned char n,m;
n=0;
while (n<8)                     //时间设定，共6位
    {
     DisplayLED();             //显示
     if(TestKey())             //键盘扫描
     {                         //有键按下处理：
      m=GetKey();              //得到键码值
      if(m<16)                 //判断：学号为数字
      {
```

```
        Databuf[n]=m;                      //修改学号
        n++;                               //指针加1
        if(n==2)                           //空格处理
         n++;
         if(n==5)
         n++;
         seg();                            //查段码
       }
     }
 } }
#endif
```

4. 电子时钟系统操作流程单

(1) 实验电路板已焊接好。

(2) 编译应用程序。

① 运行 Keil 仿真平台。

② 新建并设置项目"电子时钟系统"。

③ 新建并编辑应用程序 T7_3.asm 或 T7_3.c。

④ 将应用程序 T7_3.asm 或 T7_3.c 添加到项目"电子时钟系统"中。

⑤ 编译应用程序生成代码文件"电子时钟系统.hex"。

(3) 下载应用程序代码。

① 运行 ISP 下载程序。

② 正确选择 CPU 型号,要求:与电路板一致。

③ 连接电路板与计算机,正确选择通信端口。注意:安装 CH340 驱动程序。

④ 正确设置硬件选项。要求:选择使用内部 IRC 时钟,频率为 6MHz。

⑤ 打开程序文件"电子时钟系统.hex"。

⑥ 单击"下载"按钮,按一下电路板上的"程序下载"按键。注意:STC 单片机下载程序代码时要求"冷启动", 按下"程序下载"按键对单片机断电,松开"程序下载"按键对单片机上电。

⑦ 观察 ISP 下载界面,等待下载完成。

(4) 观察运行结果并记录。

(5) 修改应用程序中的"延时时间",编译并下载程序,观察运行结果并记录。

(6) 修改应用程序中的"学号",编译并下载程序,观察运行结果并记录。

(7) 得出结论。

本 章 小 结

本章介绍了 STC15W4K32S4 系列单片机定时/计数器系统工作原理和应用,知识要点如下。

1. 定时/计数器

STC15W4K32S4 系列单片机有 5 个 16 位的定时/计数器,它的核心是"加 1 计数",

即 1 个计数脉冲计数值加 1。脉冲可以来自内部时钟系统，即 1 个或 12 个系统时钟产生 1 个计数脉冲，因为对具体系统而言，系统时钟周期是个定值，根据计数值就可以换算出一个时间值，我们把它叫作"定时器"；若计数脉冲来自外部管脚，计数值就是对外部"事件"进行计数，叫作"计数器"。STC15W4K32S4 系列单片机的定时/计数器采用溢出工作制，即计数器的计数值从"全 1 变为全 0"时产生溢出，将相应标志位置 1，为了使定时/计数器在"希望的时刻"产生溢出，在使用时常先赋初值。

2. 定时/计数器应用

定时/计数器应用的基本步骤如下。

(1) 确定定时/计数器的启动方式、工作方式和工作模式，写入相应的控制寄存器。

(2) 计算初值写入计数器。根据系统时钟频率、工作模式及计数值或定时时间计算出初值，写入计数器。注意，STC15W4K32S4 系列单片机的定时器有 1T 计数方式和 12T 计数方式，要按具体应用选定。

(3) 开放中断。若使用定时/计数器中断，则要设置中断系统、开放中断。

(4) 启动定时/计数器。使用指令启动定时/计数器，例如 SETBTR0。注意，定时/计数器启动后是不会自动停止的，必须用指令停止其工作，例如 CLR TR0。

3. 可编程时钟输出

STC15W4K32S4 系列单片机有六路可编程时钟输出，即 T0 从 P3.5 口输出，T1 从 P3.4 口输出，T2 从 P3.0 口输出，T3 从 P0.4 口输出，T4 从 P0.6 口输出，输出时钟的频率为相应定时/计数器溢出频率的一半，除此之外，主时钟也可以编程从 P5.4 或 P1.6 口输出时钟。

思考与练习

1. STC15W4K32S4 单片机内部设有几个定时/计数器？它们是由哪些专用寄存器组成的？

2. STC15W4K32S4 单片机的定时/计数器有哪几种操作模式？各有什么特点？

3. 定时/计数器用作定时时，其定时时间与哪些因素有关?作计数器时，对外界计数脉冲频率有何限制？

4. 设 STC15W4K32S4 单片机的 fosc=6MHz，定时器处于不同工作模式时，最大定时范围分别是多少？

5. 利用 STC15W4K32S4 的 T0 计数，每计 10 个脉冲，P1.0 取反一次，用查询和中断两种方式编程。

6. 在 P1.0 引脚接一驱动放大电路驱动扬声器，利用 T1 产生 1kHz 的音频信号从扬声器输出，设 fosc=12MHz。

7. 设系统时钟频率 6MHz，试用定时器 T0 作为外部计数器，编程实现 T0 每计到 1000 个脉冲后，使 T1 定时 2ms，之后，T0 又开始计数，这样反复循环不止。

8. 利用 STC15W4K32S4 单片机定时器 T0 测量某正单脉冲宽度，已知此脉冲宽度小于

10ms，系统时钟频率为 12MHz。编程测量脉宽，并把结果转换为 BCD 码顺序存放在片内 RAM 50H 单元为首地址的内存单元中(50H 单元存个位)。

9. 电子时钟系统若要求显示格式为"××.××.××."，应如何修改程序?

10. T0、T1、T2 定时器/计数器都可以编程输出时钟，简述如何设置且从何端口输出时钟信号。

11. T0、T1、T2 定时器/计数器都可以编程输出时钟是如何计算的?

12. 如不使用可编程时钟，建议关闭可编程时钟输出，请问为什么?

第8章　单片机串行口及应用

学习要点：本章介绍 STC15W4K32S4 系列单片机异步串行通信接口的工作原理及串行通信的实现方法。

知识目标：了解单片机异步串行通信接口的基本结构，理解单片机异步串行通信接口的基本工作原理，掌握单片机异步串行通信接口的应用，包括硬件电路及软件编程。

串行通信是计算机与外界交换信息的一种基本通信方式，优点是使用较少的传输线即可完成数据传输，STC15W4K32S4 单片机有四个高速异步串行通信接口，可以实现单片机之间或单片机与 PC 机间的通信。

STC15W4K32S4 单片机中的串行口是全双工通信接口，即能同时进行发送和接收，主要由两个数据缓冲器、一个输入移位寄存器、一个串行控制寄存器和一个波特率发生器等组成，其帧格式和波特率可通过软件编程设置，在使用上非常方便灵活。

8.1　串行口 1 工作原理

8.1.1　串行口 1 的结构

STC15W4K32S4 单片机的串行口 1 主要由两个数据缓冲器、一个输入移位寄存器、一个串行控制寄存器 SCON 和一个波特率发生器 T1/T2 等组成，其结构框图如图 8-1 所示。

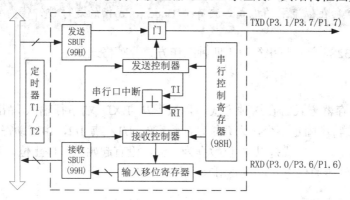

图 8-1　串行口结构框图

串行口 1 数据缓冲器 SBUF 是可以直接寻址的专用寄存器。在物理上，一个作发送缓冲器，一个作接收缓冲器。两个缓冲器共用一个口地址 99H，由读写信号区分，CPU 写 SBUF 时为发送缓冲器，读 SBUF 时为接收缓冲器。接收缓冲器是双缓冲的，它是为了避免在接收下一帧数据之前，CPU 未能及时响应接收器的中断把上帧数据读走，从而产生两帧数据重叠而设置的双缓冲结构。对于发送缓冲器，为了保持最大传输速率，一般不需要双缓冲，这是因为发送时 CPU 是主动的，不会产生写重叠的问题。

8.1.2 串行口 1 通信过程

1. 接收数据的过程

在进行通信时，当 CPU 允许接收时，外界数据通过引脚 RXD 串行输入，数据的最低位首先进入输入移位寄存器，一帧数据接收完毕，则并行送入缓冲器 SBUF 中，同时将接收中断标志 RI 置位，向 CPU 发出中断请求。CPU 响应中断后，用软件将 RI 位清除，同时读走输入的数据。接着又开始下一帧数据的输入过程，重复直至所有数据接收完毕。

2. 发送数据的过程

CPU 要发送数据时，便将数据并行写入发送缓冲器 SBUF 中，数据由 TXD 引脚串行发送，当一帧数据发送完毕即发送缓冲器空时，由硬件自动将发送中断标志位 TI 置位，向 CPU 发出中断请求。CPU 响应中断后，用软件将 TI 位清除，同时又将下一帧数据写入SBUF 中，重复上述过程直到所有数据发送完毕。

8.1.3 串行口 1 工作方式

STC15W4K32S4 单片机串行口 1 可以通过软件设置四种工作方式，各种工作方式的数据格式均有所不同。STC15W4K32S4 单片机串行口 1 四种工作方式与老版本的 51 系列单片机兼容。

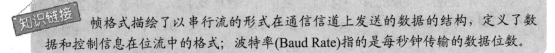

知识链接　　帧格式描绘了以串行流的形式在通信信道上发送的数据的结构，定义了数据和控制信息在位流中的格式；波特率(Baud Rate)指的是每秒钟传输的数据位数。

STC15W4K32S4 单片机串行口 1 四种工作方式及帧格式如下。

1. 方式 0

同步移位寄存器方式。在这种方式下，数据从 RXD 端串行输入/输出，同步信号从TXD 端输出，波特率固定不变，为系统时钟频率的 1/12 或 1/2，由辅助寄存器 AUXR 的UART_M0x6 确定。该方式是以 8 位数据为一帧，没有起始位和停止位，先发送或接收最低位。这是一种同步通信方式，主要用来扩展 I/O 口。

2. 方式 1

异步通信方式，帧格式为 10 位：1 个起始位、8 个数据位、1 个停止位，波特率可以通过 T1 或 T2 改变。该方式特别适合于点对点的异步通信。

3. 方式 2

异步通信方式，帧格式为 11 位：1 个起始位、9 个数据位、1 个停止位，波特率为系统时钟频率的 1/64 或 1/32，可由 PCON 的最高位选择。第 9 位数据即 D8 位具有特别的用途，可以通过软件来控制它，再加特殊功能寄存器 SCON 中的 SM2 位的配合，可使 STC15W4K32S4 单片机串行口 1 适用于多机通信。

4. 方式 3

方式 3 与方式 2 完全类似，唯一的区别是方式 3 的波特率是可以通过 T1 或 T2 改变的。

8.1.4　与串行口 1 有关的特殊功能寄存器

STC15W4K32S4 串行口 1 的工作方式选择、中断、可编程位的设置、波特率等是通过相关特殊功能寄存器来控制的，与串行口 1 有关的特殊功能寄存器如表 8-1 所示。

表 8-1　与串行口 1 有关的特殊功能寄存器(位)

符号	描述	地址	位地址及符号								复位值
			B7	B6	B5	B4	B3	B2	B1	B0	
SCON	Serial Control	98H	SM0/FE	SM1	SM2	REN	TB8	RB8	TI	RI	0000 0000b
SBUF	Serial Buffer	99H									xxxx xxxxb
IE	Interrupt Enable	A8H	EA			ES					0000 0000b
IP	Interrupt Priority	B8H				PS					0000 0000b
TCON	Timer Control	88H	TF1	TR1							0000 0000b
TMOD	Timer Mode	89H	GATE	C/$\overline{\text{T}}$	M1	M0					0000 0000b
TL1	Timer Low 1	8BH									0000 0000b
TH1	Timer High 1	8DH									0000 0000b
AUXR	辅助寄存器	8EH		T1x12	UART_M0x6	T2R	T2_C/T	T2x12		S1ST2	0000 0000b
T2H	Timer High 2	D6H									0000 0000b
T2L	Timer Low 2	D7H									0000 0000b
PCON	Power Control	87H	SMOD	SMOD0							0011 0000b
SADEN	Slave Address Mask	B9H									0000 0000b
SADDR	Slave Address	A9H									0000 0000b
AUXR1	辅助寄存器 1	A2H	S1_S1	S1_S0							0000 0000b
CLK_DIV	时钟分频寄存器	97H				TX_RX					0000 0000b

1. 电源控制寄存器 PCON

PCON 是电源控制寄存器，字节地址为 87H，不可位寻址，PCON 与串行口 1 位名称如表 8-2 所示。

表 8-2　PCON 结构及位名称表

位　号	PCON.7	PCON.6	PCON.5	PCON.4	PCON.3	PCON.2	PCON.1	PCON.0
位名称	SMOD	SMOD0	…	…	…	…	…	…

①　SMOD：串行口 1 波特率增倍控制位。

1——工作方式 1、2、3 的波特率加倍；

0——工作方式 1、2、3 的波特率不加倍。

例如在工作方式 2 下，若 SMOD=0 时，则波特率为 fosc/64；当 SMOD=1 时，波特率为 fosc/32，增大一倍。系统复位时，SMOD 位为 0。

② SMOD0：帧错误检测有效控制位。

1——SCON 中的 SM0/FE 用于 FE(帧错误检测)功能；

0——SCON 中的 SM0/FE 用于 SM0 功能，与 SM1 一起指定串行口 1 的工作方式。

系统复位时，SMOD0 位为 0。

2. 串行口 1 控制寄存器 SCON

SCON 是串行口 1 控制寄存器，字节地址为 98H，可位寻址。SCON 结构及位名称、位地址如表 8-3 所示。

表 8-3　SCON 结构及位名称、位地址表

位　号	SCON.7	SCON.6	SCON.5	SCON.4	SCON.3	SCON.2	SCON.1	SCON.0
位名称	SM0/FE	SM1	SM2	REN	TB8	RB8	TI	RI
位地址	8FH	8EH	8DH	8CH	8BH	8AH	89H	88H

① SM0/FE：当 PCON 中的 SMOD0=1 时，SM0/FE 用于 FE(帧错误检测)功能；当 SMOD0=0 时，SCON 中的 SM0/FE 用于 SM0 功能，与 SM1 一起指定串行口 1 的工作方式。

② SM0、SM1：串行口 1 工作方式选择位，对应于 4 种工作方式，如表 8-4 所示。

表 8-4　串行口工作方式及功能表

SM0 SM1	工作方式	帧格式及功能	波　特　率
0　0	0	8 位同步移位寄存器	当 UART_M0×6=0 时，fosc/12 当 UART_M0×6=1 时，fosc/2
0　1	1	10 位 UART	可编程
1　0	2	11 位 UART	$2^{SMOD} \times fosc/64$
1　1	3	11 位 UART	可编程

③ REN：允许接收控制位。

1——允许串行口接收数据；

0——禁止串行口接收数据。

④ SM2、TR8、RB8：多机通信控制位。

在方式 0、1 下，SM2 应设置为 0，不用 TB8 和 RB8 位。

在方式 2、3 下，TB8 是发送的第 9 位(D8)数据，可用软件置 1 或清 0；RB8 是接收到的第 9 位(D8)数据。

在方式 2 或方式 3 时，若 SM2=1 且 REN=1，则接收机处于地址帧筛选状态，当 RB8=1，则该帧为地址帧，进行地址筛选，若与本机地址相符，则 RI 置 1，否则 RI 不置 1；若 SM2=0 且 REN=1，则接收机处于地址帧筛选禁止状态，不管收到的 RB8 是 1 还是 0，数据进入 SBUF，RI 均置 1，RB8 通常作为奇偶校验位。此方式主要用于多机通信，主机发送地址时将 TB8 置 1，主机发送数据时将 TB8 清零。

⑤ TI：发送中断标志。在方式 0 中，发送完 8 位数据后，由硬件置 1；在其他方式

中，在发送停止位之初，由硬件置 1。TI 置 1 后可向 CPU 申请中断。任何工作方式，TI 都必须用软件来清零。

⑥ RI：接收中断标志。在方式 0 中，接收完 8 位数据后，由硬件置 1；在其他方式中，在接收停止位的一半时由硬件将 RI 置 1(还应考虑 SM2 的设定)。RI 置 1 后可向 CPU 申请中断。任何工作方式中，RI 都必须用软件来清零。

知识链接 奇偶校验(Parity Check)是一种校验代码传输正确性的方法。根据被传输的一组二进制代码的数位中 1 的个数是奇数或偶数来进行校验。采用奇数的称为奇校验，反之，称为偶校验。采用何种校验是事先规定好的。通常专门设置一个奇偶校验位，用它使这组代码中 1 的个数为奇数或偶数。若用奇校验，则当接收端收到这组代码时，校验 1 的个数是否为奇数，从而确定传输代码的正确性。

3. 辅助寄存器 AUXR

AUXR 是辅助寄存器，字节地址为 8EH，不可位寻址，AUXR 结构及位名称如表 8-5 所示。

表 8-5 AUXR 结构及位名称表

位号	AUXR.7	AUXR.6	AUXR.5	AUXR.4	AUXR.3	AUXR.2	AUXR.1	AUXR.0
位名称		T1×12	UART_MOx6	T2R	T2_C/T	T2×12	…	S1ST2

① T1×12：定时器 1 速度控制位。

0——定时器 1 计数频率为 fosc/12。

1——定时器 1 计数频率为 fosc。

② UART_MOx6：串行口 1 工作方式 0 通信速度控制位。

0——串行口 1 工作方式 0 通信速度=fosc/12。

1——串行口 1 工作方式 0 通信速度=fosc/2。

③ T2R：定时器 2 允许控制位。

0——不允许定时器 2 运行。

1——允许定时器 2 运行。

④ T2_C/T：定时器 2 工作方式控制位。

0——定时器工作方式。

1——计数器工作方式。

⑤ T2×12：定时器 2 速度控制位。

0——定时器 2 计数频率为 fosc/12。

1——定时器 2 计数频率为 fosc。

⑥ S1ST2：串行口 1 波特率发生器选择位。

0——选择 T1 作为串行口 1 波特率发生器。

1——选择 T2 作为串行口 1 波特率发生器。

4. AUXR1：辅助寄存器 1

AUXR1 是辅助寄存器 1，字节地址为 A2H，不可位寻址，AUXR1 结构及位名称如表 8-6 所示。

表 8-6　AUXR1 结构及位名称表

位号	AUXR1.7	AUXR1.6	AUXR1.5	AUXR1.4	AUXR1.3	AUXR1.2	AUXR1.1	AUXR1.0
位名称	S1_S1	S1_S0						

S1_S1、S1_S0：串行口 1 输出端口选择位，对应于 4 种选择，如表 8-7 所示。

表 8-7　串行口 1 输出端口选择表

S1_S1	S1_S0	串行口 1 输出端口
0	0	RXD：P3.0；TXD：P3.1
0	1	RXD：P3.6；TXD：P3.7
1	0	RXD：P1.6；TXD：P1.7
1	1	无效

5. 时钟分频寄存器 CLK_DIV

CLK_DIV 是时钟分频寄存器，字节地址为 97H，不可位寻址，CLK_DIV 结构及位名称如表 8-8 所示。

表 8-8　CLK_DIV 结构及位名称表

位号	CLK_DIV.7	CLK_DIV.6	CLK_DIV.5	CLK_DIV.4	CLK_DIV.3	CLK_DIV.2	CLK_DIV.1	CLK_DIV.0
位名称				Tx_Rx				

Tx_Rx：串行口 1 中继广播方式控制位。

0——串行口 1 为正常工作方式，即 TXD 为发送，RXD 为接收；

1——串行口 1 为中继广播方式，即 RXD 接收的信号由硬件同步传送到 TXD 发送。

8.1.5　串行通信协议

通信要涉及通信各方，因此，设计通信软、硬件之前，通信各方必须有约定，或称通信协议。通信协议通常包括下列几项内容。

1. 通信标准选择

通信标准决定了硬件接口，经常采用的通信标准有 RS-232C、RS-485 等，主要由通信环境决定。

2. 通信方式选择

这也是按通信任务来选定的。

3. 通信软件约定

要实现通信还必须编写通信程序，编写程序应遵守软件约定如下。

① 发送方：应知道什么时候发送信息、内容，对方是否收到、收到的内容有无错误、要不要重发、怎样通知对方发送结束等。

② 接收方：应知道对方是否发送了信息、发的是什么、收到的信息是否有错、如果有错怎样通知对方重发、怎样判断结束等。

> **知识链接**
>
> RS-232C 标准(协议)的全称是 EIA-RS-232C 标准，其中 EIA(Electronic Industry Association)代表美国电子工业协会，RS(Recommended standard)代表推荐标准，232 是标识号，C 代表 RS-232 的最新一次修改(1969)，它规定了连接电缆和机械、电气特性、信号功能及传送过程。采用 RS-232C 标准的最大传输速率为 20Kb/s，线缆最长为 15m，逻辑 1(MARK)=-3～-15V，逻辑 0(SPACE)=+3～+15V。
>
> RS-485 又名 TIA-485-A、ANSI/TIA/EIA-485 或 TIA/EIA-485，是一个定义平衡数字多点系统中的驱动器和接收器的电气特性的标准，线缆最长可达 1.5km。

8.1.6 波特率的设置

STC15W4K32S4 单片机串行口 1 可以通过编程选择 4 种工作方式，各种工作方式下其波特率的设置均有所不同。

1. 方式 0 的波特率

工作方式 0 的波特率受辅助寄存器 AUXR 中 UART_MOx6 位控制，UART_MOx6=0，12T 发送或接收一位数据，因此波特率为 fosc/12；UART_MOx6=1，2T 发送或接收一位数据，因此波特率为 fosc/2。工作方式 0 的波特率不受 PCON 中 SMOD 位的控制。

2. 方式 2 的波特率

工作方式 2 的波特率要受 PCON 中 SMOD 位的控制，SMOD=0 时，波特率为 fosc/64；SMOD=1 时，波特率为 fosc/32。方式 2 的波特率可用下式表示：

$$波特率 = 2^{SMOD} \times fosc/64$$

3. 方式 1 和方式 3 的波特率

工作方式 1 和方式 3 的波特率由定时器 T1 或 T2 的溢出率与 SMOD 位同时控制。

波特率发生器由 AUXR 中 S1ST2 位选择：S1ST2=0，选择 T1 作为串行口 1 波特率发生器；S1ST2=1，选择 T2 作为串行口 1 波特率发生器。

若选择 T2 或 T1 作为串行口 1 波特率发生器，但 T1 为工作模式 0，此时，波特率与 PCON 中 SMOD 位无关，则：

$$工作方式 1 和方式 3 的波特率 = T1 或 T2 溢出率/4$$

若选择 T1 作为串行口 1 波特率发生器而 T1 为工作模式 2，则其波特率可用下式表示：

$$工作方式 1 和方式 3 的波特率 = T1 溢出率 \times 2^{SMOD}/32$$

不管选用 T1 还是 T2 作为波特率发生器，都将其设置为定时方式，且不使用中断。

定时器的溢出率与其定时时间互为倒数关系，即：

$$溢出率=1/定时时间$$

定时时间是由系统时钟频率、工作模式和计数初值 X 决定的，即：

$$X=2^M-定时时间/(12^{1-Ti×12}/fosc)=2^M-fosc/(溢出率×12^{1-Ti×12})$$

式中，i 为 1 或 2。

从而得到计数初值与波特率的关系如下。

① 选择 T2 作为串行口 1 波特率发生器，T2 定时器计数初值为：

$$X=2^{16}-fosc/(4×波特率×12^{1-T2×12})$$

② 选择 T1 作为串行口 1 波特率发生器，T1 为工作模式 0，T1 计数初值为：

$$X=2^{16}-fosc/(4×波特率×12^{1-T1×12})$$

③ 选择 T1 作为串行口 1 波特率发生器，T1 为工作模式 2，T1 计数初值为：

$$X=2^8-fosc×2^{SMOD}/(32×波特率×12^{1-T1×12})$$

【例 8-1】 选用 T1 作波特率发生器，定时方式，工作模式 2，波特率为 2400 波特。已知 fosc=11.0592MHz，求计数初值 X。

解： 设波特率控制位 SMOD=0(不增倍)，T1×12=0(12T 模式)：

$$X=2^8-11.0592×10^6×2^0/(32×2400×12^1)=244=F4H$$

T1 的初始化程序为：

```
MOV     TMOD, #20H
MOV     TH1, #0F4H
MOV     TL1, #0F4H
SETB    TR1
```

8.2 串行口 1 工作方式 1 的应用

8.2.1 串行口 1 工作方式 1 的工作过程

当串行口 1 定义为方式 1 时，可作为异步通信接口，一帧为 10 位：1 个起始位、8 个数据位、1 个停止位。波特率可以改变，由 SMOD 位和 T1 或 T2 的溢出率决定。

1. 工作方式 1 发送过程

任何一条"写入 SBUF"指令，都可启动一次发送，系统自动添加一个起始位 0 向 TXD 端输出。此后每经过一个移位脉冲，由 TXD 输出一个数据位，当 8 位数据全部送完后，使 TI 置 1，可申请中断，同时置 TXD=1 作为停止位。

2. 工作方式 1 接收过程

当将 REN 位置 1 后接收过程开始，每经过一个移位脉冲采样 RXD 一次，一旦采样到 RXD 由 1 至 0 的负跳变且起始位有效，则开始接收这帧数据中的其他位并逐位由右边移入移位寄存器中。在接收到一帧数据时，如果同时满足以下两个条件。

① RI=0，即上一帧数据接收完成后发出的中断请求已被响应，SUBF 中的数据已被

取走。

② 接收到的停止位为 1。

将移位寄存器上的数据装入 SBUF，将停止位送入 RB8 并置位 RI；否则，所接收的数据帧就会丢失，不再恢复。

此后，接收控制器又将重新再采样测试 RXD 出现的负跳变，以接收下一帧数据。

8.2.2 单片机间点对点通信

串行口工作方式 1 适用于点对点的异步通信。假若通信双方距离很短(一般不超过 1 米)，则可以选用三线制连接方式将两者直接相连。

① TXD1——RXD2。

② RXD1——TXD2。

③ GND1——GND2。

因连线只有三条，称作三线制连接方式。

要实现双方的通信，还必须按协议编写双方的通信程序。

8.2.3 RS-232 接口技术

1. RS-232C 总线标准

当通信双方相距较远时，则不能采用 TTL 的三线连接方式，而应采用一种新的接口，RS-232C 接口标准适用于 15m 之内的应用场合，若相距更远，则可采用 RS-422、RS-423 或 RS-485 等接口标准。

RS-232C 接口标准的逻辑电平和 CMOS 电平、TTL 电平完全不同。其逻辑 0 电平为+3～+15V，逻辑 1 电平为-3～-15V。所以采用 RS-232C 接口标准时，必须用 MC1488、MC1489、MAX232 或 ICI232 芯片进行信号电平转换，其中 MAX232 对外围电路要求较低，使用范围较广泛。

2. MAX232

MAX232 是双通道 RS-232 驱动器/接收器，实现 TTL/CMOS 电平与 RS-232 电平的转换，+5V 单电源供电，其结构框图如图 8-2 所示。

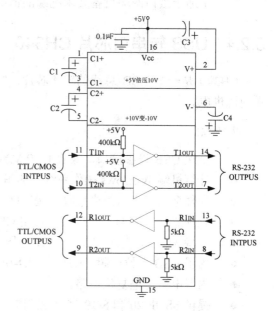

图 8-2 MAX232 结构框图

若选用 MAX232，则 C1～C4 取 1μF；选用 MAX232A，则 C1～C4 取 0.1μF。

3. RS-232C 标准信号定义

RS-232C 标准规定设备间使用带 D 形 25 针连接器的电缆通信，一般都使用 9 针 D 形连接器。RS-232C 连接器主要信号如表 8-9 所示。

表 8-9　RS-232C 连接器主要信号表

信　号	符　号	25 芯连接器引脚号	9 芯连接器引脚号
请求发送	RTS	4	7
清除发送	CTS	5	8
数据设备准备好	DSR	6	6
数据载波检测	DCD	8	1
数据终端准备好	DTR	20	4
发送数据	TXD	2	3
接收数据	RXD	3	2
信号地	GND	7	5

4. RS-232C 标准特点

① RS-232C 标准为电压型负逻辑总线标准 detection。

② 常用波特率有 300Kb/s、600Kb/s、1200Kb/s、2400Kb/s、4800Kb/s、9600Kb/s、19.2Kb/s，最高为 19.2Kb/s。

③ 在不增加其他设备的情况下，电缆长度应小于 15m。

④ 不适于接口两端设备要求绝缘的情况。

8.2.4　USB 转串口芯片 CH340

CH340 是一个 USB 总线的转接芯片，实现 TTL/CMOS 电平与 USB 口电平的转换，单电源供电。

1. 特点

- 全速 USB 设备接口，兼容 USB V2.0，外围元器件只需要晶振和电容。
- 计算机端 Windows 操作系统下的串口应用程序完全兼容，无须修改。
- 硬件全双工串口，内置收发缓冲区，支持通信波特率 50b/s～2Mb/s。
- 软件兼容 CH341，可以直接使用 CH341 的驱动程序。
- 支持 5V 电源电压和 3.3V 电源电压。
- 内置 USB 上拉电阻，UD+和 UD-引脚直接连接到 USB 总线上。
- 内置电源上电复位电路。
- 提供 SSOP-20 和 SOP-16 无铅封装，兼容 RoHS。

2. 封装

CH340G 为 SOP-16 无铅封装，如图 8-3 所示。

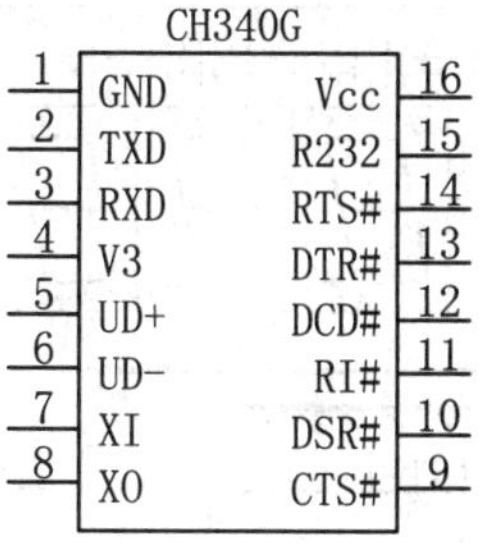

图 8-3　CH340G 封装图

3. 引脚

CH340G 引脚及功能说明如表 8-10 所示。

表 8-10　CH340G 引脚功能表

引脚号	引脚名称	类　型	引脚说明
1	GND	电源	公共地
2	TXD	输出	串行数据输出
3	RXD	输入	串行数据输入
4	V3	电源	3.3V 电源时接 V_{cc}；5V 电源时接 0.01μF 电容
5	UD+	USB 信号	连接 USB 总线的 UD+ 数据线
6	UD-	USB 信号	连接 USB 总线的 UD- 数据线
7	XI	输入	外接晶振和 33pF 电容
8	XO	输出	外接晶振和 33pF 电容
9～15	略		
16	Vcc	电源	电源正极，5V 或 3.3V

8.2.5　应用项目 8：单片机与 PC 点对点通信

1. 性能要求

利用单片机串行接口与 PC 进行异步通信，实现电子钟送初值功能。电子钟初值格式：时(2 位)、分(2 位)、秒(2 位)。

通信协议：9600 波特率、8 位数据、1 位起始、1 位停止、无校验位。

2. 硬件电路

PC 串行通信接口有 RS-232C 标准接口、USB 标准接口，单片机串行口为 TTL 电平，需要电平转换，单片机可以通过 MAX232 芯片与 PC RS-232C 标准串口对接，也可以通过 CH340G 芯片与 PC USB 口对接，实现点对点串行通信。采用 MAX232 芯片的电路如图 8-4 所示；采用 CH340G 芯片的电路如图 8-5 所示。

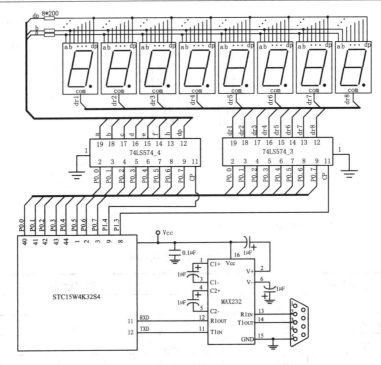

图 8-4　单片机与 PC RS-232 串行通信电路图

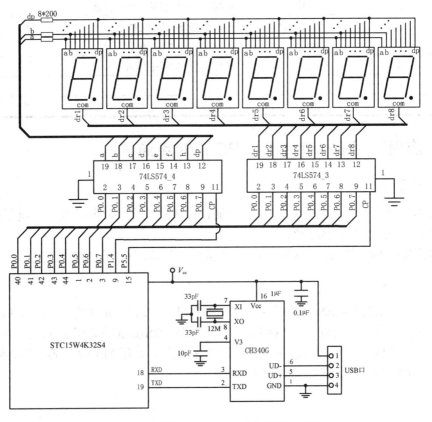

图 8-5　单片机与 PC USB 串行通信电路图

本项目采用如图 8-5 所示电路。

3. 应用程序设计

编程分析　由项目功能要求及图 8-5 所示电路图知，该项目的显示电路同"电子时钟"项目；新添加的功能是将"键盘电路"更换为串口通信电路实现电子时钟初值设定。

1) 点对点串行通信编程要点

① 根据通信协议设定串口(串口 1 工作方式 1、允许接收)及波特率(采用定时器 T2 为波特率发生器，12T 模式)。

② 编写串口通信程序，将接收初值送 Databuf[i]，接收完毕，"查段码"送 LEDBuf[i]，并调用 DisplayLED()显示出来。

③ 串口为接收中断，串口通信程序中要关闭中断；每接收一帧数据要用指令清除 RI。

2) 单片机与 PC 点对点通信程序流程图

单片机与 PC 点对点通信程序流程图如图 8-6 所示。

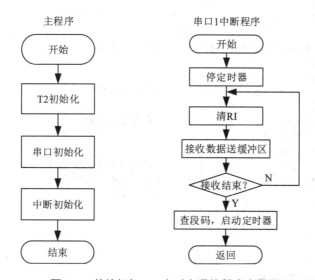

图 8-6　单片机与 PC 点对点通信程序流程图

3) 单片机与 PC 点对点通信应用程序(仅限通信部分)

根据通信协议，单片机与 PC 点对点通信，帧格式为 8 位数据、1 位起始、1 位停止、无校验位，选择工作方式 1，串行口采用中断方式，系统时钟为 11.0592MHz，波特率为 9600。

选用 T2 为波特率发生器，设 T2×12=0，则 T2 定时初值：

$$X=2^{16}-\text{fosc}/(4\times\text{波特率}\times12)=65512=\text{FFE8H}$$

① 汇编语言源程序(T8_0.asm)如下：

```
org     0
ljmp start
org  23h                  ;串行口中断入口地址
ljmp sio
```

```
start:                              ;主程序
      mov   auxr, #11h              ;T2为波特率发生器,启动T2
      mov   t2h, # 0ffh             ;T2赋初值
      mov   t2l, # 0e8h
      mov   scon, #50h              ;串行口工作方式1,允许接收
      mov   ie, #10010000b          ;开CPU中断和串行口中断
loop: lcall   displayled            ;调用显示
      ljmp loop
sio:                                ;串行口中断服务程序
      push Acc                      ;现场保护
      push 0
      push 1
      push 2
      clr  ri                       ;清接收标志
      clr      ea                   ;关中断
      mov      r0,#databuf          ;databuf首地址
      mov      a,sbuf               ;保存接收数据
      mov      @r0,a
      mov  r6,#5                    ;接收6个字符,已接收1个
slop: jnb ri,$                      ;等待接收剩余5个字符
      clr  ri
      inc  r0
      mov  a,r0
      cjne a,#databuf+2,slop1       ;跳过"空格"
      inc  r0
      ljmp slop2
slop1: cjne    a,#databuf+5,slop2   ;跳过"空格"
      inc  r0
slop2: mov a,SBUF                   ;保存接收数据
      mov      @r0,a
      djnz r6,slop
      lcall    seg                  ;查段码函数,详见例3-22
      setb ea                       ;发送结束,开中断
      pop  2                        ;恢复现场
      pop  1
      pop  0
      pop  Acc
      reti
```

② C51 语言源程序如下(T8_0.c):

```
#include <stc15.h>            //定义STC15F2K60S2的SFR
#include <IO_init.h>          //IO口初始化
#include <display.h>          //数码管显示
#include <T4_clk.h>           //定时器T4
void main()
{                             //初始化:
    IO_init();
    T4_init();
    T2H =0xff;                //T2为波特率发生器,9600
    T2L =0xe8;
    AUXR =0x11;               //启动T2
    SCON=0x50;                //串行口工作方式1、允许接收
    ES=1;                     //开放串行口中断
    while (1)                 //while循环
    {
```

```
        DisplayLED();
    }
}
void sio1()interrupt 4            //串行口1中断函数，中断号为4
  { unsigned char n=0;
    EA=0;
    RI=0;
    Databuf[n]=SBUF;
    n++;
    while(n<8)
    {
     if((n==2)||(n==5))
     {n++;}
     while(RI==0)
     ;
     Databuf[n]=SBUF;
     n++;
     RI=0;
    }
    EA=1;
    seg();
}
```

注意：上位机通信程序可采用 STC-ISP 中的"串行助手"。

4. 单片机与 PC 点对点通信操作流程单

(1)　实验电路板已焊接好。

(2)　编译应用程序。

①　运行 Keil 仿真平台。

②　新建并设置项目"单片机与 PC 点对点通信"。

③　新建并编辑应用程序 T8_0.asm 或 T8_0.c。

④　将应用程序 T8_0.asm 或 T8_0.c 添加到项目"单片机与 PC 点对点通信"中。

⑤　编译应用程序生成代码文件"单片机与 PC 机点对点通信.hex"。

(3)　下载应用程序代码。

①　运行 ISP 下载程序。

②　正确选择 CPU 型号。要求：与电路板一致。

③　连接电路板与计算机，正确选择通信端口。注意：安装 CH340 驱动程序。

④　正确设置硬件选项。要求：选择使用内部 IRC 时钟，频率为 11.0592MHz。

⑤　打开程序文件"单片机与 PC 点对点通信.hex"。

⑥　单击"下载"按钮，按一下电路板上的"程序下载"按键。注意：STC 单片机下载程序代码时要求"冷启动"，按下"程序下载"按键对单片机断电，松开"程序下载"按键对单片机上电。

⑦　观察 ISP 下载界面，等待下载完成。

(4)　在 STC-ISP 界面中打开"串口助手"窗口。

①　正确选择"串口"并打开；

②　按照通信协议，正确设置"波特率""校验位"和"停止位"；

③ 按"十六进制"格式在发送缓冲区中输入初值，初值间用逗号或空格隔开；单击"发送数据"按钮。

（5）观察运行结果并记录。

（6）得出结论。

8.3 串行口 1 工作方式 2、3 的应用

8.3.1 串行口 1 工作方式 2、3 的工作过程

串行口 1 方式 2 和方式 3 除了波特率规定不同之外，其他的性能完全一样，都是 11 位的帧格式。方式 2 的波特率只有 fosc/32 和 fosc/64 两种，而方式 3 的波特率是可设定的。

1. 发送数据

任何一条"写入 SBUF"指令，都可启动一次发送。在发送过程中，先自动添加一位起始位 0 送入 TXD，然后每经过一个波特率移位脉冲，由 TXD 输出一个数据位。当 8 个数据位发送完后，便把 TB8 的内容作为第 9 位数据发送。发送完毕，置位 TI，并置 TXD=1 作为停止位，一帧数据发送结束。

2. 接收数据

当将 REN 位置 1 后接收过程开始，每经过一个移位脉冲采样 RXD 一次，一旦采样到 RXD 由 1 至 0 的负跳变且起始位有效，则开始接收这帧数据中的其他位并逐位由右边移入移位寄存器中，接收到的第 9 位数据则送入 RB8 中。在接收到一帧数据时，如果同时满足以下 2 个条件：①RI=0，即上一帧数据接收完成后发出的中断请求已被响应，SUBF 中的数据已被取走。②SM2=0 或接收到的第 9 位数据(RB8)为 1。将移位寄存器上的数据装入 SBUF，并置位 RI；否则，所接收的数据帧就会丢失，不再恢复，也不置位 RI。

由于方式 2 和方式 3 中进入 RB8 的是第 9 位数，而不是停止位，利用这一个特点可实现多机通信。

3. 串行口 1 的自动地址识别

自动地址识别功能主要应用在多机通信中，从机通过 SADEN(地址掩膜寄存器)和 SADDR(地址寄存器)对主机发送的数据流中的地址信息进行过滤，当主机发送的从机地址信息与从机设置的地址信息相匹配时，硬件产生中断；否则硬件自动丢弃串口数据。

使用串行口 1 的自动地址识别功能的条件如下。

（1）主机和从机工件方式同时为方式 2 或方式 3。

（2）主机发送地址帧时，将 TB8 置 1，即发送的第九位数据为 1。

（3）从机的 SM2 位置 1。

（4）从机的 SADDR(地址寄存器)中保存从机地址；从机的 SADEN(地址掩膜寄存器)保存从机地址屏蔽位，用于设置从机地址中的忽略位。

例如：

　　　　SADDR=10111101

　　　　SADEN=11000011

则匹配地址为 10xxxx01。

再如：

　　　　SADDR=10111101

　　　　SADEN=11110000

则匹配地址为 1011xxxx。

8.3.2　主从式总线

主从式或叫广播式通信总线如图 8-7 所示。所谓主从式，即在多台计算机中有一台是主机，其余的为从机，从机要服从主机的调度、支配。

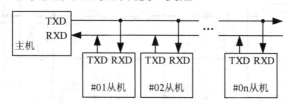

图 8-7　主从式通信总线

STC15W4K32S4 单片机串行口 1 的工作方式 2、方式 3 实现主从式多机通信，关键在于 SM2 位和接收到的第 9 个数据位(接收后放在 RB8 中)的配合：主机向从机发送地址信息，其第 9 位数据必须为 1；而向从机发送数据信息及命令时，其第 9 位数据规定为 0。

过程如下。

①　通信开始，从机处于允许接收状态，并使 SM2=1，SADDR 中保存从机地址，SADEN 中保存从机地址屏蔽位。

②　从机收到地址信息后进行识别，即判断主机是否呼叫本站，如果确认呼叫本站，使 SM2=0，同时把本站地址发回主机作为应答；其他从机由于地址不符，继续保持 SM2=1 及接收状态。

③　主机收到从机的应答信号，比较收与发的地址是否相符，如果地址相符，则清除 TB8，正式开始发送数据和命令，从机正式开始接收数据和命令。

④　主机收到从机的应答信号，比较收与发的地址是否相符，如果地址不符，则发出复位信号(例如：发任一数据，但 TB8=1)，从机收到复位命令后再次回到接收状态，并置 SM2=1。

8.3.3　RS-485 通信接口技术

主从式总线可采用 RS-232C、RS-422、RS-485 等标准，为提高网络的抗干扰性能和通信距离，多采用 RS-485 标准。

1. RS-485 标准

RS-485 标准实际上是 RS-422 标准的增强版本,它采用了平衡差分传输技术,大大提高了共模信号抑制比。RS-485 标准传输距离远,使用单电源供电,对传输线没有特殊要求。半双工转换芯片多采用 MAX485。

2. MAX485

MAX485 是用于 RS-485 标准接口的小功率收发器,+5V 单电源供电,内含一个发送驱动器和一个接收器,用双绞线将同名端相连并接上终端匹配电阻即构成网络,$\overline{\text{RE}}$=0 时接收;DE=1 时为发送。注意:网络节点数 n<128,通常取 32 个,若节点数太多,通信距离太远,为保证通信可靠,需加中继器。DIP 封装的 MAX485 引脚和应用连接如图 8-8 所示。

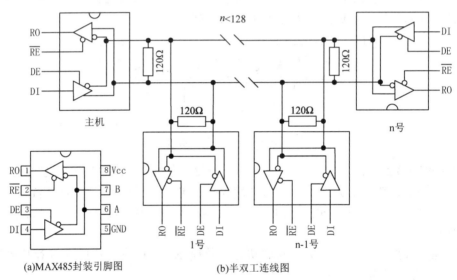

(a)MAX485封装引脚图　　　　(b)半双工连线图

图 8-8　MAX485 引脚和应用连接图

3. RS-485 标准特点

① 常用波特率有 32Mb/s、20Mb/s、12Mb/s、2.5Mb/s、9600b/s、4800b/s 等。

② 在不增加其他设备的情况下,电缆长度可达 1500m。

8.4　其他串行口及应用

8.4.1　串行口 2 及应用

1. 与串行口 2 有关的特殊功能寄存器

与串行口 2 有关的特殊功能寄存器如表 8-11 所示。

表 8-11　与串行口 2 有关的特殊功能寄存器(位)

符号	描述	地址	位地址及符号								复位值
			B7	B6	B5	B4	B3	B2	B1	B0	
S2CON	Serial Control register 2	9AH	S2SM0		S2SM2	S2REN	S2TB8	S2RB8	S2TI	S2RI	0100 0000b
S2BUF	Serial Buffer register 2	9BH									xxxx xxxxb
IE	Interrupt Enable	A8H	EA								0000 0000b
IE2	Interrupt Enable 2	AFH								ES2	x000 0000b
IP2	Interrupt Priority register 2	B5H								PS2	xxx0 0000b
AUXR	辅助寄存器	8EH				T2R	T2_C/T	T2x12			0000 0000b
T2H	Timer High 2	D6H									0000 0000b
T2L	Timer Low 2	D7H									0000 0000b
P_SW2	外部功能设备切换控制寄存器	BAH								S2_S	0000 x000b

1)　S2CON：串行口 2 控制寄存器

S2CON 是串行口 2 控制寄存器，字节地址为 9AH，不可位寻址。S2CON 结构及位名称、位地址如表 8-12 所示。

表 8-12　S2CON 结构及位名称、位地址表

位　号	S2CON.7	S2CON.6	S2CON.5	S2CON.4	S2CON.3	S2CON.2	S2CON.1	S2CON.0
位名称	S2SM0	—	S2SM2	S2REN	S2TB8	S2RB8	S2TI	S2RI

①　S2SM0：串行口 2 工作方式控制位，如表 8-13 所示。

表 8-13　串行口 2 工作方式及功能表

S2SM0	工作方式	帧格式及功能	波　特　率
0	0	10 位 UART	定时器 T2 溢出率/4
1	1	11 位 UART	定时器 T2 溢出率/4

②　S2REN：允许接收控制位。S2REN=1 时允许串行口 2 接收数据；S2REN=0 时禁止串行口 2 接收数据。

③　S2SM2、S2TR8、S2RB8：多机通信控制位。

在方式 0 下，S2SM2 应设置为 0，不用 S2TB8 和 S2RB8 位。

在方式 1 下，S2TB8 是发送的第 9 位(D8)数据，可用软件置 1 或清零；S2RB8 是接收到的第 9 位(D8)数据。

在方式 1 时，若 S2SM2=1 且 S2REN=1，则接收机接收地址帧，当 S2RB8=1，则该帧进入 S2SBUF，且 S2RI 置 1；若 S2SM2=0 且 S2REN=1，则不管收到的 S2RB8 是 1 还是 0，数据进入 S2SBUF，S2RI 均置 1，S2RB8 通常作为奇偶校验位。此方式主要用于多机通信，主机发送地址时将 S2TB8 置 1，主机发送数据时将 S2TB8 清零。

④　S2TI：发送中断标志。在发送停止位之初，由硬件置 1。S2TI 置 1 后可向 CPU 申请中断。任何工作方式，S2TI 都必须用软件来清零。

⑤　S2RI：接收中断标志。在接收停止位的一半时由硬件将 S2RI 置 1(还应考虑 S2SM2 的设定)。S2RI 置 1 后可向 CPU 申请中断。任何工作方式中，S2RI 都必须用软件来清零。

2) AUXR：辅助寄存器

AUXR 是辅助寄存器，字节地址为 8EH，不可位寻址，AUXR 与串行口 2 有关的位名称如表 8-14 所示。

表 8-14　AUXR 结构及位名称表

位号	AUXR.7	AUXR.6	AUXR.5	AUXR.4	AUXR.3	AUXR.2	AUXR.1	AUXR.0
位名称				T2R	T2_C/T	T2×12	…	

串行口 2 只能使用定时器 T2 作为波特率发生器，AUXR 中的 T2R、T2_C/T、T2×12 是定时器 T2 控制位。

3) 与串行口 2 有关的中断控制寄存器

与串行口 2 有关的中断控制寄存器有 IE、IE2 和 IP2，相关位名称如表 8-15 所示。

表 8-15　与串行口 2 有关的中断控制寄存器位名称表

寄存器	字节地址	B7	B6	B5	B4	B3	B2	B1	B0
IE	A8H	EA							
IE2	AFH								ES2
IP2	B5H								PS2

① EA：总中断控制位，EA=1，开放所有中断。

② ES2：串行口 2 中断允许位，ES2=1，允许串行口 2 中断。

③ PS2：串行口 2 中断优先级控制位，PS2=1，串行口 2 中断为高优先级。

注意：IE2 和 IP2 的字节地址分别为 AFH 和 B5H，不可位寻址，必须以字节操作。

4) 外部功能设备切换控制寄存器 P_SW2

P_SW2 是外部功能设备切换控制寄存器，字节地址为 BAH，不可位寻址，P_SW2.0/S2_S 为串行口 2 输出端口选择位，如表 8-16 所示。

表 8-16　串行口 2 输出端口选择表

S2_S	串行口 2 输出端口
0	RXD2：P1.0；TXD2：P1.1
1	RXD2：P4.6；TXD2：P4.7

2. 串行口 2 应用

串行口 2 可用作点对点通信或多机通信，将串行口 1 的点对点通信和多机通信实例移植到串行口 2 中即可。

8.4.2　串行口 3 及应用

1. 与串行口 3 有关的特殊功能寄存器

与串行口 3 有关的特殊功能寄存器如表 8-17 所示。

表 8-17 与串行口 3 有关的特殊功能寄存器(位)

符号	描 述	地址	B7	B6	B5	B4	B3	B2	B1	B0	复位值
						位地址及符号					
S3CON	Serial Control register 3	ACH	S3SM0	S3ST3	S3SM2	S3REN	S3TB8	S3RB8	S3TI	S3RI	0100 0000b
S2BUF	Serial Buffer register 3	ADH									xxxx xxxxb
IE	Interrupt Enable	A8H	EA								0000 0000b
IE2	Interrupt Enable 2	AFH					ES3				x000 0000b
AUXR	辅助寄存器	8EH				T2R	T2_C/T	T2x12			xxx0 0000b
T2H	Timer High 2	D6H									0000 0000b
T2L	Timer Low 2	D7H									0000 0000b
T4T3M	T4 和 T3 的控制寄存器	D1H					T3R	T3_C/T	T3x12		0000 0000b
T3H	Timer High 3	D4H									0000 0000b
T3L	Timer Low 3	D5H									0000 0000b
P_SW2	外部功能设备切换控制寄存器	BAH							S3_S		0000 x000b

1) S3CON：串行口 3 控制寄存器

S3CON 是串行口 3 控制寄存器，字节地址为 ACH，不可位寻址。S3CON 结构及位名称、位地址如表 8-18 所示。

表 8-18 S3CON 结构及位名称、位地址表

位号	S3CON.7	S3CON.6	S3CON.5	S3CON.4	S3CON.3	S3CON.2	S3CON.1	S3CON.0
位名称	S3SM0	S3ST3	S3SM2	S3REN	S3TB8	S3RB8	S3TI	S3RI

① S3SM0：串行口 3 工作方式控制位，如表 8-19 所示。

表 8-19 串行口 3 工作方式及功能表

S3SM0	工作方式	帧格式及功能	波 特 率
0	0	10 位 UART	定时器 T2 或 T3 溢出率/4
1	1	11 位 UART	定时器 T2 或 T3 溢出率/4

② S3ST3：串行口 3 波特率发生器选择位。

0——T2 作为波特率发生器；

1——T3 作为波特率发生器。

③ S3REN：允许接收控制位。

0——禁止串行口 3 接收数据；

1——允许串行口 3 接收数据。

④ S3SM2、S3TR8、S3RB8：多机通信控制位。

在方式 0 下，S3SM2 应设置为 0，不用 S3TB8 和 S3RB8 位。

在方式 1 下，S3TB8 是发送的第 9 位(D8)数据，可用软件置 1 或清零；S3RB8 是接收到的第 9 位(D8)数据。

在方式 1 时，若 S3SM2=1 且 S3REN=1，则接收机接收地址帧，当 S3RB8=1，则该帧进入 S3SBUF，且 S3RI 置 1；若 S3SM2=0 且 S3REN=1，则不管收到的 S3RB8 是 1 还是 0，数据进入 S3SBUF，S3RI 均置 1，S3RB8 通常作为奇偶校验位。此方式主要用于多机通信，主机发送地址时将 S3TB8 置 1，主机发送数据时将 S3TB8 清零。

⑤ S3TI：发送中断标志。在发送停止位之初，由硬件置 1。S3TI 置 1 后可向 CPU 申请中断。任何工作方式，S3TI 都必须用软件来清零。

⑥ S3RI：接收中断标志。在接收停止位的一半时由硬件将 S3RI 置 1(还应考虑 S3SM2 的设定)。S3RI 置 1 后可向 CPU 申请中断。任何工作方式中，S3RI 都必须用软件来清零。

2) AUXR：辅助寄存器

AUXR 是辅助寄存器，字节地址为 8EH，不可位寻址，AUXR 与串行口 3 有关的位名称如表 8-20 所示。

表 8-20 AUXR 结构及位名称表

位　号	AUXR.7	AUXR.6	AUXR.5	AUXR.4	AUXR.3	AUXR.2	AUXR.1	AUXR.0
位名称				T2R	T2_C/T	T2×12	…	

串行口 3 可以使用定时器 T2 或 T3 作为波特率发生器，AUXR 中的 T2R、T2_C/T、T2×12 是定时器 T2 控制位。

3) T4T3M：T4 和 T3 控制寄存器

T4T3M 是 T4 和 T3 控制寄存器，字节地址为 D1H，不可位寻址，T4T3M 与串行口 3 有关的位名称如表 8-21 所示。

表 8-21 T4T3M 结构及位名称表

位　号	T4T3M.7	T4T3M.6	T4T3M.5	T4T3M.4	T4T3M.3	T4T3M.2	T4T3M.1	T4T3M.0
位名称					T3R	T3_C/T	T3×12	

串行口 3 可以使用定时器 T2 或 T3 作为波特率发生器，T4T3M 中的 T3R、T3_C/T、T3×12 是定时器 T3 控制位。

4) 与串行口 3 有关的中断控制寄存器

与串行口 3 有关的中断控制寄存器有 IE、IE2，相关位名称如表 8-22 所示。

表 8-22 与串行口 2 有关的中断控制寄存器位名称表

寄存器	字节地址	B7	B6	B5	B4	B3	B2	B1	B0
IE	A8H	EA							
IE2	AFH					ES3			

① EA：总中断控制位，EA=1，开放所有中断。

② ES3：串行口 3 中断允许位，ES3=1，允许串行口 3 中断。

注意：IE2 为 AFH，不可位寻址，必须以字节操作。

5) P_SW2：外部功能设备切换控制寄存器

P_SW2 是外部功能设备切换控制寄存器，字节地址为 BAH，不可位寻址，P_SW2 结构及与串行口 3 有关的位名称如表 8-23 所示。

表 8-23 P_SW2 结构及与串行口 4 有关的位名称表

位　号	P_SW2.7	P_SW2.6	P_SW2.5	P_SW2.4	P_SW2.3	P_SW2.2	P_SW2.1	P_SW2.0
位名称							S3_S	

S3_S：串行口 3 输出端口选择位，如表 8-24 所示。

表 8-24　串行口 3 输出端口选择表

S3_S	串行口 3 输出端口
0	RXD3：P0.0；TXD3：P0.1
1	RXD3：P5.0；TXD3：P5.1

2. 串行口 3 应用

串行口 3 可用作点对点通信或多机通信，将串行口 1 的点对点通信和多机通信实例移植到串行口 3 中即可。

8.4.3　串行口 4 及应用

1. 与串行口 4 有关的特殊功能寄存器

与串行口 4 有关的特殊功能寄存器如表 8-25 所示。

表 8-25　与串行口 4 有关的特殊功能寄存器(位)

符号	描述	地址	位地址及符号								复位值
			B7	B6	B5	B4	B3	B2	B1	B0	
S4CON	Serial Control register 4	84H	S4SM0	S4ST4	S4SM2	S4REN	S4TB8	S4RB8	S4TI	S4RI	0100 0000b
S4BUF	Serial Buffer register 4	85H									xxxx xxxxb
IE	Interrupt Enable	A8H	EA								0000 0000b
IE2	Interrupt Enable 2	AFH				ES4					x000 0000b
AUXR	辅助寄存器	8EH					T2R	T2_C/T	T2×12		xxx0 0000b
T2H	Timer High 2	D6H									0000 0000b
T2L	Timer Low 2	D7H									0000 0000b
T4T3M	T4 和 T3 的控制寄存器	D1H	T4R	T4_C/T	T4x12						0000 0000b
T4H	Timer High 4	D2H									0000 0000b
T4L	Timer Low 4	D3H									0000 0000b
P_SW2	外部功能设备切换控制寄存器	BAH						S4_S			0000 x000b

1)　S4CON：串行口 4 控制寄存器

S4CON 是串行口 4 控制寄存器，字节地址为 84H，不可位寻址。S4CON 结构及位名称如表 8-26 所示。

表 8-26　S4CON 结构及位名称表

位　号	S4CON.7	S4CON.6	S4CON.5	S4CON.4	S4CON.4	S4CON.2	S4CON.1	S4CON.0
位名称	S4SM0	S4ST4	S4SM2	S4REN	S4TB8	S4RB8	S4TI	S4RI

①　S4SM0：串行口 4 工作方式控制位，如表 8-27 所示。

表 8-27　串行口 4 工作方式及功能表

S4SM0	工作方式	帧格式及功能	波　特　率
0	0	10 位 UART	定时器 T2 或 T4 溢出率/4
1	1	11 位 UART	定时器 T2 或 T4 溢出率/4

② S4ST4：串行口 4 波特率发生器选择位。

0——T2 作为波特率发生器；

1——T4 作为波特率发生器。

③ S4REN：允许接收控制位。

0——禁止串行口 4 接收数据；

1——允许串行口 4 接收数据；

④ S4SM2、S4TR8、S4RB8：多机通信控制位。

在方式 0 下，S4SM2 应设置为 0，不用 S4TB8 和 S4RB8 位。

在方式 1 下，S4TB8 是发送的第 9 位(D8)数据，可用软件置 1 或清零；S4RB8 是接收到的第 9 位(D8)数据。

在方式 1 时，若 S4SM2=1 且 S4REN=1，则接收机接收地址帧，当 S4RB8=1，则该帧进入 S4SBUF，且 S4RI 置 1；若 S4SM2=0 且 S4REN=1，则不管收到的 S4RB8 是 1 还是 0，数据进入 S4SBUF，S4RI 均置 1，S4RB8 通常作为奇偶校验位。此方式主要用于多机通信，主机发送地址时将 S4TB8 置 1，主机发送数据时将 S4TB8 清零。

⑤ S4TI：发送中断标志。在发送停止位之初，由硬件置 1。S4TI 置 1 后可向 CPU 申请中断。任何工作方式，S4TI 都必须用软件来清 0。

⑥ S4RI：接收中断标志。在接收停止位的一半时由硬件将 S4RI 置 1(还应考虑 S4SM2 的设定)。S4RI 置 1 后可向 CPU 申请中断。任何工作方式中，S4RI 都必须用软件来清零。

2) AUXR：辅助寄存器

AUXR 是辅助寄存器，字节地址为 8EH，不可位寻址，AUXR 结构及与串行口 4 有关的位名称如表 8-28 所示。

表 8-28　AUXR 结构及位名称表

位　号	AUXR.7	AUXR.6	AUXR.5	AUXR.4	AUXR.3	AUXR.2	AUXR.1	AUXR.0
位名称				T2R	T2_C/T	T2×12	…	

串行口 4 可以使用定时器 T2 或 T4 作为波特率发生器，AUXR 中的 T2R、T2_C/T、T2×12 是定时器 T2 控制位。

3) T4T3M：T4 和 T3 控制寄存器

T4T3M 是 T4 和 T3 控制寄存器，字节地址为 D1H，不可位寻址，T4T3M 结构及与串行口 4 有关的位名称如表 8-29 所示。

表 8-29　T4T3M 结构及位名称表

位　号	T4T3M.7	T4T3M.6	T4T3M.5	T4T3M.4	T4T3M.3	T4T3M.2	T4T3M.1	T4T3M.0
位名称	T4R	T4_C/T	T4×12					

串行口 4 可以使用定时器 T2 或 T4 作为波特率发生器，T4T3M 中的 T4R、T4_C/T、T4×12 是定时器 T4 控制位。

4)　与串行口 4 有关的中断控制寄存器

与串行口 4 有关的中断控制寄存器有 IE、IE2，相关位名称如表 8-30 所示。

表 8-30　与串行口 4 有关的中断控制寄存器位名称表

寄存器	字节地址	B7	B6	B5	B4	B3	B2	B1	B0
IE	A8H	EA							
IE2	AFH				ES4				

①　EA：总中断控制位，EA=1，开放所有中断。

②　ES4：串行口 4 中断允许位，ES4=1，允许串行口 4 中断。

注意：IE2 为 AFH，不可位寻址，必须以字节操作。

5)　P_SW2：外部功能设备切换控制寄存器

P_SW2 是外部功能设备切换控制寄存器，字节地址为 BAH，不可位寻址，P_SW2 结构及与串行口 4 有关的位名称如表 8-31 所示。

表 8-31　P_SW2 结构及与串行口 4 有关的位名称表

位　号	P_SW2.7	P_SW2.6	P_SW2.5	P_SW2.4	P_SW2.3	P_SW2.2	P_SW2.1	P_SW2.0
位名称						S4_S		

S4_S：串行口 4 输出端口选择位，如表 8-32 所示。

表 8-32　串行口 3 输出端口选择表

S4_S	串行口 3 输出端口
0	RXD3：P0.2；TXD3：P0.3
1	RXD3：P5.2；TXD3：P5.3

2. 串行口 4 应用

串行口 4 可用作点对点通信或多机通信，将串行口 1 的点对点通信和多机通信实例移植到串行口 4 中即可。

8.5　实训 3：串行通信技术

8.5.1　实训目的及要求

(1)　理解并掌握单片机串行通信系统的控制与使用。

(2)　理解串行通信标准及接口技术。

(3)　理解并掌握串行通信应用程序的编写。

(4)　理解并掌握串行通信系统的调试方法。

8.5.2 串行通信技术的实现

1. 单片机点对点通信性能指标要求

由两片单片机组成点对点通信系统，实现上位机为下位机的电子钟送初值功能。电子钟初值格式为：

年(2 位)、月(2 位)、日(2 位)、时(2 位)、分(2 位)、秒(2 位)

2. 单片机点对点通信硬件电路

单片机点对点串行通信电路图如图 8-9 所示。

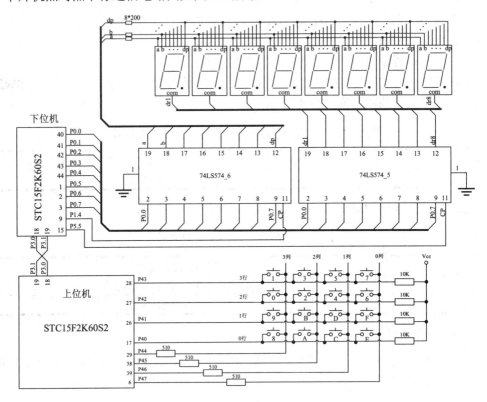

图 8-9 单片机串行通信电路图

3. 单片机点对点通信程序流程图

请读者画出单片机点对点通信程序流程图。

4. 单片机点对点通信程序

(1) 上位机应用程序(略)。

(2) 下位机应用程序(略)。

5. 实训要求

按下列步骤进行串行通信系统实训。

1) 制作电路

按电路图制作 PCB 并焊接元器件(或在面包板上安装元器件)。

2) 生成目标文件

使用 Keil 等调试系统编辑源程序并编译生成目标文件。

3) 编程

使用 ISP 在系统编程器中将目标程序代码下载到单片机(或用其他编程器固化)。

4) 调试运行

检查带 CPU 的应用系统电路板,上电运行,观察现象,分析结果,提出改进或优化方案或建议。

本 章 小 结

本章介绍了 STC15W4K32S4 系列单片机串行通信口的工作原理和应用,知识要点如下。

1. 串行口

STC15W4K32S4 单片机有 4 个串行口。

1) 串行口 1

串行口 1 可以通过软件设置四种工作方式,各种工作方式的数据格式均有所不同。

① 方式 0 为同步移位寄存器方式。在这种方式下,数据从 RXD 端串行输入/输出,同步信号从 TXD 端输出,波特率固定不变;帧格式为 8 位数据,没有起始位和停止位,先发送或接收最低位。这是一种同步通信方式,主要用来扩展 I/O 口。

② 方式 1 为异步通信方式,帧格式为 10 位:1 个起始位、8 个数据位、1 个停止位;波特率可以通过 T1 或 T2 改变。该方式特别适合于点对点的异步通信。

③ 方式 2 和方式 3 为异步通信方式,帧格式为 11 位:1 个起始位、9 个数据位、1 个停止位;方式 2 的波特率为系统时钟频率的 1/64 或 1/32,可由 PCON 的最高位选择;方式 3 的波特率可以通过 T1 或 T2 改变。第 9 位数据即 D8 位具有特别的用途,可以通过软件来控制它,再加上特殊功能寄存器 SCON 中的 SM2 位的配合,可使 STC15W4K32S4 单片机串行口 1 适用于多机通信。

串行口 1 的控制:STC15W4K32S4 串行口 1 的工作方式选择、中断、可编程位的设置、波特率等是通过特殊功能寄存器 PCON、SCON、IE、IP、AUXR、AUXR1、CLK_DIV 等来控制的。

2) 串行口 2

串行口 2 有两种工作方式,工作方式 0 帧格式为 10 位,工作方式 1 帧格式为 11 位;波特率由 T2 溢出率决定。可用作点对点通信或多机通信。

串行口 2 的控制是由 S2CON、IE、IE2、IP2、AUXR、P_SW2 等特殊功能寄存器实现的。

3) 串行口 3

串行口 3 有两种工作方式,工作方式 0 帧格式为 10 位,工作方式 1 帧格式为 11 位;

波特率由 T2 或 T3 溢出率决定。可用作点对点通信或多机通信。

串行口 3 的控制是由 S3CON、IE、IE2、IP2、AUXR、P_SW2 等特殊功能寄存器实现的。

4) 串行口 4

串行口 4 有两种工作方式，工作方式 0 帧格式为 10 位，工作方式 1 帧格式为 11 位；波特率由 T2 或 T4 溢出率决定。可用作点对点通信或多机通信。

串行口 4 的控制是由 S4CON、IE、IE2、IP2、AUXR、P_SW2 等特殊功能寄存器实现的。

2. 通信波特率

改变通信波特率，就是改变相关定时器的计数初值。

3. 通信协议

串行通信协议是通信各方在设计通信软、硬件之前的约定，通常包括下列几项内容。

1) 通信标准选择

通信标准决定了硬件接口，经常采用的通信标准有 RS-232C、RS-485 等，主要由通信环境决定。

2) 通信方式选择

这也是按通信任务来选定的。

3) 通信软件约定

要实现通信还必须编写通信程序，编写程序应遵守软件如下约定。

① 发送方：应知道什么时候发送信息、内容，对方是否收到、收到的内容有否错误、要不要重发、怎样通知对方发送结束等。

② 接收方：应知道对方是否发送了信息、发送的是什么、收到的信息是否有错、如果有错怎样通知对方重发、怎样判断结束等。

思考与练习

1. 什么是串行异步通信？它有哪些特点？STC15W4K32S4 单片机的串行通信有哪几种帧格式？

2. 某异步通信接口按方式 3 传送，已知其每分钟传送 3600 个字符，计算其传送波特率。

3. 为什么定时器 T1 作为串行口波特率发生器时，常采用工作方式 2？若已知系统时钟频率、通信选用的波特率，如何计算其初值？

4. 已知定时器 T1 设置成方式 2，作为波特率发生器，系统时钟频率为 6MHz，求可能产生的最高和最低的波特率是多少？

5. 设甲、乙两机采用方式 1 通信，波特率 4800，甲机发送 0，1，2，…，1FH，乙机接收存放在内部 RAM 以 20H 为首址的单元，试用查询方式编写甲、乙两机的程序(两机的 fosc=6MHz)。

6. 一个 STC15W4K32S4 单片机的双机通信系统波特率为 9600，用中断方式编写程序，将甲机片外 RAM 的 0000H～0080H 的数据块通过串行口传送到乙机的片外 RAM 的 0F00H～0F80H 单元中去。

7. 数据传送要求每帧传一个奇校验位，编写查询方式的通信程序。

8. 设甲、乙两机采用方式 3 通信，波特率自定，实现为对方"电子时钟系统"设定初值功能。

第 9 章　单片机 EEPROM 存储器

学习要点：本章介绍单片机内部集成的另一种存储器——EEPROM(电可擦写可重新编程的存储器)地址分配、操作方法及应用。

知识目标：了解 EEPROM 地址分配，理解和掌握 EEPROM 操作，能在实际问题中正确使用 EEPROM。

STC15W4K32S4 系列单片机内部集成了大容量 EEPROM，其与程序存储器空间是分开的。EEPROM 可分为若干个扇区，每个扇区 512 个字节。

EEPROM 的读写操作是按字节完成的；EEPROM 数据的删除是按扇区操作的，即每次删除整个扇区的内容，因此，使用 EEPROM 时，建议将同一次修改的数据存放在同一个扇区。

在应用系统中，可用 EEPROM 保存那些在程序运行过程中需要修改但要求掉电不丢失的系统参数，在用户程序中可以对 EEPROM 进行字节读写操作和扇区删除操作。注意，在工作电压 Vcc 偏低时不要进行 EEPROM 操作。

9.1　与 EEPROM 有关的特殊功能寄存器

对 EEPROM 的操作，实际上也是通过相关特殊功能寄存器实现的，与 EEPROM 有关的特殊功能寄存器如表 9-1 所示。

表 9-1　与 EEPROM 有关的特殊功能寄存器(位)

符　号	描　述	地址	位地址及符号								复位值
			B7	B6	B5	B4	B3	B2	B1	B0	
IAP_DATA	IAP Flash Data register	C2H									1111 1111b
IAP_ADDRH	IAP Flash Address High	C3H									0000 0000b
IAP_ADDRL	IAP Flash Address Low	C4H									0000 0000b
IAP_CMD	IAP Flash Command register	C5H							MS1	MS0	xxxx xx00b
IAP_TRIG	IAP Flash Command Trigger	C6H									xxxxxxxxb
IAP_CONTR	IAP Control Register	C7H	IAPEN	SWBS	SWRST	CMD_FAIL		WT2	WT1	WT0	0000 0000b
PCON	Power Control Register	87H			LVDF						0000 x000b

1. IAP_DATA：IAP 数据寄存器

程序是通过 IAP_DATA 对 EEPROM 进行读或写操作的，即从 EEPROM 读出的数据放在 IAP_DATA 中，写到 EEPROM 中的数据也必须先放在 IAP_DATA 中。

2. IAP_ADDRH、IAP_ADDRL：IAP 地址寄存器

IAP_ADDRH 存放对 EEPROM 进行操作时的高 8 位地址；

IAP_ADDRL 存放对 EEPROM 进行操作时的低 8 位地址。

3. IAP_CMD：IAP 操作模式寄存器

IAP_CMD 是 IAP 操作模式寄存器，字节地址为 C5H，不可位寻址。IAP_CMD 结构及位名称如表 9-2 所示。

表 9-2　IAP_CMD 结构及位名称表

位号	IAP_CMD.7	IAP_CMD.6	IAP_CMD.5	IAP_CMD.4	IAP_CMD.4	IAP_CMD.2	IAP_CMD.1	IAP_CMD.0
位名称							MS1	MS0

MS1，SM0：IAP 操作模式选择位，如表 9-3 所示。

表 9-3　IAP 操作模式选择表

MS1	MS0	命令/操作模式选择
0	0	Standby，待机模式，无 ISP 操作
0	1	从用户程序区对 EEPROM 区进行字节读操作
1	0	从用户程序区对 EEPROM 区进行字节写操作
1	1	从用户程序区对 EEPROM 区进行扇区删除操作

注意：

(1)　对于 STC15 系列单片机，用户应用程序只能对 EEPROM 进行字节读写或扇区擦除操作。

(2)　对于 IAP15 系列单片机，用户应用程序可以修改程序存储器内容，但注意不要修改有效程序代码。

(3)　EEPROM 内容也可以用 MOVC 指令访问，但起始地址不再是 0000H，而是从程序存储空间最后地址的下一个地址开始。

4. IAP_TRIG：IAP 命令触发寄存器

IAP_TRIG 是 IAP 命令触发寄存器，在允许对 EEPROM 进行操作(IAPEN=1)时，必须对 IAP_TRIG 先写入 5AH，再写入 A5H，ISP/IAP 命令才生效。

在 ISP/IAP 操作完成后，IAP_ADDRH、IAP_ADDRL 和 IAP_CMD 的内容都不会改变，如果需要对其他地址操作，须通过程序修改 IAP_ADDRH、IAP_ADDRL 的内容。

注意：

(1)　每次 IAP 操作，都要对 IAP_TRIG 先写入 5AH，再写入 A5H。

(2)　每次触发前，若操作模式改变，则需重新送 IAP_CMD；若操作模式不变时，则不需要重新送 IAP_CMD。

5. IAP_CONTR：IAP 控制寄存器

IAP_CONTR 是 IAP 控制寄存器，字节地址为 C7H，不可位寻址。IAP_CONTR 结构及位名称如表 9-4 所示。

表 9-4　IAP_CONTR 结构及位名称表

位　号	IAP_CONTR.7	IAP_CONTR.6	IAP_CONTR.5	IAP_CONTR.4	IAP_CONTR.4	IAP_CONTR.2	IAP_CONTR.1	IAP_CONTR.0
位名称	IAPEN	SWBS	SWRST	CMD_FAIL		WT2	WT1	WT0

① IAPEN：ISP/IAP 功能允许位。

0——禁止 IAP 操作 EEROM；

1——允许 IAP 操作 EEROM。

② SWBS：软件复位后程序启动位置控制位。

0——从用户应用程序区启动；

1——从系统 ISP 监控程序区启动。

注意：要与 SWRST 位配合使用。

③ SWRST：软件复位控制位。

0——不操作；

1——软件控制单片机复位。

④ CMD_FAIL：IAP 非法操作标志位。若 IAP 地址非法或无效并送了 IAP 命令，对 IAP_TRIG 送 5AH/A5H 触发失败，则硬件置位 CMG_FAIL，需软件清零。

⑤ WT2、WT1、WT0：IAP 操作等待时间选择位，如表 9-5 所示。

表 9-5　IAP 操作等待时间选择表

设置等待时间			CPU 等待时间(CPU 工作时钟个数)			
WT2	WT1	WT0	Read/读 (2 个时钟)	Program/编程 (55μs)	Sector Erase/扇区擦除 (21ms)	系统时钟
0	0	0	2 个时钟	1760 个时钟	672384 个时钟	≥30MHz
0	0	1	2 个时钟	1320 个时钟	504288 个时钟	≥24MHz
0	1	0	2 个时钟	1100 个时钟	420240 个时钟	≥20MHz
0	1	1	2 个时钟	660 个时钟	252144 个时钟	≥12MHz
1	0	0	2 个时钟	330 个时钟	126072 个时钟	≥6MHz
1	0	1	2 个时钟	165 个时钟	63036 个时钟	≥3MHz
1	1	0	2 个时钟	110 个时钟	42024 个时钟	≥2MHz
1	1	1	2 个时钟	55 个时钟	21012 个时钟	≥1MHz

6. PCON：电源控制寄存器

PCON 是电源控制寄存器，字节地址为 87H，不可位寻址。PCON 结构及与 IAP 有关的位名称如表 9-6 所示。

表 9-6　IAP_CONTR 结构及位名称表

位　　号	PCON.7	PCON.6	PCON.5	PCON.4	PCON.4	PCON.2	PCON.1	PCON.0
位名称			LVDF					

LVDF：低电压检测标志位。当工作电压 Vcc 低于低压检测门槛电压时，该位置 1，

需要软件清零。

注意：

(1)　当 LVDF 位为 1(工作电压偏低)时，不要进行 IAP 操作。

(2)　低压检测门槛电压是在下载程序代码时设定的。

(3)　低压禁止 EEROM 操作也可直接在下载程序代码时设定。

9.2　内部 EEPROM 空间及地址

STC15W4K32S4 系列单片机不同型号芯片内部的 EEPROM 容量是不同的，不同型号芯片内部 EEPROM 容量及地址如表 9-7 所示。

表 9-7　STC15W4K32S4 系列单片机 EEPROM 容量及地址对应表

单片机型号	EEPROM	扇区数	用 IAP 字节读时 EEPROM 起始扇区 首地址	用 IAP 字节读时 EEPROM 结束扇区 末尾地址	用 MOVC 指令读时 EEPROM 起始扇区 首地址	用 MOVC 指令读时 EEPROM 结束扇区 末尾地址
STC15W4K16S4	42KB	84	0000H	A7FFH	4C00H	F3FFH
STC15W4K32S4	26KB	52	0000H	67FFH	8C00H	F3FFH
STC15W4K40S4	18KB	36	0000H	47FFH	AC00H	F3FFH
STC15W4K48S4	10KB	20	0000H	27FFH	CC00H	F3FFH
STC15W4K56S4	2KB	4	0000H	07FFH	EC00H	F3FFH
IAP15W4K58S4		116	0000H	E7FFH		
IAP15W4K61S4		122	0000H	F3FFH		
IRC15W4K63S4		126	0000H	FBFFH		

9.3　内部 EEPROM 使用注意事项

1. 字节读写及扇区删除操作

用户可以对 EEPROM 进行字节读写及扇区删除操作。字节读可以任意进行，即不管字节内容是什么，用户都可以读出；字节写只能针对内容为 0xff 的字节操作，若字节内容为非 0xff 而一定要对其进行"写"操作，则需先进行删除操作；删除操作是按扇区操作的，即每次删除整个扇区的内容。因此，建议使用 EEPROM 时，将同一次修改的数据存放在同一个扇区。

2. 使用 MOVC 命令

对于 EEPROM 操作数据较少的应用场合，建议使用 MOVC 命令，这样操作速度更快。

3. EEPROM 地地址

EEPROM 地址保存在 IAP_ADDRH(高字节)和 IAP_ADDRL(低字节)中，在进行 IAP

操作后，其值保持不变。

4. IAP 命令

每次 IAP 操作，都要对 IAP_TRIG 先写入 5AH，再写入 A5H 进行触发。

5. IAP 操作流程

1) IAP 读操作

① 将待读的 EEPROM 地址送入地址寄存器 IAP_ADDRH 和 IAP_ADDRL 中；

② 根据 fosc 按表 9-6 配置 IAP_CONTR 寄存器并允许 IAP 操作；

③ 设置 IAP_CMD 为读模式；

④ 触发 IAP，即先向 IAP_TRIG 中写入常数 5AH，再向 IAP_TRIG 中写入常数 A5H；

⑤ 延时，NOP；

⑥ 从 IAP_DATA 中读出数据。

2) IAP 写操作

① 将数据送入 IAP_DATA 中；

② 将欲写的 EEPROM 地址送入地址寄存器 IAP_ADDRH 和 IAP_ADDRL 中；

③ 根据 fosc 按表 9-6 配置 IAP_CONTR 寄存器并允许 IAP 操作；

④ 设置 IAP_CMD 为写模式；

⑤ 触发 IAP，即先向 IAP_TRIG 中写入常数 5AH，再向 IAP_TRIG 中写入常数 A5H；

⑥ 延时，NOP。

3) IAP 删除操作

① 将待删除扇区的首地址送入地址寄存器 IAP_ADDRH 和 IAP_ADDRL 中；

② 根据 fosc 按表 9-6 配置 IAP_CONTR 寄存器并允许 IAP 操作；

③ 设置 IAP_CMD 为删除模式；

④ 触发 IAP，即先向 IAP_TRIG 中写入常数 5AH，再向 IAP_TRIG 中写入常数 A5H；

⑤ 延时，NOP。

6. IAP 操作特别提醒

① 只能对 EEPROM 中数值为 FFH 的字节进行写操作，否则，必须进行"扇区删除"操作后才能进行写操作。

② 同一次修改的数据尽可能存放在同一扇区中。

③ 每一次 IAP 操作，都要触发 IAP，即先向 IAP_TRIG 中写入常数 5AH，再向 IAP_TRIG 中写入常数 A5H。

9.4 应用项目 9：电子闹钟系统

1. 性能要求

用 8 位数码管显示时、分、秒(×××××××)，能设定初值(校时)及闹钟时间，并且闹钟时间在系统掉电时不丢失。

2. 硬件电路

电子闹钟除了具有电子时钟功能外，还要实现闹钟时间设定、保存，同时还要在闹钟时间到时能够"响铃"。电子闹钟系统电路如图 9-1 所示。

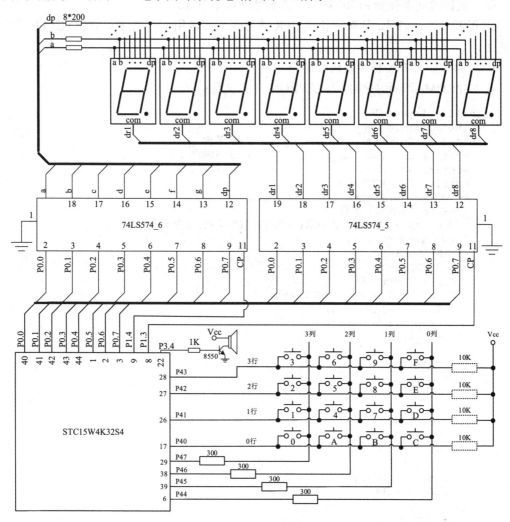

图 9-1 电子闹钟系统电路图

3. 应用程序设计

该项目是 STC15W4K32S4 单片机片内 EEPROM 的应用项目。电子闹钟除具有电子钟(7.6 节)功能外，增加了闹钟功能，须进行闹钟时间设定与保存、闹钟时间判断与闹钟音效控制。

1) 电子闹钟系统编程要点

① 闹钟时间设定：由于在此项目中有电子钟"初值"设定和"闹钟时间"设定，因此，要指定两个"功能键"来区分两种初值的设定，在此，指定 A 键为电子钟"初值"设定，B 键为"闹钟时间"设定。闹钟时间设定原理同时间初值设定，参照 5.5 节。

② 闹钟时间保存到 EEROM 中，需要处理以下事项。

a. 用汇编语言编写，需先对相关 SFR 进行说明；若用 C51 编程，在 STC15.h 中已经说明了。

b. 严格按照 IAP 操作步骤进行操作。

将 EEPROM 读写程序集成为 EEPROM.H 头文件：

```
#ifndef __Eeprom_H_
#define __Eeprom_H_
    #define IAP_READ  1          //字节读
    #define IAP_PRG   2          //字节编程
    #define IAP_ERASE 3          //扇区擦除
    #define IAP_WTIME 3          //等待时间
    void read(unsigned char *str1,m,i)
    //EEROM "扇区读"函数
    //入口：*str1为存放数据数组；m为读出数据个数；i为扇区号
    { unsigned char n;
      IAP_ADDRH=i;
      IAP_ADDRL=0;
      for(n=0;n<m;n++)
      { IAP_CONTR=IAP_WTIME|0x80;
        IAP_CMD=IAP_READ;
        _nop_();
        _nop_();
        _nop_();
IAP_TRIG=0x5a;
_nop_();
        _nop_();
        _nop_();
IAP_TRIG=0xa5;
        _nop_();
        _nop_();
        _nop_();
str1[n]=IAP_DATA;
        IAP_ADDRL++;
      }
      IAP_CONTR=0;
      IAP_CMD=0;
      IAP_TRIG=0;
      IAP_ADDRH=0xff;
      IAP_ADDRL=0xff;
    }
```

```
void sett(unsigned char *str1,m,i)   //数据写入EEPROM函数:
   //入口: *str1存放数据的数组; m为写入数据个数; i为写入的扇区号
   { unsigned char n;
    IAP_ADDRH=i;
    IAP_ADDRL=0;
    for(n=0;n<m;n++)
    { IAP_CONTR=IAP_WTIME|0x80;
      IAP_CMD=IAP_ERASE;
   _nop_();
     _nop_();
     _nop_();
   IAP_TRIG=0x5a;
   _nop_();
     _nop_();
     _nop_();
   IAP_TRIG=0xa5;
     _nop_();
     _nop_();
     _nop_();
    for(n=0;n<m;n++)
    { IAP_CONTR=IAP_WTIME|0x80;
      IAP_CMD=IAP_PRG;
      IAP_DATA=str1[n];
   _nop_();
     _nop_();
     _nop_();
   IAP_TRIG=0x5a;
   _nop_();
     _nop_();
     _nop_();
   IAP_TRIG=0xa5;
     _nop_();
     _nop_();
     _nop_();
     IAP_ADDRL++;
    }
    IAP_CONTR=0;
    IAP_CMD=0;
    IAP_TRIG=0;
    IAP_ADDRH=0xff;
    IAP_ADDRL=0xff;
   }
  }
#endif
```

注意：m 的值小于256；i 的取值范围与所选芯片型号对应。

③　闹钟时间判断及闹钟音效控制：将当前时间与闹钟时间比较，相等则"门铃"响一会儿。

2)　闹钟时间设定程序流程图

闹钟时间设定程序流程图如图 9-2 所示。

3)　电子闹钟系统应用程序

①　汇编语言应用程序清单(T9_1.asm)：

```
;SFR说明,详见7.6节
   NZDAbuf  EQU 0f0H                    ;闹钟时间存储区
    ;IAP/ISP 特殊功能寄存器
```

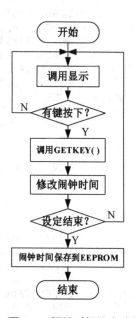

图 9-2　闹钟时间设定功能
程序流程图

```
            IsP_DATAequ    0C2h;        ;0000,0000 EEPROM数据寄存器
            IsP_ADDRHequ   0C3h;        ;0000,0000 EEPROM地址高字节
            IsP_ADDRLequ   0C4h;        ;0000,0000 EEPROM地址低字节
            IsP_CMDequ     0C5h;        ;xxxx,xx00 EEPROM命令寄存器
            IsP_TRIGequ    0C6h;        ;0000,0000 EEPRPM命令触发寄存器
            IsP_CONTRequ   0C7h;        ;0000,x000 EEPROM控制寄存器
            ISP_READ  EQU 1             ;字节读
            ISP_PRG   EQU 2             ;字节编程
            ISP_ERASE EQU 3             ;扇区擦除
            ISP_WTIME EQU 3             ;等待时间
            ORG       0000H
            AJMP START
            ORG       00A3H             ;定时器T4中断入口
            AJMP CTC_T1
    START:  MOV SP,#7FH
            LCALL    IO_init_SZ
            CLR P5.5                    ;为开门信号做准备
            CLR P1.4
            LCALL    SZFCZ
            LCALL    T4_init
            mov r0,#NZDAbuf             ;读上次设定的闹钟时间,存放在内部RAM
            mov r1,#8
            lcall read
            MOV      A,#16             ; 闹钟时间存放区空格处理
            MOV      R0,#NZDAbuf+2
            MOV      @R0,A             ;对80H以后的内部RAM只能间寻址
            MOV      R0,#NZDAbuf+5
            MOV      @R0,A             ;对80H以后的内部RAM只能间寻址
    LOP:    LCALL    DISPLAYLED        ;显示,详见5.4节
            LCALL    TESTKEY           ;测试键盘,详见5.5节
            JZ       LOP               ;判断是否有键输入
            LCALL    GETKEY
            CJNE     A,#0AH,LOP0
            MOV T3T4M,#00H              ;停止T4
            LCALL    SZSD              ;设置电子时钟初值:
            MOV T3T4M,#80H             ;启动T4,定时方式
            LJMP     LOP
    LOP0:   CJNE     A,#0BH,LOP
                                       ;设置闹钟初值:
            MOV T3T4M,#00H             ;停止T4
            MOV      R0,#DATAbuf       ;显示闹钟时间
            MOV      R1,#NZDAbuf
            MOV      R2,#8
    NLOP:   MOV      A,@R1
            MOV @R0,A
            INC      R0
            INC      R1
            DJNZ     R2,NLOP
            LCALL    SEG
            LCALL    DISPLAYLED
            LCALL    SZSD              ;时钟值设定,详见7.6节
    MOV     R0,#DATAbuf                ;设定闹钟时间存放到指定存储区
            MOV      R1,#NZDAbuf
            MOV      R2,#8
    NLOP1:  MOV      A,@R0
            MOV @R1,A
            INC      R0
            INC      R1
```

```
                DJNZ      R2,NLOP1
                mov r1,#8                    ;字节数
                mov r0,#0f0h
                lcall     sett               ;保存设定闹钟时间到EEPROM
                MOV T3T4M,#80H               ;启动T4,定时方式
                SJMP      LOP
read:                                        ;从EEROM的0扇区中读闹钟时间
                mov isp_addrh,#0h            ;入口：R1为字节数,R0为存放区首地址
                mov isp_addrl,#0
reaa:     mov isp_contr,#isp_wtime
      orl isp_contr,#80h
      mov isp_cmd,#isp_read
      nop
nop
nop
mov isp_trig,#5ah
      nop
nop
nop
mov isp_trig,#0a5h
nop
nop
nop
mov a,isp_data
mov @r0,a
inc r0
inc isp_addrl
djnz      r1,reaa
mov isp_contr,#0
mov isp_cmd,#0
mov isp_trig,#0
mov isp_addrh,#0ffh
mov isp_addrl,#0ffh
      ret
sett:                                        ;数据写入EEPROM中子程序:
mov isp_addrh,#0h                            ;入口：R0为首址,R1为字节数
      mov isp_addrl,#0
push      ie
clr ea
mov isp_contr,#isp_wtime                     ;擦扇区
orl isp_contr,#80h
mov isp_cmd,#isp_erase
nop
nop
nop
mov isp_trig,#5ah
nop
nop
nop
mov isp_trig,#0a5h
nop
nop
nop
sreaa:    mov isp_contr,#isp_wtime     ;写数据
orl isp_contr,#80h
mov isp_cmd,#isp_prg
mov a,@r0
mov isp_data,a
```

```
nop
nop
nop
mov isp_trig,#5ah
nop
nop
nop
mov isp_trig,#0a5h
nop
nop
nop
inc r0
inc isp_addrl
djnz    r1,sreaa
mov isp_contr,#0
mov isp_cmd,#0
mov isp_trig,#0
mov isp_addrh,#0ffh
mov isp_addrl,#0ffh
        SETB    EA
      pop  ie
    ret
END
```

② C51 语言应用程序清单(T9_1.c):

```
#include <stc15.h>              //定义STC15F2K60S2的SFR
#include"intrins.h"
#include <IO_init.h>            //IO口初始化
#include <display.h>           //数码管显示
#include <T4_clk.h>            //定时器T4
#include <key_in6.h>          //6位时间设定
#include <Eeprom.h>          //EEPROM操作
unsigned char data NZData[8];  // 存放闹钟数据
void main()
{       //初始化 :
   unsigned char m,n;
IO_init();
   T4_init();
   read(NZData,8,0);          //将EEPROM中闹钟值读入RAM中
NZData[2]=16;                 //闹钟时间存放区空格处理
NZData[5]=16;
   while (1)                  //while循环
   {
DisplayLED();
   if(TestKey( ))             //初值设定处理,参见5.5节
   { m=GetKey();
     if(m==10)               //按下A键设定电子钟初值
     { T3T4M=0x0;            //停止T4
       key_6();             //时钟初值设定
       T3T4M=0x80;          //初值设定完毕,启动T4
     }
      else if(m==11)         //按下B键设定闹钟时间
     { for(n=0;n<8;n++)
       Databuf[n]=NZData[n];  //显示闹钟时间:
        seg();
        DisplayLED();
       T3T4M=0x0;            //停止T4
```

```
        key_6();                        //时钟初值设定
        for(n=0;n<8;n++)
        NZData[n]=Databuf[n];           //显示闹钟时间:
        sett(NZData,8,0);               //将闹钟值保存到EEPROM中
      T3T4M=0x80;                       //初值设定完毕, 启动T4
    }
  }
  n=0;
  while ((NZData[n]==Databuf[n])&&(n<8)) //比较闹钟时间
  {n++;}
  if(n==8)
  {INT_CLKO=INT_CLKO|0x02;    //音阶 "7"
   TH1=0xfe;
   TL1=0xd3;
   TR1=1;
   for(n=0;n<255;n++)                 //延时
  DisplayLED();
   INT_CLKO=0;                        //关蜂鸣器
   TR1=0;
   P34=1;
   }
  }
}
```

4. 电子闹钟系统操作流程单

(1)　实验电路板已焊接好。

(2)　编译应用程序。

①　运行 Keil 仿真平台。

②　新建并设置项目"电子闹钟系统"。

③　新建并编辑应用程序 T9_1.asm 或 T9_1.c。

④　将应用程序 T9_1.asm 或 T9_1.c 添加到项目"电子闹钟系统"中。

⑤　编译应用程序生成代码文件"电子闹钟系统.hex"。

(3)　下载应用程序代码。

①　运行 ISP 下载程序。

②　正确选择 CPU 型号。要求：与电路板一致。

③　连接电路板与计算机,正确选择通信端口。注意：安装 CH340 驱动程序。

④　正确设置硬件选项。要求：选择使用内部 IRC 时钟,频率为 6MHz。

⑤　打开程序文件"电子闹钟系统.hex"。

⑥　单击"下载"按钮,按一下电路板上的"程序下载"按键。注意：STC 单片机下载程序代码时要求"冷启动",　按下"程序下载"按键对单片机断电,松开"程序下载"按键对单片机上电。

⑦　观察 ISP 下载界面,等待下载完成。

(4)　观察运行结果并记录。

(5)　修改应用程序中的"闹钟时间",编译并下载程序,观察运行结果并记录。

(6)　得出结论。

本 章 小 结

本章介绍了 STC15W4K32S4 系列单片机内部集成的另一种存储器——EEPROM(电可擦写可重新编程的存储器)的地址分配、操作方法及应用,知识要点如下。

1. 与 EEPROM 有关的特殊功能寄存器

(1) 数据寄存器 IAP_DATA,程序通过 IAP_DATA 对 EEPROM 进行读或写操作,从 EEPROM 读出的数据放在 IAP_DATA,写到 EEPROM 中的数据也必须先放在 IAP_DATA 中。

(2) 地址寄存器 IAP_ADDRH、IAP_ADDRL 存放对 EEPROM 进行操作时的地址。

(3) 操作模式寄存器 IAP_CMD 控制 EEPROM 的操作模式。

IAP_CMD=1 从用户程序区对 EEPROM 区进行字节读操作;IAP_CMD=0 从用户程序区对 EEPROM 区进行字节写操作;IAP_CMD=3 从用户程序区对 EEPROM 区进行扇区删除操作;IAP_CMD=0 不能进行 IAP 操作。

(4) 命令触发寄存器 IAP_TRIG,在允许对 EEPROM 进行操作(IAPEN=1)时,必须对 IAP_TRIG 先写入 5AH,再写入 A5H,ISP/IAP 命令才生效。

(5) 控制寄存器 IAP_CONTR 实现 IAP 操作使能和等待时间选择。

2. EEPROM 地址空间

STC15W4K32S4 系列单片机不同型号芯片内部 EEPROM 容量是不同的。

3. EEPROM 注意事项

(1) 用户只能对 EEPROM 进行字节读写及扇区删除操作。

(2) 可以使用 MOVC 命令对 EEPROM 进行数据操作。

(3) 进行 IAP 操作后,地址寄存器 IAP_ADDRH(高字节)和 IAP_ADDRL(低字节)中内容保持不变。

(4) 每次 IAP 操作,都要对 IAP_TRIG 中写入常数 5AH,再向 IAP_TRIG 中写入常数 A5H 进行触发。

思考与练习

1. EEPROM 是什么含义?

2. STC15W4K32S4 单片机片内 EEPROM 是多少?

3. 对 STC15W4K32S4 系列单片机片内 EEPROM 操作时要注意什么?

4. 电子闹钟的声音可否控制?怎么控制?试举例说明。

5. 还有哪几种方法可以实现电子闹钟初值设定?应如何修改电路和应用程序?试完成硬件电路图及应用程序并调试结果。

第 10 章　单片机 ADC 转换器应用

学习要点：本章介绍了单片机片内 ADC 转换器的结构、工作原理、转换控制、参考电源、典型应用电路及应用实例。ADC 转换在单片机实际应用中使用广泛，学习时要尽快熟悉并掌握它们。

知识目标：熟悉单片机片内 ADC 转换器的结构、工作原理，理解和掌握 ADC 转换器的控制，了解 ADC 转换器参考电压的重要性，能用 ADC 转换器解决实际问题。

STC15W4K32S4 系列单片机内部集成了 8 路 10 位逐次逼近型 A/D 转换器，逐次逼近型 A/D 转换器工作原理是将输入电压与内置 DAC 输出进行比较，使 DAC 输出逐次逼近输入模拟量对应值，其特点是速度高、功耗低。

10.1　ADC 转换器结构

ADC 转换器结构框图如图 10-1 所示。

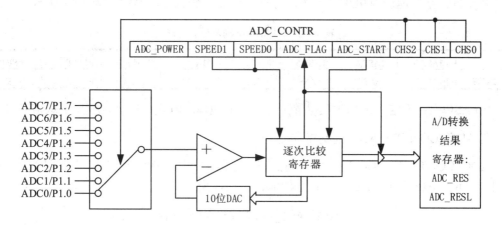

图 10-1　ADC 转换器结构图

ADC 转换器由多路选择开关、比较器、逐次比较寄存器、10 位 DAC、转换结果寄存器 ADC_RES(高字节)、转换结果寄存器 ADC_RESL(低字节)及控制寄存器 ADC_CONTR 组成。

控制寄存器 ADC_CONTR 的 ADC_POWER 置 1，ADC 模块得电；CHS2～CHS0 控制多路选择开关将某通道模拟量送入比较器；ADC_START 置 1 启动数模转换器 DAC 输出与模拟量输入进行比较，比较结果保存在逐次比较寄存器中；ADC 转换结束后，最终转换结果送入转换结果寄存器 ADC_RES(高位)和 ADC_RESL(低位)中，并置位 ADC_FLAG，供程序查询或申请中断；SPEED1、SPEED0 控制 ADC 转换速度。

10.2 与 ADC 有关的特殊功能寄存器

ADC 转换器工作是由相关特殊功能寄存器控制的，与 ADC 转换器有关的特殊功能寄存器如表 10-1 所示。

表 10-1 与 ADC 应用有关的特殊功能寄存器(位)

符 号	描 述	地址	位地址及符号								复位值
			B7	B6	B5	B4	B3	B2	B1	B0	
P1ASF	P1 Analog Function Configure register	9DH	P17ASF	P16ASF	P15ASF	P14ASF	P13ASF	P12ASF	P11ASF	P10ASF	0000 0000B
ADC_CONTR	ADC Control register	BCH	ADC_POWER	SPEEDI	SPEED0	ADC_FLAG	ADC_START	CHS2	CHS1	CHS0	0000 0000B
ADC_RES	ADC Result high	BDH									0000 0000B
ADC_RESL	ADC Result low	BEH									0000 0000B
CLK_DIV	时钟分频寄存器	97h	MCKO_SI	MCKO_SI	ADRJ	Tx_Rx	Tx2_Rx2	CLKS2	CLKS1	CLKS0	0000 x000B
IE	Interrupt Enable	A6H	AE	ELVD	EADC	ES	ET1	EX1	ET0	EX0	0000 0000B
IP	Interrupt Ptriority Low	B8H	PPCA	PLVD	PADC	PS	PT1	PX1	PT0	PX0.	0000 0000B

1. P1ASF：P1 口模拟功能配置寄存器

P1ASF 是 P1 口模拟功能配置寄存器，设置相应端口为模拟输入功能，为只写寄存器，读无效，字节地址为 9DH，不可位寻址。P1ASF 结构及位名称如表 10-2 所示。

表 10-2 P1ASF 结构及位名称表

位 号	P1ASF.7	P1ASF.6	P1ASF.5	P1ASF.4	P1ASF.3	P1ASF.2	P1ASF.1	P1ASF.0
位名称	P17ASF	P16ASF	P15ASF	P14ASF	P13ASF	P12ASF	P11ASF	P10ASF

P1nASF = 1：设定 P1.n 口为模拟量输入端口(其他端口仍可作 I/O 口使用，n 取值 0~7)。

2. ADC_CONTR：ADC 控制寄存器

ADC_CONTR 是 ADC 转换模块的控制寄存器，控制 ADC 运行，字节地址为 BCH，不可位寻址。ADC_CONTR 结构及位名称如表 10-3 所示。

表 10-3 ADC_CONTR 结构及位名称表

位 号	ADC_CONTR.7	ADC_CONTR.6	ADC_CONTR.5	ADC_CONTR.4	ADC_CONTR.3	ADC_CONTR.2	ADC_CONTR.1	ADC_CONTR.0
位名称	ADC_POWER	SPEED1	SPEED0	ADC_FLAG	ADC_START	CHS2	CHS1	CHS0

① ADC_POWER：ADC 电源控制位。

0——关闭 ADC 电源；

1——打开 ADC 电源。

注意：

(1) 第一次给 ADC 模块上电时，需等待 ADC 模块电源稳定后(延时一会儿)，再启动 A/D 转换。

(2) 在 A/D 转换过程中，最好不要改变其他 I/O 口状态，以免影响转换精度；若能关闭定时器、中断及串行口的工作则更好。

② SPEED1、SPEED0：ADC 转换速度控制位，如表 10-4 所示。

表 10-4 ADC 转换速度选择表

SPEED1	SPEED0	ADC 转换所需时间
0	0	540 个时钟周期
0	1	360 个时钟周期
1	0	180 个时钟周期
1	1	90 个时钟周期

③ ADC_FLAG：ADC 转换结束标志位。当 ADC 转换结束后，由硬件置 1，要由软件清零。

④ ADC_START：ADC 启动控制位。

0——关闭 ADC 转换；

1——启动 ADC 转换，ADC 转换结束后由硬件清零。

⑤ CHS2、CHS1、CHS0：模拟输入通道选择位，如表 10-5 所示。

表 10-5 模拟输入通道选择表

CHS2	CHS1	CHS0	模拟输入通道选择
0	0	0	选择 P1.0 为 ADC 输入通道
0	0	1	选择 P1.1 为 ADC 输入通道
0	1	0	选择 P1.2 为 ADC 输入通道
0	1	1	选择 P1.3 为 ADC 输入通道
1	0	0	选择 P1.4 为 ADC 输入通道
1	0	1	选择 P1.5 为 ADC 输入通道
1	1	0	选择 P1.6 为 ADC 输入通道
1	1	1	选择 P1.7 为 ADC 输入通道

3. ADC_RES、ADC_RESL：ADC 转换结果寄存器

ADC_RES、ADC_RESL 是 ADC 转换结果寄存器，用来存放 ADC 转换结果，ADC_RES 为高字节，ADC_RESL 为低字节。

4. CLK_DIV：时钟分频寄存器

CLK_DIV 是时钟分频寄存器，字节地址为 97H，不可位寻址。ADC_CONTR 结构及与 ADC 有关的位名称如表 10-6 所示。

表 10-6 CLK_DIV 结构及与 ADC 有关的位名称表

位号	CLK_DIV.7	CLK_DIV.6	CLK_DIV.5	CLK_DIV.4	CLK_DIV.3	CLK_DIV.2	CLK_DIV.1	CLK_DIV.0
位名称			ADRJ					

ADRJ：ADC 转换结果存放形式控制位。

0——ADC_RES[7~0]存放 ADC 结果的高 8 位，ADC_RESL[1~0]存放 ADC 结果的低 2 位；

1——ADC_RES[1~0]存放 ADC 结果的高 2 位，ADC_RESL[7~0]存放 ADC 结果的低

8 位。

注意：STC15W4K32S4 系列单片机片内 ADC 模块的参考电压为其工作电压 Vcc，因此，将片内 ADC 模块当作 8 位 ADC 模块使用时，设置 ADRJ=0，转换结果为 ADC_RES[7~0]=256×Vin/Vcc；将片内 ADC 模块当作 10 位 ADC 模块使用时，设置 ADRJ=1，转换结果为(ADC_RES[1~0]+ ADC_RESL[7~0])=1024×Vin/Vcc。

5. IE：中断控制寄存器

IE 是中断控制寄存器，字节地址为 A8H，可位寻址。IE 结构及与 ADC 有关的位名称如表 10-7 所示。

表 10-7　IE 结构及与 ADC 有关的位名称表

位　号	IE.7	IE.6	IE.5	IE.4	IE.3	IE.2	IE.1	IE.0
位名称	EA		EADC					

① EA：CPU 中断控制位。

0——关闭 CPU 中断；

1——开放 CPU 中断。

② EADC：ADC 中断允许控制位。

0——禁止 ADC 中断；

1——允许 ADC 中断。

6. IP：中断优先级控制寄存器

IP 是中断优先级控制寄存器，字节地址为 B8H，可位寻址。IP 结构及与 ADC 有关的位名称如表 10-8 所示。

表 10-8　IP 结构及与 ADC 有关的位名称表

位　号	IP.7	IP.6	IP.5	IP.4	IP.3	IP.2	IP.1	IP.0
位名称			PADC					

PADC：ADC 优先级控制位。

0——ADC 为低优先级中断；

1——ADC 为高优先级中断。

10.3　ADC 转换器参考电源与典型应用电路

1. ADC 转换器典型应用电路

ADC 转换器典型应用电路如图 10-2 所示。

通常在模拟信号输入通道中串接 *RC* 滤波网络，电阻 *R* 的阻值通常为 1kΩ，电容的容值视模拟量信号频率而定，当模拟量信号频率较高时选用小于 33pF 电容；当模拟量信号频率较低时选用小于 100pF 电容。

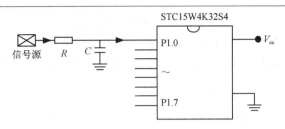

图 10-2　ADC 转换器典型应用电路

2. ADC 转换器参考电源

STC15 单片机 ADC 转换器的参考电压源是芯片的工作电压 V_{cc}，当 V_{cc} 由稳压电源(如 7805 三端稳压芯片)提供时，其值基本稳定，在 ADC 精度要求不是很高的情况下，一般不用外加参考电压源；当 V_{cc} 由电池提供或对 ADC 求较高时，可外加参考电源，并将参考电源接入一个 ADC 通道，对参考电压和信号源电压进行采样，根据参考电压值换算出信号源电压。使用 TL431 芯片组成的 2.5V 参考电压源电路如图 10-3 所示。

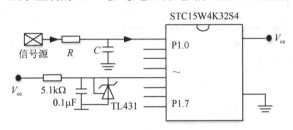

图 10-3　ADC 转换器参考电源

知识链接　　TL431 是一个有良好的热稳定性能的三端可调分流基准电压源。它的输出电压用两个电阻就可以任意地设置到从 V_{ref}(2.5V)到 36V 范围内的任何值。该器件的典型动态阻抗为 0.2Ω，在很多应用中可以用它代替齐纳二极管，如数字电压表、运放电路、可调压电源、开关电源，等等。

10.4　应用项目 10：烘箱恒温控制系统

1. 性能要求

工业生产上用烘箱处理产品时，保证烘箱恒温是相当重要的。

利用单片机构成的控制器对其温度进行控制，其过程如下：首先，对烘箱上电，由于初始温度较低，外部控制加温的继电器吸合，加温信号灯亮，对烘箱进行加温；当烘箱温度超过温度上限时，加温信号灯熄灭，过温信号灯亮，继电器断开，烘箱停止加温；随后烘箱内温度将会慢慢下降，当温度在设定值温差范围内时，恒温信号灯亮；当温度低于温度下限时，继电器重新吸合，恒温信号灯灭，加温信号灯亮，进行加温，直到烘箱温度再次超过温度上限，再次停止加温。这样周而复始，保证烘箱内温度基本恒定。

本项目要求利用单片机上的 ADC 转换器，用电位器模拟烘箱温度检测。烘箱系统温度控制范围为 0～1023℃，设定温度从键盘输入并显示在 8 位数码管的左边 4 位，温度控制精度为±10℃，ADC 转换结果显示在 8 位数码管的右边 4 位。当实际温度高于上限(设定温度+10℃)时，16 号发光二极管亮；当实际温度在控制精度内(设定温度±10℃)时，13 号发光二极管亮；当实际温度低于下限(设定温度-10℃)时 10 号发光二极管亮。

2. 硬件电路

烘箱恒温控制系统由 8 位数码管显示电路、行列式键盘电路、温度检测电路(用电位器模拟)、ADC 转换电路(用单片机片上 ADC 转换器)及控制电路(用 LED 指示电路模拟)组成，电路原理图如图 10-4 所示。

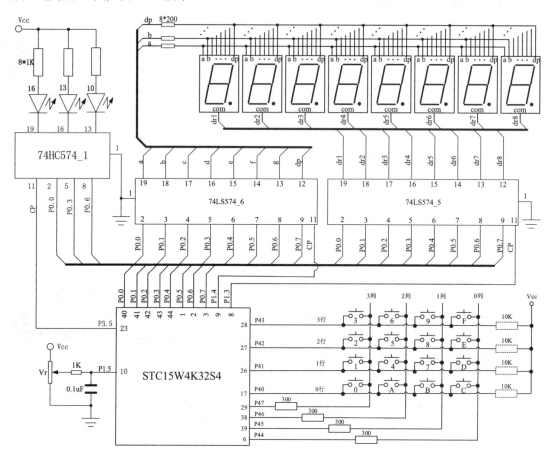

图 10-4　烘箱恒温控制系统电路图

3. 应用程序设计

该项目是 STC15W4K32S4 单片机片上 ADC 模块的应用。由功能要求和电路图知，该项目的显示电路和键盘电路同"学号输入"项目，不同的是，"左四位数码管显示设定温度"；控制(指示)电路同"流水灯控制"项目，不同的是只有"三只灯工作"；新添加的功能是"模拟量信号的 A/D 转换"及相应的控制算法。

1) 恒温控制系统编程要点

① 通过键盘设定的温度值送入 Databuf[0]～Databuf[3]；

② 关于 A/D 转换的步骤：启动→等待转换结束(可通过调用显示程序实现延时)→读取转换结果→数据处理→化为非压缩 BCD 码显示；

③ 控制：将读取的转换结果与"设定温度"比较，根据比较结果点亮相应 LED。

2) 恒温控制系统程序流程图

恒温控制系统程序流程图如图 10-5 所示。

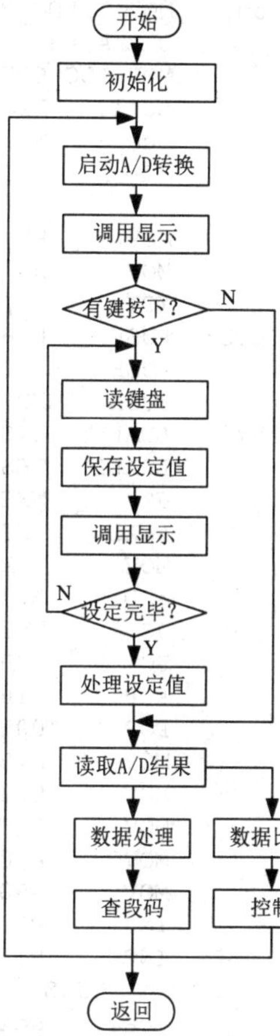

3) 恒温控制系统应用程序

① 汇编语言应用程序清单(T10_1.asm)：

```
LEDBUF   EQU 60H          ;显示缓冲区
         DATAbuf EQU 50H  ;电子钟时间存储区
         SDXH    EQU 58H  ;温度设定下限，高字节
         SDXL    EQU 59H  ;温度设定下限，低字节
         SDSH    EQU 5aH  ;温度设定上限，高字节
         SDSL    EQU 5bH  ;温度设定上限，低字节
         P5      EQU 0C8H ;P5口定义
P1ASF    EQU 9DH          ; P1AS定义
ADC_CONTR EQU 0BCH        ; ADC_CONTR定义
ADC_RES EQU 0BDH          ; ADC结果寄存器定义
ADC_RESL EQU 0BEH         ; ADC结果寄存器定义
CLK_DIV EQU 97H           ;CLK_DIV定义
p0m0     equ 94h
p0m1     equ 93h
p1m0     equ 92h
p1m1     equ 91h
p4m0     equ 0b4h
p4m1     equ 0b3h
p5m0     equ 0cah
p5m1     equ 0c9h
P4       EQU 0c0H

ORG      0000H
START:   MOV SP,#7FH        ;栈顶设置
         MOV P0M0,#0
         MOV P0M1,#0
         MOV P1M0,#0
         MOV P1M1,#0
         MOV P4M0,#0
         MOV P4M1,#0
         MOV P5M0,#0
         MOV P5M1,#0
         MOV P0M0,#0ffh     ;P0口设置为强输出方式
         CLR P5.5           ;为开门信号做准备
         CLR P1.4           ;
         MOV DATAbuf,#0     ;温度初值
         MOV DATAbuf+1,#1
         MOV DATAbuf+2,#2
         MOV DATAbuf+3,#3
         MOV DATAbuf+4,#0
         MOV DATAbuf+5,#0
         MOV DATAbuf+6,#0
         MOV DATAbuf+7,#0
         LCALL   seg        ;查段码，详见例3-22
         lcall   sdzcl      ;设定值处理
         MOV P1ASF,#20H     ;选择P1.5为模拟量输入口
```

图 10-5 恒温控制系统程序流程图

```
                MOV ADC_CONTR,#85H          ;ADC上电、选择P1.5为A/D转换
                MOV CLK_DIV,#20H            ;ADC结果高2位存放在ADC_RES中
Loop:           MOV A,ADC_CONTR            ;启动ADC
                ORL A,#8
                MOV ADC_CONTR,A
                Lcall   DisplayLED
                Lcall   TestKey            ;测试有键按下吗？参见5.5节"行列式键盘"
                JZ      LOOP1              ;没有键盘输入则跳转
                                           ;设置温度：
                MOV     R0,#ledbuf
                MOV     R1,#DATABUF
                MOV     R2,#4
LOOP2:  PUSH    00H                        ;压栈保护R0、R1、R2的值
                PUSH    01H
                PUSH    02H
WKEY1:  LCALL   DISPLAYLED
                LCALL   TESTKEY
                JZ      WKEY1              ;无键按下，则再读
                LCALL   GETKEY
                MOV     B,A                ;键码值存B
                ADD     A,#0F6H            ;判断按键是否为数字键
                JC      WKEY1
                POP     02H                ;出栈恢复R0、R1、R2的值，"先进后出"
                POP     01H
                POP     00H
                MOV     A,B
                MOV     @R1,A              ;保存设定值到Databuf
                MOV     DPTR,#LEDMAP       ;查段码
                MOVC    A,@A+DPTR
                MOV     @R0,A              ;保存段码
                INC     R0
                INC     R1
                        DJNZ    R2,LOOP2
                lcall   sdzcl              ;设定值处理
LOOP1:                                     ;ADC结果化非压缩BCD码，显示
                MOV R1,ADC_RES            ;千位处理：
                MOV R2,ADC_RESL
                MOV R4,DATAbuf+3           ;保存DATAbuf+3中的值
                MOV R0,#DATAbuf+3
                LCALL   BCD                ;见3.4节"双字节十六进制数化压缩BCD码程序"
                MOV DATAbuf+3,R4           ;恢复DATAbuf+3
                LCALL   SEG
                                           ;输出控制：
                CLR C
                MOV A,sdxl
                SUBB    A,ADC_RESL
                MOV A,sdxh
                SUBB    A,ADC_RES
                JC      LOOP3
                CLR P3.5
                MOV P0,#10111111B          ;温度低于下限，10号灯亮
                SETB    P3.5
                LJMP    LOOP
loop3:  CLR C
                MOV A,sdsl
                SUBB    A,ADC_RESL
                MOV     A,sdsh
                SUBB    A,ADC_RES
```

```
            JC        LOOP4
            CLR P3.5
            MOV P0,#11110111B           ;温度介于上、下限间，13号灯亮
            SETB      P3.5
            LJMP      LOOP
LOOP4:      CLR P3.5                    ;温度高于设定值处理：
            MOV P0,#11111110B           ;温度高于上限，16号灯亮
            SETB      P3.5
            LJMP      LOOP

sdzcl:                                  ;将4字节非压缩BCD码化为2字节HEX数
            MOV B,#0E8H                 ;千位处理：1000D=3E8H
            MOV A,Databuf
            MUL AB
            MOV sdxh,B
            MOV sdxl,A
            MOV B,#3
            MOV A,Databuf
            MUL AB
            ADD A,sdxh
            MOV sdxh,A
            MOV B,#100                  ;百位处理
            MOV A,Databuf+1
            MUL AB
            ADD A,sdxl
            MOV sdxl,A
            MOV A,b
            ADDC      A,sdxh
            MOV sdxh,A
            MOV B,#10                   ;十位处理
            MOV A, Databuf+2
            MUL AB
            ADD A,sdxl
            MOV sdxl,A
            MOV A,b
            ADDC      A,sdxh
            MOV sdxh,A
            MOV A,Databuf+3             ;个位处理
            ADD A,sdxl
            MOV       sdxl,A
            CLR A
            ADDC      A,sdxh
            MOV sdxh,A
                                        ;设定温差处理：
            MOV a,sdxl
            ADD a,#10
            MOV sdsl,a
            MOV a,sdxh
            ADDC a,#0
            MOV sdsh,a

            CLR c
            MOV a,sdxl
            SUBB      a,#10
            MOV sdxl,a
            MOV a,sdxh
            SUBB      a,#0
            MOV sdxh,a
```

```
            ret
                END
```

② C51 语言应用程序清单(T10_1.c):

```
#include <stc15.h>          //定义STC15W4K32S4的SFR
#include <IO_init.h>        //IO口初始化
#include <display.h>        //数码管显示
#include <key.h>            //行列式键盘
void main()
{                           //初始化:
unsigned char m,n;
unsigned int i,j;
IO_init();
for(n=0;n< 4;n++)           //温度设定值为0123
Databuf[n]=n;
i=123;
for(n=4;n< 8;n++)           //实际温度值为0000
Databuf[n]=0;
seg();
P1ASF=0x20;                 //选择P1.5为模拟量输入口
ADC_CONTR=0x85;             //ADC上电、选择P1.5为A/D转换
CLK_DIV=0x20;               //ADC结果高2位存放在ADC_RES中
while (1)                   //while循环
{ ADC_CONTR|=0x08;          //启动ADC
DisplayLED();
if(TestKey( ))              //初值设定处理,参见5.5节"学号处理系统"
{ n=0;
  while (n<4)               //温度设定,共4位
    {
    if(TestKey())           //键盘扫描
     {                      //有键按下处理:
     m=GetKey();            //得到键码值
    if(m<10)                //判断:学号为数字
     {
     Databuf[n]=m;          //修改学号
     n++;                   //指针加1
     seg();                 //查段码
    }}
     DisplayLED();          //显示
    }
                            //设定值化HEX:
i= Databuf[0]*1000+ Databuf[1]*100+ Databuf[2]*10+ Databuf[3];
}
j=ADC_RES*256+ADC_RESL;     //读ADC结果
Databuf[4]=j/1000;          //ADC结果化非压缩BCD码
Databuf[5]=j%1000/100;
Databuf[6]=j%1000%100/10;
Databuf[7]=j%10;
seg();                      //查段码
if(j<(i-10))
{P0=0xbf;                   //温度低于下限,10灯亮
P35=1;
P35=0;
    }
else if(j>(i+10))
{P0=0xfe;                   //温度高于上限,16灯亮
P35=1;
```

```
        P35=0;
        }
else
{P0=0xf7;                          //温度低于上限且高于下限，13灯亮
P35=1;
P35=0;
}
}}
```

4. 烘箱恒温控制系统操作流程单

（1）按图 10-4 所示烘箱恒温控制系统电路图在实验电路板上焊接好电位器 Vr、跳线端子 J6 及相关贴片电阻和电容。要求：元器件放置端正，焊点饱满整洁。

（2）编译应用程序。

① 运行 Keil 仿真平台。

② 新建并设置项目"烘箱恒温控制系统"。

③ 新建并编辑应用程序 T10_1.asm 或 T10_1.c。

④ 将应用程序 T10_1.asm 或 T10_1.c 添加到项目"烘箱恒温控制系统"中。

⑤ 编译应用程序生成代码文件"烘箱恒温控制系统.hex"。

（3）下载应用程序代码。

① 运行 ISP 下载程序。

② 正确选择 CPU 型号。要求：与电路板一致。

③ 连接电路板与计算机，正确选择通信端口。注意：安装 CH340 驱动程序。

④ 正确设置硬件选项。要求：选择使用内部 IRC 时钟，频率为 12MHz。

⑤ 打开程序文件"烘箱恒温控制系统.hex"。

⑥ 单击"下载"按钮，按一下电路板上的"程序下载"按键。注：STC 单片机下载程序代码时要求"冷启动"，按下"程序下载"按键对单片机断电，松开"程序下载"按键对单片机上电。

⑦ 观察 ISP 下载界面，等待下载完成。

（4）从键盘上输入 4 位温度设定值，如 0800，观察温度实际检测值及对应 LED 指示并记录。

（5）旋转电位器模拟温度变化，观察结果并记录。

（6）得出结论。

本 章 小 结

本章介绍了 STC15W4K32S4 系列单片机内部集成的 8 路 10 位逐次逼近型 A/D 转换器工作原理和应用，知识要点如下。

A/D 转换器由多路选择开关、比较器、逐次比较寄存器、10 位 DAC、转换结果寄存器 ADC_RES(高字节)、转换结果寄存器 ADC_RESL(低字节)及控制寄存器 ADC_CONTR 组成。

ADC 转换器工作是由相关特殊功能寄存器控制的。

P1ASF 是 P1 口模拟功能配置寄存器，设置相应端口为模拟输入功能。需要注意 P1 的 8 个端口，除设置为模拟输入功能的，其他端口仍可作 I/O 口使用。

ADC 转换模块的控制寄存器 ADC_CONTR 控制 ADC 运行：ADC_POWER 位控制 ADC 的电源；SPEED1、SPEED0 是 ADC 转换速度控制位；ADC_FLAG 是 ADC 转换结束标志位；ADC_START 是 ADC 启动控制位；而 CHS2、CHS1、CHS0 位用来选择模拟输入通道。

实际应用中要注意以下问题。

(1) 第一次给 ADC 模块上电时，需等待 ADC 模块电源稳定后(延时一会儿)，再启动 A/D 转换。

(2) 在 ADC 转换过程中，最好不要改变其他 I/O 口状态，以免影响转换精度。

ADC_RES、ADC_RESL 用来存放 ADC 转换结果，结果存放形式要根据实际应用通过 CLK_DIV 寄存器的 ADRJ 进行选择。

① ADRJ=0：ADC_RES[7~0]存放 ADC 结果的高 8 位，ADC_RESL[1~0]存放 ADC 结果的低 2 位。这种情况通常将 ADC 模块当作 8 位 ADC 模块使用，取 ADC_RES 内容为转换结果，ADC_RES[7~0]=256×Vin / Vcc。

② ADRJ=1：ADC_RES[1~0]存放 ADC 结果的高 2 位，ADC_RESL[7~0]存放 ADC 结果的低 8 位。这种情况通常将 ADC 模块当作 10 位 ADC 模块使用，转换结果为 (ADC_RES[1~0]+ ADC_RESL[7~0])=1024×V_{in} / V_{cc}。

ADC 转换结束，硬件会将控制寄存器 ADC_CONTR 的 ADC_FLAG 置位，可以向 CPU 申请中断，ADC 中断的开放与优先级是由中断控制寄存器 IE 和中断优先级控制寄存器 IP 的相关位实现的。

ADC 实际应用中，通常在模拟信号输入通道中串接 RC 滤波网络，电阻 R 的阻值通常为 1kΩ，电容的容值视模拟量信号频率而定，当模拟量信号频率较高时取 4.7~22pF，当模拟量信号频率较低时取 33~100pF。

STC15 单片机 ADC 转换器的参考电压源是芯片的工作电压 V_{cc}，当 V_{cc} 由稳压电源(如 7805 三端稳压芯片)提供时，其值基本稳定，当 ADC 精度要求不是很高的情况下，一般不用外加参考电压源；当 V_{cc} 由电池提供或对 ADC 求较高时，可外加参考电源，并将参考电源接入一个 ADC 通道，对参考电压和信号源电压进行采样，根据参考电压值换算出信号源电压。

思考与练习

1. A/D 转换的精度由_____确定。

    A. 转换位数   B. 转换时间   C. 转换方式   D. 查询方法

2. STC15W4K32S4 芯片内部的 A/D 转换为_____。

    A. 6 位   B. 12 位   C. 10 位   D. 8 位

3. A/D 转换器的作用是将_____量转为____量；DAC 转换器的作用是将_____量转为____量。

4. 判断 A/D 转换是否结束，可采用哪几种方式？每种方式有何特点？

5. A/D 转换的精度还与哪些因素有关？请分析。

6. 根据什么要素选择 A/D 转换的速度？请分析。

7. 修改"应用项目 10"，利用串口通过 PC 设定温度值。

8. 在"应用项目 10"，若要求上电后系统能显示"上次的温度设定值"，该如何修改程序？

第11章 单片机 PCA 模块应用

学习要点：本章介绍 STC15W4K32S4 系列单片机片内集成的两路 CCP/PCA/PWM (Programmable Counter Array，PCA，可编程计数器阵列)的基本结构、工件原理、相关特殊功能寄存器，并通过实例介绍了 PCA 的应用。

知识目标：熟悉 PCA 的结构和工作原理，理解和掌握与 PCA 相关的 SSR，能熟练使用 PCA 解决实际问题。

STC15W4K32S4 系列单片机集成了两路 CCP/PCA/PWM，可用于软件定时器、外部脉冲捕捉、高速脉冲输出及脉宽调制输出，可以在[CCP0/P1.1，CCP1/P1.0]、[CCP0_2/P3.5，CCP1_2/P3.6]和[CCP0_3/P2.5，CCP1_3/P2.6]3 组不同管脚之间切换。

11.1 CCP/PCA/PWM 模块的结构

STC15W4K32S4 系列单片机 PCA 模块的结构如图 11-1 所示。

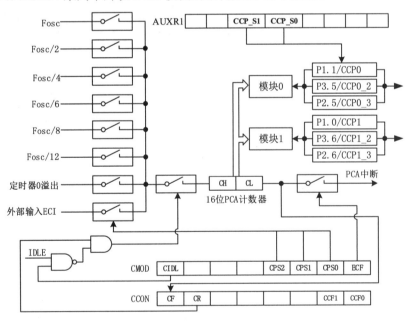

图 11-1 PCA 模块结构图

PCA 含有一个特殊的 16 位定时器，与 2 个 16 位捕获/比较模块相连，是两个模块的公共时间基准。每个模块有四种工作模式：软件定时器、外部脉冲捕捉、高速脉冲输出及脉宽调制输出。

PCA 定时器由 CH 和 CL 两个特殊功能寄存器组成，是一个 16 位加 1 计数器，计数脉冲可来自系统时钟、定时器 T0 溢出或外部管脚输入，由特殊功能寄存器 CMOD 中的 CPS2、CPS1 和 CPS0 三个位设定。

特殊功能寄存器 CCON 的中 CR 位控制 PCA 计数器的运行；CMOD 中的 CIDL 位决定在空闲模式下是否允许 PCA 定时器工作。

当 PCA 计数器溢出时，硬件将置位 CCON 中的 CF 位；当模块 0 或模块 1 发生匹配或比较时，硬件将置位 CCON 中的 CCF0 或 CCF1 位。若 CMOD 中的 ECF 位置 1，则允许 PCA 中断；CF 位、CCF0 位和 CCF1 位都必须用软件清零。

特殊功能寄存器 CCAPM0 和 CCAPM1 实现 PCA 模块 0 和模块 1 的工件模式控制。当模块工作于捕获或比较模式时，特殊功能寄存器 CCAP0H、CCAP0L 和 CCAP1H、CCAP1L 用来保存 16 位的计数值；当模块工作于 PWM 模式时，特殊功能寄存器 CCAP0H、CCAP0L 和 CCAP1H、CCAP1L 用来控制输出的占空比。

11.2　与 PCA 应用有关的特殊功能寄存器

与 CCP/PCA/PWM 应用有关的特殊功能寄存器如表 11-1 所示。

表 11-1　与 CCP/PCA/PWM 应用有关的特殊功能寄存器(位)

符　号	描　述	地址	位地址及符号								复位值
			B7	B6	B5	B4	B3	B2	B1	B0	
CCON	PCA Control Register	D8H	CF	CR					CCF1	CCF0	00xx xx00b
CMOD	PCA Mode Register	D9H	CIDL				CPS2	CPS1	CPS0	ECF	0xxx 0000b
CCAPM0	PCA Module0 Mode Register	DAH		ECOM0	CAPP0	CAPN0	MAT0	TOG0	PWM0	ECCF0	x000 0000b
CCAPM1	PCA Module1 Mode Register	DBH		ECOM1	CAPP1	CAPN1	MAT1	TOG1	PWM1	ECCF1	x000 0000b
CL	PCA Base Timer Low	E9H									0000 0000b
CH	PCA Base Timer High	F9H									0000 0000b
CCAP0L	PCA Module0 Capture Register Low	EAH									0000 0000b
CCAP0H	PCA Module0 Capture Register High	FAH									0000 0000b
CCAP1L	PCA Module0 Capture Register Low	EBH									0000 0000b
CCAP1H	PCA Module0 Capture Register High	FBH									0000 0000b
PCA_PWM0	PCA PWM Mode Auxiliary Register0	F2H	EBS0_1	EBS0_0					EPC0H	EPC0L	00xx xx00b
PCA_PWM1	PCA PWM Mode Auxiliary Register1	F3H	EBS1_1	EBS1_0					EPC1H	EPC1L	00xx xx00b
AUXR1	Auxiliary Register1	A2H			CCP_S1	CCP_S0					0000 0000b

1. PCA 控制寄存器：CCON

CCON 是 CCP/PCA/PWM 的控制寄存器，字节地址为 D8H，可位寻址。CCON 结构及位名称如表 11-2 所示。

表 11-2　CCON 结构及位名称表

位　号	CCON.7	CCON.6	CCON.5	CCON.4	CCON.4	CCON.2	CCON.1	CCON.0
位名称	CF	CR					CCF1	CCF0

① CF：PCA 计数器阵列溢出标志位。当 PCA 计数器溢出时，CF 由硬件置位；CF 也可以由软件置位。CF 必须通过软件清零。

② CR：PCA 计数器阵列运行控制位。

0——关闭 PCA 计数器；

1——使能 PCA 计数器阵列，PCA 计数器开始计数。

③ CCF1：PCA 模块 1 中断标志位。当出现匹配或捕获时，CCF1 由硬件置位。该位必须通过软件清零。

④ CCF0：PCA 模块 0 中断标志位。当出现匹配或捕获时，CCF0 由硬件置位。该位必须通过软件清零。

2. PCA 模式寄存器：CMOD

CMOD 是 CCP/PCA/PWM 的模式寄存器，字节地址为 D9H，不可位寻址。CMOD 结构及位名称如表 11-3 所示。

表 11-3　CMOD 结构及位名称表

位　号	CMOD.7	CMOD.6	CMOD.5	CMOD.4	CMOD.3	CMOD.2	CMOD.1	CMOD.0
位名称	CIDL				CPS2	CPS1	CPS0	ECF

① CIDL：空闲模式下是否停止 PCA 计数的控制位。

0——空闲模式下 PCA 计数器继续工作；

1——空闲模式下 PCA 计数器停止工作。

② CPS2、CPS1、CPS0：PCA 计数脉冲源选择控制位，如表 11-4 所示。

表 11-4　PCA 计数脉冲源选择表

CPS2	CPS1	CPS0	选择 CCP/PCA/PWM 时钟源输入
0	0	0	0，系统时钟，Fosc/12
0	0	1	1，系统时钟，Fosc/2
0	1	0	2，定时器 T0 的溢出脉冲
0	1	1	3，ECI(P1.2/P3.4/P2.4)输入的外部时钟(速率≤Fosc/2)
1	0	0	4，系统时钟，Fosc
1	0	1	5，系统时钟，Fosc/4
1	1	0	6，系统时钟，Fosc/6
1	1	1	7，系统时钟，Fosc/8

③ ECF：PCA 计数溢出中断使能位。

0——禁止 PCA 计数溢出中断；

1——允许 PCA 计数溢出中断。

3. CCAPM0：PCA 模块 0 的比较/捕获寄存器

CCAPM0 是 PCA 模块 0 的比较/捕获寄存器，字节地址为 DAH，不可位寻址。CCAPM0 结构及位名称如表 11-5 所示。

表 11-5　CCAPM0 结构及位名称表

位　号	CCAPM0.7	CCAPM0.6	CCAPM0.5	CCAPM0.4	CCAPM0.3	CCAPM0.2	CCAPM0.1	CCAPM0.0
位名称		ECOM0	CAPP0	CAPN0	MAT0	TOG0	PWM0	ECCF0

① ECOM0：允许比较器功能控制位。

0——禁止比较器功能；

1——允许比较器功能。

② CAPP0：正捕获控制位。

0——禁止上升沿捕获功能；

1——允许上升沿捕获功能。

③ CAPN0：负捕获控制位。

0——禁止下降沿捕获功能；

1——允许下降沿捕获功能。

④ MAT0：匹配控制位。

0——PCA 计数器的值与捕获/比较寄存器的值匹配时不置位中断标志；

1——PCA 计数器的值与捕获/比较寄存器的值匹配时置位中断标志。

⑤ TOG0：高速脉冲输出翻转控制位。

0——PCA 计数器的值与捕获/比较寄存器的值匹配时 CCP0 脚不翻转；

1——PCA 计数器的值与捕获/比较寄存器的值匹配时 CCP0(P1.2/P3.4/P2.4)脚翻转。

⑥ PWM0：脉宽调节模式输出控制位。

0——CCP0 脚不用作脉宽调节输出；

1——允许 CCP0(P1.2/P3.5/P2.5)脚用作脉宽调节输出。

⑦ ECCF0：CCF0 中断使能位。使能 CCON 的比较/捕获标志 CCF0，用来产生中断。

4. CCAPM1：PCA 模块 1 的比较/捕获寄存器

CCAPM1 是 PCA 模块 1 的比较/捕获寄存器，字节地址为 DBH，不可位寻址。CCAPM0 结构及位名称如表 11-6 所示。

表 11-6　CCAPM1 结构及位名称表

位　号	CCAPM1.7	CCAPM1.6	CCAPM1.5	CCAPM1.4	CCAPM1.3	CCAPM1.2	CCAPM1.1	CCAPM1.0
位名称		ECOM1	CAPP1	CAPN1	MAT1	TOG1	PWM1	ECCF1

① ECOM1：允许比较器功能控制位。

0——禁止比较器功能；

1——允许比较器功能。

② CAPP1：正捕获控制位。

0——禁止上升沿捕获功能；

1——允许上升沿捕获功能。

③ CAPN1：负捕获控制位。

0——禁止下降沿捕获功能；

1——允许下降沿捕获功能。

④ MAT1：匹配控制位。

0——PCA 计数器的值与捕获/比较寄存器的值匹配时不置位中断标志；

1——PCA 计数器的值与捕获/比较寄存器的值匹配时置位中断标志。

⑤ TOG1：高速脉冲输出翻转控制位。

0——PCA 计数器的值与捕获/比较寄存器的值匹配时 CCP1 脚不翻转；

1——PCA 计数器的值与捕获/比较寄存器的值匹配时 CCP1(P1.1/P3.5/P2.5)脚翻转。

⑥ PWM1：脉宽调节模式输出控制位。

0——CCP1 脚不用作脉宽调节输出；

1——允许 CCP1(P1.0/P3.6/P2.6)脚用作脉宽调节输出。

⑦ ECCF1：CCF1 中断使能位。使能 CCON 的比较/捕获标志 CCF1，用来产生中断。

5. CH、CL：PCA 的 16 位计数器

CH 是高 8 位，字节地址为 F9H；CL 是低 8 位，字节地址为 E9H。用于保存 PCA 的装载值。

6. CCAP0H、CCAP0L：PCA 模块 0 的捕获/比较寄存器

CCAP0H 是高 8 位，字节地址为 FAH；CCAP0L 是低 8 位，字节地址为 EAH。当 PCA 工作于捕获或比较模式时，用来存放模块 0 的 16 位捕获计数值；当 PCA 工作于 PWM 模式时，用来控制输出的占空比。

7. CCAP1H、CCAP1L：PCA 模块 1 的捕获/比较寄存器

CCAP1H 是高 8 位，字节地址为 FBH；CCAP1L 是低 8 位，字节地址为 EBH。当 PCA 工作于捕获或比较模式时，用来存放模块 1 的 16 位捕获计数值；当 PCA 工作于 PWM 模式时，用来控制输出的占空比。

8. PCA_PWM0：PCA 模块 0 的 PWM 控制寄存器

PCA_PWM0 是 PCA 模块 0 的 PWM 控制寄存器，字节地址为 F2H，不可位寻址。PCA_PWM0 结构及位名称如表 11-7 所示。

表 11-7　PCA_PWM0 结构及位名称表

位号	PCA_PWM0.7	PCA_PWM0.6	PCA_PWM0.5	PCA_PWM0.4	PCA_PWM0.3	PCA_PWM0.2	PCA_PWM0.1	PCA_PWM0.0
位名称	EBS0_1	EBS0_0					EPC0H	EPC0L

① EBS0_1，EBS0_0：PCA 模块 0 的 PWM 模式选择位。

0，0——PCA 模块 0 工作于 8 位 PWM 功能；

0，1——PCA 模块 0 工作于 7 位 PWM 功能；

1，0——PCA 模块 0 工作于 6 位 PWM 功能；

1，1——无效，PCA 模块 0 仍工作于 8 位 PWM 功能。

② EPC0H：在 PWM 模式下，与 CCAP0H 组成 9 位数。

③ EPC0L：在 PWM 模式下，与 CCAP0L 组成 9 位数。

9. PCA_PWM1：PCA 模块 1 的 PWM 控制寄存器

PCA_PWM1 是 PCA 模块 1 的 PWM 控制寄存器，字节地址为 F3H，不可位寻址。PCA_PWM1 结构及位名称如表 11-8 所示。

表 11-8　PCA_PWM1 结构及位名称表

位　号	PCA_PWM1.7	PCA_PWM1.6	PCA_PWM1.5	PCA_PWM1.4	PCA_PWM1.3	PCA_PWM1.2	PCA_PWM1.1	PCA_PWM1.0
位名称	EBS1_1	EBS1_0					EPC1H	EPC1L

① EBS1_1，EBS1_0：PCA 模块 1 的 PWM 模式选择位。

0，0——PCA 模块 1 工作于 8 位 PWM 功能；

0，1——PCA 模块 1 工作于 7 位 PWM 功能；

1，0——PCA 模块 1 工作于 6 位 PWM 功能；

1，1——无效，PCA 模块 1 仍工作于 8 位 PWM 功能。

② EPC1H：在 PWM 模式下，与 CCAP1H 组成 9 位数。

③ EPC1L：在 PWM 模式下，与 CCAP1L 组成 9 位数。

PCA 模块工作模式设定一览表如表 11-9 所示。

表 11-9　PCA 模块工作模式设定一览表(n 为 0，1)

PCA_PWMn		CCAPMn								模块功能
EBSn_1	EBSn_0	—	ECOMn	CAPPn	CAPNn	MATn	TOGn	PWMn	ECCFn	
×	×	0	0	0	0	0	0	0	0	无此操作
0	0	1	0	0	0	0	0	1	0	8 位 PWM，无中断
0	1	1	0	0	0	0	0	1	0	7 位 PWM，无中断
1	0	1	0	0	0	0	0	1	0	6 位 PWM，无中断
1	1	0	0	0	0	0	0	0	0	8 位 PWM，无中断
0	0	1	1	0	0	0	0	1	1	8 位 PWM 输出，上升沿可产生中断
0	1	1	1	0	0	0	0	1	1	7 位 PWM 输出，上升沿可产生中断
1	0	1	1	0	0	0	0	1	1	6 位 PWM 输出，上升沿可产生中断
0	0	1	1	0	1	0	0	1	1	8 位 PWM 输出，下降沿可产生中断
0	1	1	1	0	1	0	0	1	1	7 位 PWM 输出，下降沿可产生中断
1	0	1	1	0	1	0	0	1	1	6 位 PWM 输出，下降沿可产生中断
0	0	1	1	1	1	0	0	1	1	8 位 PWM 输出，上升/下降沿均可产生中断
0	1	1	1	1	1	0	0	1	1	7 位 PWM 输出，上升/下降沿均可产生中断
1	0	1	1	1	1	0	0	1	1	6 位 PWM 输出，上升/下降沿均可产生中断
1	1	1	1	1	1	0	0	1	1	8 位 PWM 输出，上升/下降沿均可产生中断
×	×	×	1	0	0	0	0	0	×	16 位捕获模式，由 CCPn/PCAn 的上升沿触发
×	×	×	0	1	0	0	0	0	×	16 位捕获模式，由 CCPn/PCAn 的下降沿触发
×	×	×	1	1	0	0	0	0	×	16 位捕获模式，由 CCPn/PCAn 的跳变触发
×	×	1	0	0	0	0	0	0	×	16 位软件定时器
×	×	1	0	0	0	0	0	0	×	16 位高速脉冲输出

10. PCA 输出管脚切换控制寄存器：AUXR1

AUXR1 是 PCA 输出管脚切换控制寄存器，字节地址为 A2H，不可位寻址。AUXR1 结构及与 PCA 有关的位名称如表 11-10 所示。

表 11-10　AUXR1 结构及与 PCA 有关的位名称表

位　号	CMOD.7	CMOD.6	CMOD.5	CMOD.4	CMOD.3	CMOD.2	CMOD.1	CMOD.0
位名称			CCP_S1	CCP_s0				

CCP_S1，CCP_S 0：PCA 输出管脚切换控制位。

0，0——CCP 在[P1.2/ECI，P1.1/CCP0，P1.0/CCP1]；

0，1——CCP 在[P3.4/ECI_2，P3.5/CCP0_2，P3.6/CCP1_2]；

1，0——CCP 在[P2.4/ECI_3，P2.5/CCP0_3，P2.6/CCP1_3]；

1，1——无效。

11.3　捕 获 模 式

11.3.1　捕获模式工作原理

PCA 模块工作于捕获模式的结构如图 11-2 所示。PCA 模块工作于捕获模式时，对模块的外部 CCPn(n=0，1，下同)输入(CCP0/P1.1，CCP1/P1.0)的跳变进行采样，特殊功能寄存器 CCAPMn 中的 CAPNn 位置 1(下降沿捕获)或 CAPPn 位置 1(上升沿捕获)或 CAPNn 位和 CAPPn 均置 1(跳变捕获)，当采样到有效跳变时，PCA 硬件将 PCA 计数器 CH 和 CL 中的值装载到模块的捕获寄存器 CCAPnH 和 CCAPnL 中。

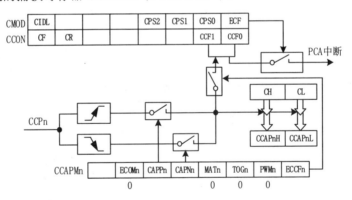

图 11-2　PCA 模块捕获模式结构图

如果 CCFn 位和 ECCFn 位被置位，在捕获发生时将申请中断，在中断服务程序中判断是哪个模块产生了中断，同时要用软件清零标志位。

11.3.2　应用项目 11：脉冲宽度测量

在方波信号的测量中，脉冲宽度测量应用实例很多，也可通过测量方波信号的脉冲宽度进而计算出方波信号的频率。但采用捕获模式测量脉冲宽度，在实际应用中也受到一些限制，主要是被测脉冲周期不得大于 PCA 模块计数器的溢出周期。

1. 功能要求

测量频率为 200Hz～1kHz 的方波信号的脉冲宽度，测量精度为 0.1μs，并在数码管上显示脉宽值，单位：0.1μs。

2. 硬件电路

脉冲宽度测量电路原理如图 11-3 所示，将方波信号同时输入到 P1.0 和 P1.1，采用捕获模式实现脉冲宽度测量。

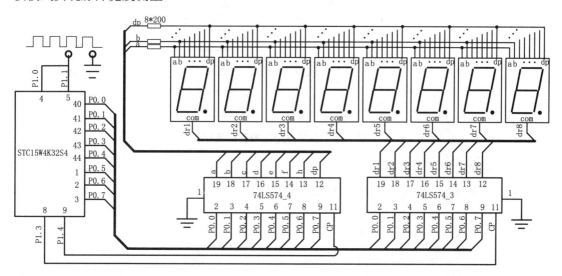

图 11-3　脉宽测量电路原理框图

3. 应用程序设计

编程分析　利用捕获模式进行脉宽测量，首先要在脉间(低电平处)启动 PCA 模块计数器，其次用两次捕获值计算脉宽值(时间)，最后将 HEX 数化为非压缩 BCD 码以便显示。

1) 脉宽测量系统编程要点

① 被测方波信号频率为 200Hz～1kHz，周期为 5～1ms，按照测量精度为 0.1μs 的性能指标要求，PCA 计数值为 50000～10000 次，不会溢出；选 fosc=10MHz，PCA 模块计数信号选 fosc，则 PCA 计数周期为 0.1ms。

② 被测脉冲 CP 从 CCP0/P1.1，CCP1/P1.0 同时输入，PCA 模块工作于捕获模式，CCP0 为上升沿捕获，CCP1 为下降沿捕获，开放 CCP1 中断，在 CP 为低电平时启动 PCA。

③ 当 CCP1 中断发生时，停止 PCA 工作，所测脉冲宽度=(CCAP1H、CCAP1L)-(CCAP0H、CCAP0L)，单位为 0.1μs。

2) 脉宽测量程序流程图

脉宽测量程序流程如图 11-4 所示。

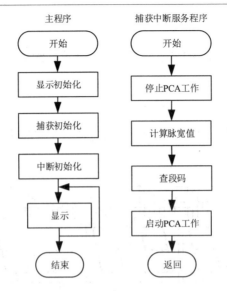

图 11-4　脉冲宽度测量程序流程图

3)　脉宽测量应用程序

①　脉宽测量汇编语言源程序(T11_0.asm)如下：

```
        CCON      EQU  0D8H
        CMOD      EQU  0D9H
        CCAPM0    EQU  0DAH
        CCAPM1    EQU  0DBH
        CCAP0L    EQU  0EAH
        CCAP0H    EQU  0FAH
        CCAP1L    EQU  0FAH
        CCAP1H    EQU  0FAH
        CCON      EQU  0D8H
        ORG       0000H            ;主程序
        AJMP      MAIN
        ORG       003BH            ;PCA中断入口地址
        AJMP      CCP1
        ORG       040H
MAIN:   MOV       SP,#7FH          ;设置堆栈指针
        MOV       CMOD,#08H        ;PCA计数时钟为系统时钟fosc，溢出不中断
        MOV       CCAPM0,#60H      ;允许CCP0上升沿捕获，不中断
        MOV       CCAPM1,#59H      ;允许CCP1下降沿捕获，中断
        SETB      EA               ;允许CPU中断
        MOV       A,#16            ;LED数码管相应位"暗"
        MOV       DATAbuf+0,A
        MOV       DATAbuf+1,A
        MOV       DATAbuf+2,A
        MOV       P0M0,#0ffh       ; P0口设置为强输出方式
        MOV       P0M1,#0
LOOP:   LCALL     Displayled       ; 动态显示函数，见5.4节
        JB        P1.1,LOOP        ; 在CP为低电平时准备启动PCA
        MOV       A,#40H           ; 在PCA已工作情况下不再重复启动
        ANL       A,CCON
```

```
            JNZ      LOOP
            MOV      CCON,#40H        ; 在PCA不工作情况下启动PCA
            LJMP     LOOP
CCP1:                                 ; CCP1中断服务程序
       MOV     CCON,# 0H             ; 停止PCA工作
            MOV      A,CCAP1L         ;计算脉冲宽度
            CLR      C
            SUBB     A,CCAP0L
            MOV      R2,A
            MOV      A,CCAP1H         ;计算脉冲宽度
            SUBB     A,CCAP0H
            MOV      R1,A
            MOV R0,#DATAbuf+3
            LCALL    BCD              ;详见3.4.5节"双字节十六进制数化压缩BCD码程序"
            LCALL    SEG              ; 查段码函数,详见例3-22
            MOV A,LEDBUF+6            ;小数点处理
            ORL A,#80H
            RETI
```

② 脉宽测量 C51 语言源程序(T11_0.c)如下:

```c
#include <stc15.h>          //定义STC15W4K32S4的SFR
#include <IO_init.h>
#include <display.h>
void main( )                //主函数
{ IO_init();
Databuf[0]=16;              // LED数码管相应位 "暗"
Databuf[1]=16;
Databuf[2]=16;
 SP=0x7f;                   //设置堆栈指针
 CMOD=0x08;                 //PCA计数时钟为系统时钟Fosc,溢出不中断
CCAPM0=0x60;               //允许CCP0上升沿捕获,不中断
CCAPM1=0x59;               //允许CCP1下降沿捕获,中断
IE=0x80;                   //允许CPU中断
while (1)                  //while无限循环
  {
    DisplayLED();          //动态显示函数,见5.4节
    if(!P1^1)
    {                      //在CP为低电平时准备启动PCA
    if((CCON & 0x40)== 0x00)
     CCON=0x40;            //在PCA不工作情况下启动PCA
    }
  }
 }
void  CCP1() interrupt 7   //PCA中断函数,中断号为7
 {unsigned int data j;
  CCON=0;                  //停止PCA工作
j= (CCAP1H- CCAP0H)*256+CCAP1L-CCAP0L;    //计算脉冲宽度
Databuf[3]=j/10000;        //ADC结果化非压缩BCD码
Databuf[4]=j%10000/1000;
```

```
Databuf[5]=j%1000/100;
Databuf[6]=j%100/10;
Databuf[7]=j%10;
seg();                        //查段码函数
LEDBuf[6]=LEDBuf[6]|0x80;    //小数点处理
}
```

4．脉宽测量系统操作流程单

(1) 在实验电路板上焊接端子 J10，并用"短接块"将 J10 短接。

(2) 编译应用程序。

① 运行 Keil 仿真平台。

② 新建并设置项目"脉冲宽度测量"。

③ 新建并编辑应用程序 T11_0.asm 或 T11_0.c。

④ 将应用程序 T11_0.asm 或 T11_0.c 添加到项目"脉冲宽度测量"中。

⑤ 编译应用程序生成代码文件"脉冲宽度测量.hex"。

(3) 下载应用程序代码。

① 运行 ISP 下载程序。

② 正确选择 CPU 型号。要求：与电路板一致。

③ 连接电路板与计算机，正确选择通信端口。注意：安装 CH340 驱动程序。

④ 正确设置硬件选项。要求：选择使用内部 IRC 时钟，频率为 10MHz。

⑤ 打开程序文件"脉冲宽度测量.hex"。

⑥ 单击"下载"按钮，按一下电路板上的"程序下载"按键。注意：STC 单片机下载程序代码时要求"冷启动"，按下"程序下载"按键对单片机断电，松开"程序下载"按键对单片机上电。

⑦ 观察 ISP 下载界面，等待下载完成。

(4) 将信号发生器调节为"方波输出"，频率设定为 500Hz，从 J10 和 J11 的 GND 输入方波信号，观察运行结果；在 200Hz～1kHz 范围内调节方波频率，观察运行结果并记录。

(5) 得出结论。

11.4　16 位软件定时器模式

11.4.1　16 位软件定时器模式工作原理

PCA 模块可工作于 16 位软件定时器模式，PCA 计数器 CH 和 CL 进行"加 1"计数，捕获寄存器 CCAPnH 和 CCAPnL 存放设定值，当 CH 和 CL 的值与 CCAPnH 和 CCAPnL 中的值相匹配时，置位相应模块的标志 CCFn 申请中断，同时 CH 和 CL 自动清零；当修改 CCAPnH 和 CCAPnL 中的设定值时，16 位软件定时器将暂停工作，设定值修改完成后将继续工作。16 位软件定时器是由 ECOMn 位和 MATn 位控制的；ECCFn 位和 ECF 位控制其中断。PCA 模块 16 位软件定时器模式的结构如图 11-5 所示。

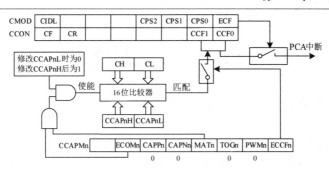

图 11-5　PCA 模块 16 位软件定时器模式结构图

11.4.2　16 位软件定时器模式应用实例

电子秒表(略。参见应用项目 6)。

11.5　高速脉冲输出模式

11.5.1　高速脉冲输出模式工作原理

PCA 模块高速脉冲输出模式工作原理与 16 位软件定时器模式基本相同，PCA 计数器 CH 和 CL 进行"加 1"计数，捕获寄存器 CCAPnH 和 CCAPnL 存放设定值，当 CH 和 CL 的值与 CCAPnH 和 CCAPnL 中的值相匹配时，取反输出管脚 CCPn 并置位相应模块的标志 CCFn，同时 CH 和 CL 自动清零；当修改 CCAPnH 和 CCAPnL 中的设定值时，高速脉冲输出将暂停工作，设定值修改完成后将继续。高速脉冲输出是由 ECOMn、MATn 和 TOGn 位控制的；ECCFn 和 ECF 位控制其中断。PCA 模块高速脉冲输出模式的结构如图 11-6 所示。

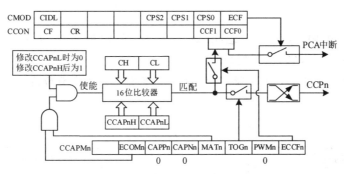

图 11-6　PCA 模块高速脉冲输出模式结构图

11.5.2　高速脉冲输出模式应用实例

步进电机控制系统：从 J10 的 1 脚(CCP0)或 2 脚(CCP1)输出脉冲，实现步进电机转速控制(略)。

11.6 脉宽调制模式

11.6.1 PWM 模式工作原理

脉宽调制(Pulse Width Modulation，PWM)是一种使用软件控制输出波形占空比、周期和相位的技术，PCA 模块有 8 位 PWM、7 位 PWM 和 6 位 PWM 三种模式。

1) 8 位 PWM 模式

当[EBSn_1,EBSn_0]=[0,0]或[1,1]时，PCA 模块工作于 8 位 PWM 模式，8 位 PWM 模式的结构如图 11-7 所示。CL 为加 1 计数器，由于所有模块共用 PCA 定时器 CL，因此，它们的输出频率相同，各模块输出占空比由｛EPCnL+CCAPnL｝决定。当｛0+CL[0～7]｝小于｛EPCnL+CCAPnL[0～7]｝时输出低电平，当｛0+CL[0～7]｝大于｛EPCnL+CCAPnL[0～7]｝时输出高电平；｛EPCnH+CCAPnH[0～7]｝存放设定值，CL 溢出时自动将｛EPCnH+CCAPnH[0～7]｝的值装入｛EPCnL+CCAPnL[0～7]｝；ECOMn 和 PWMn 位控制 PWM 的运行。

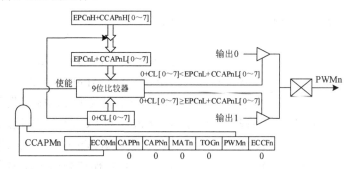

图 11-7 PCA 模块 8 位 PWM 模式结构图

注意：

① 当 EPCnL=0 且 CCAPnL=0 时，PWM 固定输出高电平；当 EPCnL=1 且 CCAPnL=0FFH 时，PWM 固定输出低电平。

② 当某个 I/O 端口用作 PWM 使用时，该端口实际状态与其工作模式对应关系如表 11-11 所示。

表 11-11 PWM 端口状态对应表

PWM 之前端口状态	PWM 输出时端口状态
弱上拉	强推挽输出，需外加 1～10kΩ限流电阻
强推挽输出	强推挽输出，需外加 1～10kΩ限流电阻
仅为输入	无效
开漏输出	开漏输出

2) 7 位 PWM 模式

当[EBSn_1,EBSn_0]=[0,1]时，PCA 模块工作于 7 位 PWM 模式的结构如图 11-8 所

示。CL 为加 1 计数器，由于所有模块共用 PCA 定时器 CL，因此，它们的输出频率相同，各模块输出占空比由｛EPCnL+CCAPnL｝决定，当｛0+CL[0～6]｝小于｛EPCnL+CCAPnL[0～6]｝时输出低电平，当｛0+CL[0～6]｝大于｛EPCnL+CCAPnL[0～6]｝时输出高电平；｛EPCnH+CCAPnH[0～6]｝存放设定值，CL 溢出时自动将｛EPCnH+CCAPnH[0～6]｝的值装入｛EPCnL+CCAPnL[0～6]｝；ECOMn 和 PWMn 位控制 PWM 的运行。

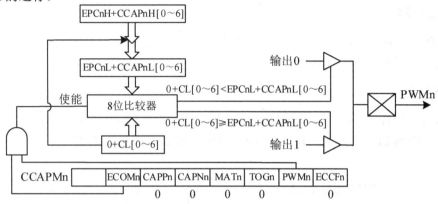

图 11-8　PCA 模块 7 位 PWM 模式结构图

注意：当 EPCnL=0 且 CCAPnL=80H 时，PWM 固定输出高电平；当 EPCnL=1 且 CCAPnL=0FFH 时，PWM 固定输出低电平。

3)　6 位 PWM 模式

当[EBSn_1,EBSn_0]=[1,0]时，PCA 模块工作于 6 位 PWM 模式的结构如图 11-9 所示。

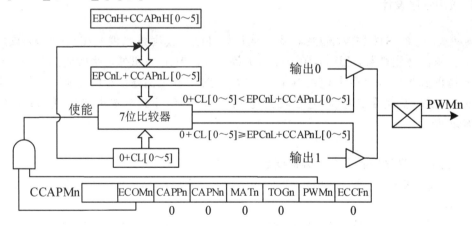

图 11-9　PCA 模块 6 位 PWM 模式结构图

在图 11-9 中，CL 为加 1 计数器，由于所有模块共用 PCA 定时器 CL，因此，它们的输出频率相同，各模块输出占空比由｛EPCnL+CCAPnL｝决定。当｛0+CL[0～5]｝小于｛EPCnL+CCAPnL[0～5]｝时输出低电平，当｛0+CL[0～5]｝大于｛EPCnL+CCAPnL[0～5]｝时输出高电平；｛EPCnH+CCAPnH[0～5]｝存放设定值，CL 溢出时自动将｛EPCnH+CCAPnH[0～5]｝的值装入｛EPCnL+CCAPnL[0～5]｝；ECOMn 和 PWMn 位控

制 PWM 的运行。

注意：当 EPCnL=0 且 CCAPnL=0C0H 时，PWM 固定输出高电平；当 EPCnL=1 且 CCAPnL=0FFH 时，PWM 固定输出低电平。

11.6.2　应用项目 12：LED 灯光亮度控制系统 1

1. 性能要求

用 STC15W4K32S4 单片机 PCA_PWM 模块、2 个按键、LED 灯电路构成 LED 灯亮度控制系统。当按 K0 键时，LED 灯变亮；当按 K1 键时，LED 灯变暗。

2. 硬件电路

LED 灯亮度控制系统 1 电路如图 11-10 所示，用 STC15W4K32S4 的 P3.2 控制 LED 灯变亮，P3.3 控制 LED 灯变暗，P1.1(CCP0)为 PWM 输出，控制 LED 灯。

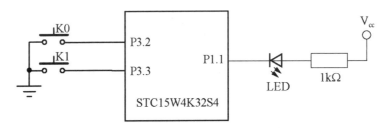

图 11-10　LED 灯亮度控制系统 1 电路图

3. 应用程序设计

编程分析　这是 STC15W4K32S4 系列单片机 PCA 模块脉宽调制模式(PWM)应用项目。根据功能要求和图 11-10，当 K0 按下时，P1.1 输出低电平时间变长，直到一直输出低电平(亮度最大)；当 K1 按下时，P1.1 输出高电平时间变长，直到一直输出高电平(亮度最低)。即通过改变 P1.1 脚输出信号的脉宽来实现 LED 灯的亮度控制。

1)　LED 灯亮度控制系统 1 编程要点

①　按钮 K0 按下，LED 灯亮度增强，即 CCAP0H 中的值增加，直到 CCAP0H=0xFF。

②　按钮 K1 按下，LED 灯亮度减弱，即 CCAP0H 中的值减小，直到 CCAP0H=0x00。

2)　LED 灯亮度控制系统 1 的流程图

LED 灯亮度控制系统 1 的流程如图 11-11 所示。

主程序

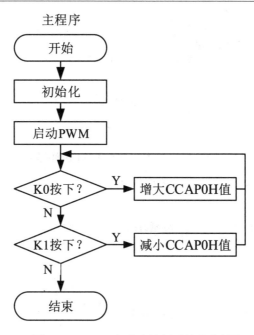

图 11-11　LED 灯亮度控制系统的流程图

3)　LED 灯亮度控制系统应用程序

①　LED 灯亮度控制系统汇编语言源程序(T11_1.asm)如下：

```
            K0        BIT P3.2
            K1        BIT P3.3
            CCON      EQU 0D8H
            CMOD      EQU 0D9H
            CCAPM0    EQU 0DAH
            PCA_PWM0 EQU 0F2H
            CCAP0L    EQU 0EAH
            CCAP0H    EQU 0FAH
ORG         0000H              ;主程序
            AJMP      MAIN
            ORG       0100H
MAIN:       MOV       SP,#7FH          ;设置堆栈指针
            MOV       PCA_PWM0,#0H     ;PCA模块0，8位PWM
            MOV       CMOD,#08H        ;PCA计数时钟为fosc，溢出不中断
MOV         CCAPM0,#02H                ;CCP0脚为PWM输出，不中断
            MOV       CCAP0H,#7fH      ;占空比为50%
MOV         CCAP0L,#7fH
            MOV       CCON,#40H        ;启动PCA计数
LOOP:       MOV       R6,#0H
            LCALL     Delay            ;延时函数，见例3-20
            JB        K0,LOOP1
            MOV       A,CCAP0H
            Cjne      a,#0ffh,lop1
            MOV       PCA_PWM0,#02H    ;LED灯长亮
            ljmp      LOOP1
lop1:       INC       A
            MOV       CCAP0H,A         ;LED灯变亮
            MOV       PCA_PWM0,#0H
```

```
loop1:  JB      K1,LOOP
        MOV     A,CCAP0H
        Cjne    a,#0h,lop2
        MOV     PCA_PWM0,#00H    ;LED灯长灭
        ljmp    LOOP
lop2:   DEC     A
        MOV     CCAP0H,A              ;LED灯变暗
        MOV     PCA_PWM0,#0H
        LJMP    LOOP
```

② LED 灯亮度控制系统 C51 语言源程序(T11_1.c)如下：

```c
#include <stc15.h>              //定义STC15W4K32S4的SFR
sbit    K0=P3^2;
sbit    K1=P3^3;
void Delay(unsigned int i) //延时函数，详见例4-2
{
  unsigned int j;
    for(j=0;j<i;j++)
  {;}
}
void main( )                    //主函数
{
 SP=0x7f;                       //设置堆栈指针
PCA_PWM0=0;          //PCA模块0，8位PWM
CMOD=8;                        //PCA计数时钟为Fosc，溢出不中断
CCAPM0=0x02;                 //CCP0脚为PWM输出，不中断
    CCAP0H=0x7f;               //占空比为50%
CCAP0L=0x7f;
    CCON=0x40;                 //启动PCA计数
while (1)          //while无限循环
  {
        Delay(1100);                //延时函数，详见例4-2
        if(!K0)
        {
          if(CCAP0H==0xff)
            PCA_PWM0=2; //LED灯长亮
          else
        {
            CCAP0H++;         //LED灯变亮
            PCA_PWM0=0;
        }
        }
        if(!K1)
        {
          if(CCAP0H==0)
            PCA_PWM0=0; //LED灯长灭
          else
        {
            CCAP0H--;         //LED灯变暗
            PCA_PWM0=0;
        }
        }
}}
```

4. LED 灯亮度系统 1 操作流程单

(1)　按照图 11-10 所示电路图在配套实验电路板上焊接 LED 灯(PWM0)和 1kΩ限流电阻。要求：元器件放置端正，焊点饱满整洁。

(2)　编译应用程序。

①　运行 Keil 仿真平台。

②　新建并设置项目"LED 灯亮度系统 1"。

③　新建并编辑应用程序 T11_1.asm 或 T11_1.c。

④　将应用程序 T11_1.asm 或 T11_1.c 添加到项目"LED 灯亮度系统 1"中。

⑤　编译应用程序生成代码文件"LED 灯亮度系统 1.hex"。

(3)　下载应用程序代码。

①　运行 ISP 下载程序。

②　正确选择 CPU 型号。要求：与电路板一致。

③　连接电路板与计算机，正确选择通信端口。注意：安装 CH340 驱动程序。

④　正确设置硬件选项。要求：选择使用内部 IRC 时钟，频率为 12MHz。

⑤　打开程序文件"LED 灯亮度系统 1.hex"。

⑥　单击"下载"按钮，按一下电路板上的"程序下载"按键。注意：STC 单片机下载程序代码时要求"冷启动"，按下"程序下载"按键对单片机断电，松开"程序下载"按键对单片机上电。

⑦　观察 ISP 下载界面，等待下载完成。

(4)　观察运行结果并记录。

(5)　按下 K0 键(一直按着)，观察运行结果并记录。

(6)　按下 K1 键(一直按着)，观察运行结果并记录。

(7)　得出结论。

本 章 小 结

本章介绍了 STC15W4K32S4 系列单片机中 PCA 模块的工作原理及应用，知识要点如下。

(1)　STC15W4K32S4 系列单片机集成了两路 CCP/PCA/PWM(PCA，可编程计数器阵列 Programmable Counter Array)，可用于软件定时器、外部脉冲捕捉、高速脉冲输出及脉宽调制输出，可以在 [CCP0/P1.1，CCP1/P1.0]、[CCP0_2/P3.5，CCP1_2/P3.6] 和 [CCP0_3/P2.5，CCP1_3/P2.6]3 组不同管脚之间切换。

(2)　与 PCA 应用有关的特殊功能寄存器如下。

①　CCP/PCA/PWM 控制寄存器 CCON，其 CR 位使能 PCA 计数，与 PCA 有关的中断标志位也均在其中。

②　CCP/PCA/PWM 模式寄存器 CMOD 用来选择 PCA 计数脉冲源，共有 8 种选择。

③　CCAPM0、CCAPM1 是 PCA 的比较/捕获寄存器，决定了 PCA 的工作模式。

④ CH、CL 是 PCA 的加 1 计数器。

⑤ CCAP0H、CCAP0L 和 CCAP1H、CCAP1L 是 PCA 的捕获/比较模式器，用来存放 16 位捕获/比较值；当 PCA 工作于 PWM 模式时，用来控制输出的占空比。

⑥ PCA_PWM0、PCA_PWM1 是 PCA 的 PWM 控制寄存器，用来选择 PWM 模式。

PCA 输出管脚切换是由寄存器 AUXR1 中的 CCP_S1、CCP_S0 决定的。

(3) 捕获模式。

PCA 模块工作于捕获模式时，对模块的外部 CCPn(n=0, 1，下同)输入(CCP0/P1.1, CCP1/P1.0)的跳变进行采样，有下降沿捕获、上升沿捕获和跳变捕获，当采样到有效跳变时，PCA 硬件将 PCA 计数器 CH 和 CL 中的值装载到模块的捕获寄存器 CCAPnH 和 CCAPnL 中。如果 CCFn 位和 ECCFn 位被置位，在捕获发生时将申请中断，中断标志位需用软件清零。

(4) 16 位软件定时器模式。

PCA 模块可工作于 16 位软件定时器模式，PCA 计数器 CH 和 CL 进行"加 1"计数，捕获寄存器 CCAPnH 和 CCAPnL 存放设定值，当 CH 和 CL 的值与 CCAPnH 和 CCAPnL 中的值相匹配时，置位相应模块的标志 CCFn 申请中断，同时 CH 和 CL 自动清零；当修改 CCAPnH 和 CCAPnL 中的设定值时，16 位软件定时器将暂停工作，设定值修改完成后将继续工作。

(5) 高速脉冲输出模式。

PCA 模块高速脉冲输出模式工作原理与 16 位软件定时器模式基本相同，PCA 计数器 CH 和 CL 进行"加 1"计数，捕获寄存器 CCAPnH 和 CCAPnL 存放设定值，当 CH 和 CL 的值与 CCAPnH 和 CCAPnL 中的值相匹配时，取反输出管脚 CCPn 并置位相应模块的标志 CCFn，同时 CH 和 CL 自动清零；当修改 CCAPnH 和 CCAPnL 中的设定值时，高速脉冲输出将暂停工作，设定值修改完成后将继续。

(6) PWM 模式工作原理。

脉宽调制(PWM, Pulse Width Modulation)是一种使用软件控制输出波形占空比、周期和相位的技术，PCA 模块有 8 位 PWM、7 位 PWM 和 6 位 PWM 三种模式，由 EBSn_1、EBSn_0 两个位设定。

CL 为加 1 计数器，所有模块共用 PCA 定时器 CL，因此，它们的输出频率相同，各模块输出占空比由 {EPCnL+CCAPnL} 决定。当 {0+CL[0~7]} 小于 {EPCnL+CCAPnL[0~7]} 时输出低电平，当 {0+CL[0~7]} 大于 {EPCnL+CCAPnL[0~7]} 时输出高电平；{EPCnH+CCAPnH[0~7]} 存放设定值，CL 溢出时自动将 {EPCnH+CCAPnH[0~7]} 的值装入 {EPCnL+CCAPnL[0~7]}；ECOMn 和 PWMn 位控制 PWM 的运行。

思考与练习

1. 如何利用 STC15W4K32S4 的 PCA 模块的脉宽调制功能，实现全 1 输出和全 0 输出？

2. 如何利用 STC15W4K32S4 的 PCA 模块的脉宽调制功能，实现 D/A 转换功能？

3. 利用 STC15W4K32S4 的 PCA 模块的脉宽调制功能，设计一个周期为 1～8s 八挡可调、占空比为 20%～80%四挡可调的 PWM 输出的脉冲。画出电路原理，编写程序调试。

4. 试比较"软件定时器"与"硬件定时器"有何异同。

5. 试比较 PCA 模块的"高速脉冲输出"与定时器的"高速脉冲输出"有何异同。

6. 试举例说明 PCA 模块的"高速脉冲输出"的应用。

第 12 章　单片机增强型 PWM 应用

学习要点：本章介绍了 STC15W4K32S4 系列单片机片内集成的 6 路独立的增强型 PWM 波形发生器的基本结构、工件原理、相关特殊功能寄存器，通过实例介绍了增强型 PWM 的应用。

知识目标：熟悉增强型 PWM 结构和工作原理，理解和掌握与增强型 PWM 相关的 SSR，能熟练使用增强型 PWM 解决实际问题。

STC15W4K32S4 系列单片机内部集成了 6 路独立的增强型 PWM 波形发生器。6 路增强型 PWM 波形发生器共用一个 15 位的 PWM 计数器，PWM 计数器归零时可申请中断和触发外部事件(启动 ADC 转换)；每路 PWM 用两个可编程的计数器 T1 和 T2 控制其输出翻转(实现占空比的可设定)，并且其初始电平可程序设定；PWM 波形发生器具有对 P2.4 管脚电平异常和比较器结果异常进行监控的功能，发生异常时，可紧急关闭 PWM 输出。

12.1　增强型 PWM 结构

STC15W4K32S4 单片机中有 6 路增强型 PWM，默认输出端口，即 PWM2：P3.7；PWM3：P2.1；PWM4：P2.2；PWM5：P2.3；PWM6：P1.6；PWM7：P1.7。

也可以使用特殊功能寄存器 PWMnCR(n=2～7)的相应位将 PWM 输出端口进行切换，即 PWM2_2：P2.7；PWM3_2：P4.5；PWM4_2：P4.4；PWM5_2：P4.2；PWM6_2：P0.7；PWM7_2：P0.6。

注意：所有与 PWM 有关的端口，在单片机上电复位后均为高阻输入状态，必须在程序中将这些端口设置为输出模式。

STC15W4K32S4 系列单片机 6 路增强型 PWM 波形发生器结构框图如图 12-1 所示。

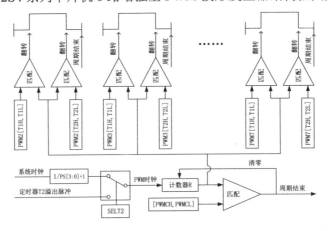

图 12-1　STC15W4K32S4 系列单片机增强型 PWM 波形发生器结构框图

12.2 与增强型 PWM 有关的特殊功能寄存器

对增强型 PWM 波形发生器的操作实际上也是通过相关特殊功能寄存器实现的，与增强型 PWM 波形发生器有关的特殊功能寄存器如表 12-1 所示。

表 12-1 与增强型 PWM 波形发生器有关的特殊功能寄存器(位)

符号	描述	地址	位地址及符号								复位值
			B7	B6	B5	B4	B3	B2	B1	B0	
PWMCFG	PWM 配置寄存器	F1H		CBTADC	C7INI	C6INI	C5INI	C4INI	C3INI	C2INI	0000 0000b
PWMCR	PWM 控制寄存器	F5H	ENPWM	ECBI	ENC7O	ENC6O	ENC5O	ENC4O	ENC3O	ENC2O	0000 0000b
PWMIF	PWM 中断标志寄存器	F6H		CBIF	C7IF	C6IF	C5IF	C4IF	C3IF	C2IF	x000 0000b
P_SW2	外围设备切换控制寄存器 2	BAH	EAXSFR								0000 0000b
PWMFDCR	PWM 外部异常控制寄存器	F7H			ENFD	FLTFLIO	EFDI	FDCMP	FDIO	FDIF	xx00 0000b
PWMCH	PWM 计数器高字节	FFF0H				PWMCH[14:8]					x000 0000b
PWMCL	PWM 计数器低字节	FFF1H				PWMCL[7:0]					0000 0000b
PWMFDCR	PWM 外部异常控制寄存器	FFF2H				SELT2		PS[3:0]			xxx0 0000b
PWM2T1H	PWM2T1 计数器高字节	FF00H				PWM2T1H [14:8]					x000 0000b
PWM2T1L	PWM2T1 计数器低字节	FF01H				PWM2T1L[7:0]					0000 0000b
PWM2T2H	PWM2T2 计数器高字节	FF02H				PWM2T2H [14:8]					x000 0000b
PWM2T2L	PWM2T2 计数器低字节	FF03H				PWM2T2L[7:0]					0000 0000b
PWM2CR	PWM2 控制寄存器	FF04H					PWM2_PS	EPWM2I	EC2T2SI	EC2T1SI	xxxx 0000b
PWM3T1H	PWM3T1 计数器高字节	FF10H				PWM3T1H [14:8]					x000 0000b
PWM3T1L	PWM3T1 计数器低字节	FF11H				PWM3T1L[7:0]					0000 0000b
PWM3T2H	PWM3T2 计数器高字节	FF12H				PWM3T2H [14:8]					x000 0000b
PWM3T2L	PWM3T2 计数器低字节	FF13H				PWM3T2L[7:0]					0000 0000b
PWM3CR	PWM3 控制寄存器	FF14H					PWM3_PS	EPWM3I	EC3T3SI	EC3T1SI	xxxx 0000b
PWM4T1H	PWM4T1 计数器高字节	FF20H				PWM4T1H [14:8]					x000 0000b
PWM4T1L	PWM4T1 计数器低字节	FF21H				PWM4T1L[7:0]					0000 0000b
PWM4T2H	PWM4T2 计数器高字节	FF22H				PWM4T2H [14:8]					x000 0000b
PWM4T2L	PWM4T2 计数器低字节	FF23H				PWM4T2L[7:0]					0000 0000b
PWM4CR	PWM4 控制寄存器	FF24H					PWM4_PS	EPWM4I	EC4T2SI	EC4T1SI	xxxx 0000b
PWM5T1H	PWM5T1 计数器高字节	FF30H				PWM5T1H [14:8]					x000 0000b
PWM5T1L	PWM5T1 计数器低字节	FF31H				PWM5T1L[7:0]					0000 0000b
PWM5T2H	PWM5T2 计数器高字节	FF32H				PWM5T2H [14:8]					x000 0000b
PWM5T2L	PWM5T2 计数器低字节	FF33H				PWM5T2L[7:0]					0000 0000b
PWM5CR	PWM5 控制寄存器	FF34H					PWM5_PS	EPWM5I	EC5T2SI	EC5T1SI	xxxx 0000b
PWM6T1H	PWM6T1 计数器高字节	FF40H				PWM6T1H [14:8]					x000 0000b
PWM6T1L	PWM6T1 计数器低字节	FF41H				PWM6T1L[7:0]					0000 0000b
PWM6T2H	PWM6T2 计数器高字节	FF42H				PWM6T2H [14:8]					x000 0000b
PWM6T2L	PWM6T2 计数器低字节	FF43H				PWM6T2L[7:0]					0000 0000b
PWM6CR	PWM6 控制寄存器	FF44H					PWM6_PS	EPWM6I	EC6T2SI	EC6T1SI	xxxx 0000b
PWM7T1H	PWM7T1 计数器高字节	FF50H				PWM7T1H [14:8]					x000 0000b
PWM7T1L	PWM7T1 计数器低字节	FF51H				PWM7T1L[7:0]					0000 0000b
PWM7T2H	PWM7T2 计数器高字节	FF52H				PWM7T2H [14:8]					x000 0000b
PWM7T2L	PWM7T2 计数器低字节	FF53H				PWM7T2L[7:0]					0000 0000b
PWM7CR	PWM7 控制寄存器	FF54H					PWM7_PS	EPWM7I	EC7T2SI	EC7T1SI	xxxx 0000b

1. PWM 配置寄存器：PWMCFG

PWMCFG 是增强型 PWM 波形发生器的配置寄存器，字节地址为 F1H，不可位寻址。PWMCFG 结构及位名称如表 12-2 所示。

表 12-2　PWMCFG 结构及位名称表

位号	PWMCFG.7	PWMCFG.6	PWMCFG.5	PWMCFG.4	PWMCFG.3	PWMCFG.2	PWMCFG.1	PWMCFG.0
位名称		CBTADC	C7INI	C6INI	C5INI	C4INI	C3INI	C2INI

① CBTADC：PWM 计数器归零时是否触发 ADC 转换控制位。

0——PWM 计数器归零时不触发 ADC 转换；

1——在 PWM 和 ADC 使能的前提下，PWM 计数器归零时触发 ADC 转换。

② C7INI：设置 PWM7 输出端口的初始电平。

0——PWM7 输出端口的初始电平为低电平；

1——PWM7 输出端口的初始电平为高电平。

③ C6INI：设置 PWM6 输出端口的初始电平。

0——PWM6 输出端口的初始电平为低电平；

1——PWM6 输出端口的初始电平为高电平。

④ C5INI：设置 PWM5 输出端口的初始电平。

0——PWM5 输出端口的初始电平为低电平；

1——PWM5 输出端口的初始电平为高电平。

⑤ C4INI：设置 PWM4 输出端口的初始电平。

0——PWM4 输出端口的初始电平为低电平；

1——PWM4 输出端口的初始电平为高电平。

⑥ C3INI：设置 PWM3 输出端口的初始电平。

0——PWM3 输出端口的初始电平为低电平；

1——PWM3 输出端口的初始电平为高电平。

⑦ C2INI：设置 PWM2 输出端口的初始电平。

0——PWM2 输出端口的初始电平为低电平；

1——PWM2 输出端口的初始电平为高电平。

2. PWM 控制寄存器：PWMCR

PWMCR 是增强型 PWM 波形发生器的控制寄存器，字节地址为 F5H，不可位寻址。PWMCR 结构及位名称如表 12-3 所示。

表 12-3　PWMCR 结构及位名称表

位号	PWMCR.7	PWMCR.6	PWMCR.5	PWMCR.4	PWMCR.3	PWMCR.2	PWMCR.1	PWMCR.0
位名称	ENPWM	ECBI	ENC70	ENC60	ENC50	ENC40	ENC30	ENC20

① ENPWM：PWM 波形发生器使能控制位。

0——关闭 PWM 波形发生器；

1——使能 PWM 波形发生器，PWM 计数器开始计数。

注意：

(1) ENPWM=1，使能 PWM 波形发生器，PWM 计数器立即开始计数，并与各路 PWM 的翻转计数器 T1 和 T2 比较，因此，必须在完成 PWM 的所有设置(包括 T1 和 T2 设置、初始电平设置、异常触发设置、PWM 中设置等)后，再使 ENPWM 位为 1。

(2) 在 PWM 工作过程中，若使 ENPWM=0，则 PWM 计数器立即停止计数；再次使 ENPWM=1，则 PWM 计数器从 0 开始重新计数。

② ECBI：PWM 计数器归零中断允许位。

0——PWM 计数器归零时，不允许 PWM 中断，但 CBIF 仍被硬件置 1；

1——PWM 计数器归零时，允许 PWM 中断。

③ ENC70：PWM7 输出使能位。

0——PWM7 的输出端口为普通 IO 口；

1——PWM7 的输出端口为 PWM 输出，受 PWM 波形发生器控制。

④ ENC60：PWM6 输出使能位。

0——PWM6 的输出端口为普通 IO 口；

1——PWM6 的输出端口为 PWM 输出，受 PWM 波形发生器控制。

⑤ ENC50：PWM5 输出使能位。

0——PWM5 的输出端口为普通 IO 口；

1——PWM5 的输出端口为 PWM 输出，受 PWM 波形发生器控制。

⑥ ENC40：PWM4 输出使能位。

0——PWM4 的输出端口为普通 IO 口；

1——PWM4 的输出端口为 PWM 输出，受 PWM 波形发生器控制。

⑦ ENC30：PWM3 输出使能位。

0——PWM3 的输出端口为普通 IO 口；

1——PWM3 的输出端口为 PWM 输出，受 PWM 波形发生器控制。

⑧ ENC20：PWM2 输出使能位。

0——PWM2 的输出端口为普通 IO 口；

1——PWM2 的输出端口为 PWM 输出，受 PWM 波形发生器控制。

3. PWM 中断标志寄存器：PWMIF

PWMIF 是增强型 PWM 标志寄存器，字节地址为 F6H，不可位寻址。PWMIF 结构及位名称如表 12-4 所示。

表 12-4　PWMIF 结构及位名称表

位 号	PWMIF.7	PWMIF.6	PWMIF.5	PWMIF.4	PWMIF.3	PWMIF.2	PWMIF.1	PWMIF.0
位名称		CBIF	C7IF	C6IF	C5IF	C4IF	C3IF	C2IF

① CBIF：PWM 计数器归零中断标志位。当 PWM 计数器归零时，硬件将此位置 1；必须用软件清零。

② C7IF：PWM7 中断标志位。当 PWM7 发生翻转时，硬件将此位置 1；必须用软件

清零。翻转点可设置。

③ C6IF：PWM6 中断标志位。当 PWM6 发生翻转时，硬件将此位置 1；必须用软件清零。翻转点可设置。

④ C5IF：PWM5 中断标志位。当 PWM5 发生翻转时，硬件将此位置 1；必须用软件清零。翻转点可设置。

⑤ C4IF：PWM4 中断标志位。当 PWM4 发生翻转时，硬件将此位置 1；必须用软件清零。翻转点可设置。

⑥ C3IF：PWM3 中断标志位。当 PWM3 发生翻转时，硬件将此位置 1；必须用软件清零。翻转点可设置。

⑦ C2IF：PWM2 中断标志位。当 PWM2 发生翻转时，硬件将此位置 1；必须用软件清零。翻转点可设置。

4. PWM 外部异常控制寄存器：PWMFDCR

PWMFDCR 是增强型 PWM 外部异常控制寄存器，字节地址为 F7H，不可位寻址。PWMFDCR 结构及位名称如表 12-5 所示。

表 12-5　PWMFDCR 结构及位名称表

位号	PWMFDCR.7	PWMFDCR.6	PWMFDCR.5	PWMFDCR.4	PWMFDCR.3	PWMFDCR.2	PWMFDCR.1	PWMFDCR.0
位名称			ENFD	FLTFLIO	EFDI	FDCMP	FDIO	FDIF

① ENFD：PWM 外部异常检测功能控制位。

0——关闭 PWM 外部异常检测功能；

1——使能 PWM 外部异常检测功能。

② FLTFLIO：发生 PWM 外部异常时对 PWM 输出口控制位。

0——发生 PWM 外部异常时，PWM 输出口不作任何改变；

1——发生 PWM 外部异常时，PWM 输出口立即设置为高阻输入模式；当 PWM 外部异常状态取消时，相应的 PWM 输出口会自动恢复成以前的 I/O 设置。

③ EFDI：　PWM 异常检测中断使能位。

0——关闭 PWM 异常检测中断；

1——使能 PWM 异常检测中断。

④ DCMP：设定 PWM 异常检测源为比较器输出。

0——比较器与 PWM 无关；

1——当比较器输出为高时触发 PWM 异常检测。

⑤ FDIO：设定 PWM 异常检测源为 P2.4 端口状态。

0——P2.4 端口状态与 PWM 无关；

1——当 P2.4 端口状态为高时，触发 PWM 异常检测。

⑥ FDIF：PWM 异常检测中断标志位。当发生 PWM4 异常时，硬件将此位置 1；必须用软件清零。

5. 外围设备切换控制寄存器 2：P_SW2

P_SW2 是外围设备切换控制寄存器，字节地址为 BAH，不可位寻址。与 PWM 有关的 P_SW2 结构及位名称如表 12-6 所示。

表 12-6　P_SW2 结构及位名称表

位　号	P_SW2.7	P_SW2.6	P_SW2.5	P_SW2.4	P_SW2.3	P_SW2.2	P_SW2.1	P_SW2.0
位名称	EAXSFR							

EAXSFR：扩展 SFR 访问控制位。

0——MOVX 类指令的操作对象为扩展 RAM(XRAM)；

1——MOVX 类指令的操作对象为扩展 SFR(XSFR)。

注意：访问与 PWM 有关的在扩展 RAM 区的特殊功能寄存器时，必须先将 EAXSFR 置 1。

6. PWM 计数器

PWM 计数器是一个 15 位的寄存器，由 PWMCH(字节地址为 FFF0H)和 PWMCL(字节地址为 FFF1H)组成，可设定 1～32767 之间的任意值作为增强型 PWM 的周期。PWM 波形发生器内部的计数器从 0 开始计数，每个 PWM 时钟周期递增 1，当内部计数器的计数值达到 PWM 计数器所设定的 PWM 周期时，PWM 波形发生器内部的计数器将会从 0 重新开始计数，硬件将 PWM 归零中断标志位 CBIF 置 1，向 CPU 申请中断。

7. PWM 时钟选择寄存器：PWMCKS

PWMCKS 是增强型 PWM 时钟选择寄存器，字节地址为 FFF2H，不可位寻址。PWMCKS 结构及位名称如表 12-7 所示。

表 12-7　PWMCKS 结构及位名称表

位　号	PWMCKS.7	PWMCKS.6	PWMCKS.5	PWMCKS.4	PWMCKS.3	PWMCKS.2	PWMCKS.1	PWMCKS.0
位名称				SELT2	PS[3:0]			

① SELT2：PWM 时钟源选择位。

0——PWM 时钟源为系统时钟经分频器分频后的时钟，即

$$PWM 时钟=系统时钟/(PS[3:0]+1)$$

1——PWM 时钟源为定时器 T2 的溢出脉冲。

② PS[3:0]：系统时钟分频系数。

8. PWM2 的翻转计数器

PWM2(PWM 通道 2)有两个 15 位的翻转计数器寄存器 PWM2T1 和 PWM2T2，PWM2T1 由 PWM2T1H(字节地址为 FF00H)和 PWM2T1L(字节地址为 FF01H)组成，PWM2T2 由 PWM2T2H(字节地址为 FF02H)和 PWM2T2L(字节地址为 FF03H)组成，PWM2T1 和 PWM2T2 均可设定 1～32767 之间的任意值。当 PWM 内部计数器的计数值达到 PWM2T1 和 PWM2T2 所设定值时，PWM2 的输出波形将发生翻转。

9. PWM2 的控制寄存器：PWM2CR

PWM2CR 是 PWM2 的控制寄存器，字节地址为 FF04H，不可位寻址。PWM2CR 结构及位名称如表 12-8 所示。

表 12-8　PWM2CR 结构及位名称表

位　号	PWM2CR.7	PWM2CR.6	PWM2CR.5	PWM2CR.4	PWM2CR.3	PWM2CR.2	PWM2CR.1	PWM2CR.0
位名称					PWM2_PS	EPWM2I	EC2T2SI	EC2T1SI

① PWM2_PS：PWM2 输出管脚选择位。

0——PWM2 输出管脚为 PWM2：P3.7；

1——PWM2 输出管脚为 PWM2_2：P2.7。

② EPWM2I：PWM2 中断使能控制位。

0——关闭 PWM2 中断；

1——使能 PWM2 中断，当 C2IF 被硬件置 1 时，可向 CPU 申请中断。

③ EC2T2SI：PWM2T2 匹配发生波形翻转时的中断控制位。

0——关闭 PWM2T2 翻转时中断；

1——使能 PWM2T2 翻转时中断。当 PWM 内部计数器的计数值达到 PWM2T2 所设定值时，PWM2 的输出波形将发生翻转，同时硬件将 C2IF 置 1，可向 CPU 申请中断。

④ EC2T1SI：PWM2T1 匹配发生波形翻转时的中断控制位。

0——关闭 PWM2T1 翻转时中断；

1——使能 PWM2T1 翻转时中断。当 PWM 内部计数器的计数值达到 PWM2T1 所设定值时，PWM2 的输出波形将发生翻转，同时硬件将 C2IF 置 1，可向 CPU 申请中断。

10. PWM3 的翻转计数器

PWM3(PWM 通道 3)有两个 15 位的翻转计数器寄存器 PWM3T1 和 PWM3T2，PWM3T1 由 PWM3T1H(字节地址为 FF10H)和 PWM3T1L(字节地址为 FF11H)组成，PWM3T2 由 PWM3T2H(字节地址为 FF12H)和 PWM3T2L(字节地址为 FF13H)组成，PWM3T1 和 PWM3T2 均可设定 1~32767 之间的任意值。当 PWM 内部计数器的计数值达到 PWM3T1 和 PWM3T2 所设定值时，PWM3 的输出波形将发生翻转。

11. PWM3 的控制寄存器：PWM3CR

PWM3CR 是 PWM3 的控制寄存器，字节地址为 FF14H，不可位寻址。PWM3CR 结构及位名称如表 12-9 所示。

表 12-9　PWM3CR 结构及位名称表

位　号	PWM3CR.7	PWM3CR.6	PWM3CR.5	PWM3CR.4	PWM3CR.3	PWM3CR.2	PWM3CR.1	PWM3CR.0
位名称					PWM3_PS	EPWM3I	EC3T2SI	EC3T1SI

① PWM3_PS：PWM3 输出管脚选择位。

0——PWM3 输出管脚为 PWM3：P2.1；

1——PWM3 输出管脚为 PWM3_2：P4.5。

② EPWM3I：PWM3 中断使能控制位。

0——关闭 PWM3 中断；

1——使能 PWM3 中断，当 C3IF 被硬件置 1 时，可向 CPU 申请中断。

③ EC3T2SI：PWM3T2 匹配发生波形翻转时的中断控制位。

0——关闭 PWM3T2 翻转时中断；

1——使能 PWM3T2 翻转时中断。当 PWM 内部计数器的计数值达到 PWM3T2 所设定值时，PWM3 的输出波形将发生翻转，同时硬件将 C3IF 置 1，可向 CPU 申请中断。

④ EC3T1SI：PWM3T1 匹配发生波形翻转时的中断控制位。

0——关闭 PWM3T1 翻转时中断；

1——使能 PWM3T1 翻转时中断。当 PWM 内部计数器的计数值达到 PWM3T1 所设定值时，PWM3 的输出波形将发生翻转，同时硬件将 C3IF 置 1，可向 CPU 申请中断。

12. PWM4 的翻转计数器

PWM4(PWM 通道 4)有两个 15 位的翻转计数器寄存器 PWM4T1 和 PWM4T2，PWM4T1 由 PWM4T1H(字节地址为 FF20H)和 PWM4T1L(字节地址为 FF21H)组成，PWM4T2 由 PWM4T2H(字节地址为 FF22H)和 PWM4T2L(字节地址为 FF23H)组成，PWM4T1 和 PWM4T2 均可设定 1～32767 之间的任意值。当 PWM 内部计数器的计数值达到 PWM4T1 和 PWM4T2 所设定值时，PWM4 的输出波形将发生翻转。

13. PWM4 的控制寄存器：PWM4CR

PWM4CR 是 PWM4 的控制寄存器，字节地址为 FF24H，不可位寻址。PWM4CR 结构及位名称如表 12-10 所示。

表 12-10　PWM4CR 结构及位名称表

位　号	PWM4CR.7	PWM4CR.6	PWM4CR.5	PWM4CR.4	PWM4CR.3	PWM4CR.2	PWM4CR.1	PWM4CR.0
位名称					PWM4_PS	EPWM4I	EC4T2SI	EC4T1SI

① PWM4_PS：PWM4 输出管脚选择位。

0——PWM4 输出管脚为 PWM4：P2.2；

1——PWM4 输出管脚为 PWM4_2：P4.4。

② EPWM4I：PWM4 中断使能控制位。

0——关闭 PWM4 中断；

1——使能 PWM4 中断，当 C4IF 被硬件置 1 时，可向 CPU 申请中断。

③ EC4T2SI：PWM4T2 匹配发生波形翻转时的中断控制位。

0——关闭 PWM4T2 翻转时中断；

1——使能 PWM4T2 翻转时中断。当 PWM 内部计数器的计数值达到 PWM4T2 所设定值时，PWM4 的输出波形将发生翻转，同时硬件将 C4IF 置 1，可向 CPU 申请中断。

④ EC4T1SI：PWM4T1 匹配发生波形翻转时的中断控制位。

0——关闭 PWM4T1 翻转时中断；

1——使能 PWM4T1 翻转时中断。当 PWM 内部计数器的计数值达到 PWM4T1 所设定值时，PWM4 的输出波形将发生翻转，同时硬件将 C4IF 置 1，可向 CPU 申请中断。

14. PWM5 的翻转计数器

PWM5(PWM 通道 3)有两个 15 位的翻转计数器寄存器 PWM5T1 和 PWM5T2，PWM5T1 由 PWM5T1H(字节地址为 FF30H)和 PWM5T1L(字节地址为 FF31H)组成，PWM5T2 由 PWM5T2H(字节地址为 FF32H)和 PWM5T2L(字节地址为 FF33H)组成，PWM5T1 和 PWM5T2 均可设定 1~32767 之间的任意值。当 PWM 内部计数器的计数值达到 PWM5T1 和 PWM5T2 所设定值时，PWM5 的输出波形将发生翻转。

15. PWM5 的控制寄存器：PWM5CR

PWM5CR 是 PWM5 的控制寄存器，字节地址为 FF34H，不可位寻址。PWM5CR 结构及位名称如表 12-11 所示。

表 12-11　PWM5CR 结构及位名称表

位　号	PWM5CR.7	PWM5CR.6	PWM5CR.5	PWM5CR.4	PWM5CR.3	PWM5CR.2	PWM5CR.1	PWM5CR.0
位名称					PWM5_PS	EPWM5I	EC5T2SI	EC5T1SI

① PWM5_PS：PWM5 输出管脚选择位。

0——PWM5 输出管脚为 PWM5：P2.3；

1——PWM5 输出管脚为 PWM5_2：P4.2。

② EPWM5I：PWM5 中断使能控制位。

0——关闭 PWM5 中断；

1——使能 PWM5 中断，当 C3IF 被硬件置 1 时，可向 CPU 申请中断。

③ EC5T2SI：PWM5T2 匹配发生波形翻转时的中断控制位。

0——关闭 PWM5T2 翻转时中断；

1——使能 PWM5T2 翻转时中断。当 PWM 内部计数器的计数值达到 PWM5T2 所设定值时，PWM5 的输出波形将发生翻转，同时硬件将 C5IF 置 1，可向 CPU 申请中断。

④ EC5T1SI：PWM5T1 匹配发生波形翻转时的中断控制位。

0——关闭 PWM5T1 翻转时中断；

1——使能 PWM5T1 翻转时中断。当 PWM 内部计数器的计数值达到 PWM5T1 所设定值时，PWM5 的输出波形将发生翻转，同时硬件将 C5IF 置 1，可向 CPU 申请中断。

16. PWM6 的翻转计数器

PWM6(PWM 通道 3)有两个 15 位的翻转计数器寄存器 PWM6T1 和 PWM6T2，PWM6T1 由 PWM6T1H(字节地址为 FF40H)和 PWM6T1L(字节地址为 FF41H)组成，PWM6T2 由 PWM6T2H(字节地址为 FF42H)和 PWM6T2L(字节地址为 FF43H)组成，PWM6T1 和 PWM6T2 均可设定 1~32767 之间的任意值。当 PWM 内部计数器的计数值达到 PWM6T1 和 PWM6T2 所设定值时，PWM6 的输出波形将发生翻转。

17. PWM6 的控制寄存器：PWM6CR

PWM6CR 是 PWM6 的控制寄存器，字节地址为 FF44H，不可位寻址。PWM6CR 结构及位名称如表 12-12 所示。

表 12-12 PWM6CR 结构及位名称表

位 号	PWM6CR.7	PWM6CR.6	PWM6CR.5	PWM6CR.4	PWM6CR.3	PWM6CR.2	PWM6CR.1	PWM6CR.0
位名称					PWM6_PS	EPWM6I	EC6T2SI	EC6T1SI

① PWM6_PS：PWM6 输出管脚选择位。

0——PWM6 输出管脚为 PWM6：P1.6；

1——PWM6 输出管脚为 PWM6_2：P0.7。

② EPWM6I：PWM6 中断使能控制位。

0——关闭 PWM6 中断；

1——使能 PWM6 中断，当 C6IF 被硬件置 1 时，可向 CPU 申请中断。

③ EC6T2SI：PWM6T2 匹配发生波形翻转时的中断控制位。

0——关闭 PWM6T2 翻转时中断；

1——使能 PWM6T2 翻转时中断。当 PWM 内部计数器的计数值达到 PWM6T2 所设定值时，PWM6 的输出波形将发生翻转，同时硬件将 C6IF 置 1，可向 CPU 申请中断。

④ EC6T1SI：PWM6T1 匹配发生波形翻转时的中断控制位。

0——关闭 PWM6T1 翻转时中断；

1——使能 PWM6T1 翻转时中断。当 PWM 内部计数器的计数值达到 PWM6T1 所设定值时，PWM6 的输出波形将发生翻转，同时硬件将 C6IF 置 1，可向 CPU 申请中断。

18. PWM7 的翻转计数器

PWM7(PWM 通道 3)有两个 15 位的翻转计数器寄存器 PWM7T1 和 PWM7T2，PWM7T1 由 PWM7T1H(字节地址为 FF50H)和 PWM7T1L(字节地址为 FF51H)组成，PWM7T2 由 PWM7T2H(字节地址为 FF52H)和 PWM7T2L(字节地址为 FF53H)组成，PWM7T1 和 PWM7T2 均可设定 1~32767 之间的任意值。当 PWM 内部计数器的计数值达到 PWM7T1 和 PWM7T2 所设定值时，PWM7 的输出波形将发生翻转。

19. PWM7 的控制寄存器：PWM7CR

PWM7CR 是 PWM7 的控制寄存器，字节地址为 FF54H，不可位寻址。PWM7CR 结构及位名称如表 12-13 所示。

表 12-13 PWM7CR 结构及位名称表

位 号	PWM7CR.7	PWM7CR.6	PWM7CR.5	PWM7CR.4	PWM7CR.3	PWM7CR.2	PWM7CR.1	PWM7CR.0
位名称					PWM7_PS	EPWM7I	EC7T2SI	EC7T1SI

① PWM7_PS：PWM7 输出管脚选择位。

0——PWM7 输出管脚为 PWM7：P1.7；

1——PWM7 输出管脚为 PWM7_2：P0.6。

② EPWM7I：PWM7 中断使能控制位。

0——关闭 PWM7 中断；

1——使能 PWM7 中断，当 C7IF 被硬件置 1 时，可向 CPU 申请中断。

③ EC7T2SI：PWM7T2 匹配发生波形翻转时的中断控制位。

0——关闭 PWM7T2 翻转时中断；

1——使能 PWM7T2 翻转时中断。当 PWM 内部计数器的计数值达到 PWM7T2 所设定值时，PWM7 的输出波形将发生翻转，同时硬件将 C7IF 置 1，可向 CPU 申请中断。

④ EC7T1SI：PWM7T1 匹配发生波形翻转时的中断控制位。

0——关闭 PWM7T1 翻转时中断；

1——使能 PWM7T1 翻转时中断。当 PWM 内部计数器的计数值达到 PWM7T1 所设定值时，PWM7 的输出波形将发生翻转，同时硬件将 C7IF 置 1，可向 CPU 申请中断。

12.3 增强型 PWM 波形发生器的中断控制

增强型 PWM 波形发生器的中断也是通过相关特殊功能寄存器实现的，与增强型 PWM 波形发生器中断有关的特殊功能寄存器及其相应位如表 12-14 所示。

表 12-14 与增强型 PWM 波形发生器中断有关的特殊功能寄存器(位)

符 号	描 述	地址	位地址及符号								复位值
			B7	B6	B5	B4	B3	B2	B1	B0	
IP2	中断优先级控制寄存器 2	B5H					PPWMFD	PPWM			
PWMIF	PWM 中断标志寄存器	F6H		CBIF	C7IF	C6IF	C5IF	C4IF	C3IF	C2IF	x000 0000b
PWMCR	PWM 控制寄存器	F5H		ECBI							0000 0000b
PWMFDCR	PWM 外部异常控制寄存器	F7H					EFDI			FDIF	xx00 0000b
PWM2CR	PWM2 控制寄存器	FF04H						EPWM2I	EC2T2SI	EC2T1SI	xxxx 0000b
PWM3CR	PWM3 控制寄存器	FF14H						EPWM3I	EC3T3SI	EC3T1SI	xxxx 0000b
PWM4CR	PWM4 控制寄存器	FF24H						EPWM4I	EC4T2SI	EC4T1SI	xxxx 0000b
PWM5CR	PWM5 控制寄存器	FF34H						EPWM5I	EC5T2SI	EC5T1SI	xxxx 0000b
PWM6CR	PWM6 控制寄存器	FF44H						EPWM6I	EC6T2SI	EC6T1SI	xxxx 0000b
PWM7CR	PWM7 控制寄存器	FF54H						EPWM7I	EC7T2SI	EC7T1SI	xxxx 0000b

1. 中断优先级控制寄存器 2：IP2

IP2 是中断优先级控制寄存器，字节地址为 B5H，不可位寻址。IP2 结构及与增强型 PWM 中断有关的位名称如表 12-15 所示。

表 12-15 IP2 结构及位名称表

位 号	IP2.7	IP2.6	IP2.5	IP2.4	IP2.3	IP2.2	IP2.1	IP2.0
位名称					PPWMFD	PPWM		

① PPWMFD：PWM 异常检测中断优先级控制位。

0——PWM 异常检测中断优先级为低优先级；

1——PWM 异常检测中断优先级为高优先级。

② PPWM：PWM 中断优先级控制位。

0——PWM 中断优先级为低优先级；

1——PWM 中断优先级为高优先级。

注意：中断优先级控制寄存器 IP2 的内容中只能用字节操作指令来更新。

2. PWM 中断标志寄存器：PWMIF

PWMIF 是增强型 PWM 标志寄存器，字节地址为 F6H，不可位寻址。PWMIF 结构及位名称如表 12-16 所示。

表 12-16　PWMIF 结构及位名称表

位　号	PWMIF.7	PWMIF.6	PWMIF.5	PWMIF.4	PWMIF.3	PWMIF.2	PWMIF.1	PWMIF.0
位名称		CBIF	C7IF	C6IF	C5IF	C4IF	C3IF	C2IF

各个位功能含义已在前文讲述，不再重复。

3. PWM 控制寄存器：PWMCR

PWMCR 是增强型 PWM 控制寄存器，字节地址为 F5H，不可位寻址。PWMCR 结构及与增强型 PWM 中断有关的位名称如表 12-17 所示。

表 12-17　PWMCR 结构及位名称表

位　号	PWMCR.7	PWMCR.6	PWMCR.5	PWMCR.4	PWMCR.3	PWMCR.2	PWMCR.1	PWMCR.0
位名称		ECBI						

CEBI：PWM 计数器归零中断使能位。

0——关闭 PWM 计数器归零中断(CBIF 依然会被告硬件置位)；

1——使能 PWM 计数器归零中断。

4. PWM 外部异常控制寄存器：PWMFDCR

PWMFDCR 是中断优先级控制寄存器，字节地址为 B7H，不可位寻址。PWMFDCR 结构及与增强型 PWM 中断有关的位名称如表 12-18 所示。

表 12-18　PWMFDCR 结构及位名称表

位号	PWMFDCR.7	PWMFDCR.6	PWMFDCR.5	PWMFDCR.4	PWMFDCR.3	PWMFDCR.2	PWMFDCR.1	PWMFDCR.0
位名称					EFDI			FDIF

① EFDI：PWM 异常检测中断使能位。

0——关闭 PWM 异常检测中断(FDIF 依然会被告硬件置位)；

1——使能 PWM 异常检测中断。

② FDIF：PWM 异常检测中断标志位。

当发生 PWM 异常(比较器正极 P5.5/CMP+的电平比比较器负极 P5.4/CMP-的电平高或

者比较器正极 P5.5/CMP+的电平比内部参考电压源 1.28V 高或者 P2.4 电平为高)时，硬件自动将此位置 1。当 EFDI 为 1 时，程序会跳转到相应中断入口执行中断服务程序。此位需要软件清零。

5. PWM2 控制寄存器：PWM2CR

PWM2CR 是增强型 PWM2 的控制寄存器，字节地址为 FF04H，不可位寻址。PWM2CR 结构及与中断有关的位名称如表 12-19 所示。

表 12-19　PWM2CR 结构及位名称表

位　号	PWM2CR.7	PWM2CR.6	PWM2CR.5	PWM2CR.4	PWM2CR.3	PWM2CR.2	PWM2CR.1	PWM2CR.0
位名称						EPWM2I	EC2T2SI	EC2T1SI

① EPWM2I：PWM2 中断使能位。

0——关闭 PWM2 中断；

1——使能 PWM2 中断，当 C2IF 被硬件置 1 时，可向 CPU 申请中断。

② EC2T2SI：PWM2 的 T2 匹配发生波形翻转时的中断控制位。

0——关闭 PWM2 的 T2 翻转时中断；

1——使能 PWM2 的 T2 翻转时中断，当 PWM 波形发生器内部计数值与 T2 计数器所设定的值匹配时，PWM2 的波形发生翻转，同时 C2IF 被硬件置 1 时，若此时 EPWM2I 为 1，则程序会跳转到相应中断入口执行中断服务程序。

③ EC2T1SI：PWM2 的 T1 匹配发生波形翻转时的中断控制位。

0——关闭 PWM2 的 T1 翻转时中断；

1——使能 PWM2 的 T1 翻转时中断，当 PWM 波形发生器内部计数值与 T1 计数器所设定的值匹配时，PWM2 的波形发生翻转，同时 C2IF 被硬件置 1 时，若此时 EPWM2I 为 1，则程序会跳转到相应中断入口执行中断服务程序。

6. PWM3 控制寄存器：PWM3CR

PWM2CR 是增强型 PWM2 的控制寄存器，字节地址为 FF14H，不可位寻址。PWM3CR 结构及与中断有关的位名称如表 12-20 所示。

表 12-20　PWM3CR 结构及位名称表

位　号	PWM3CR.7	PWM3CR.6	PWM3CR.5	PWM3CR.4	PWM3CR.3	PWM3CR.2	PWM3CR.1	PWM3CR.0
位名称						EPWM3I	EC3T2SI	EC3T1SI

① EPWM3I：PWM3 中断使能位。

0——关闭 PWM3 中断；

1——使能 PWM3 中断，当 C3IF 被硬件置 1 时，可向 CPU 申请中断。

② EC3T2SI：PWM3 的 T2 匹配发生波形翻转时的中断控制位。

0——关闭 PWM3 的 T2 翻转时中断；

1——使能 PWM3 的 T2 翻转时中断，当 PWM 波形发生器内部计数值与 T2 计数器所设定的值匹配时，PWM3 的波形发生翻转，同时 C3IF 被硬件置 1 时，若此时 EPWM3I 为

1，则程序会跳转到相应中断入口执行中断服务程序。

③　EC3T1SI：PWM3 的 T1 匹配发生波形翻转时的中断控制位。

0——关闭 PWM3 的 T1 翻转时中断；

1——使能 PWM3 的 T1 翻转时中断，当 PWM 波形发生器内部计数值与 T1 计数器所设定的值匹配时，PWM3 的波形发生翻转，同时 C3IF 被硬件置 1 时，若此时 EPWM3I 为 1，则程序会跳转到相应中断入口执行中断服务程序。

7. PWM4 控制寄存器：PWM4CR

PWM4CR 是增强型 PWM4 的控制寄存器，字节地址为 FF24H，不可位寻址。PWM4CR 结构及与中断有关的位名称如表 12-21 所示。

表 12-21　PWM4CR 结构及位名称表

位　号	PWM4CR.7	PWM4CR.6	PWM4CR.5	PWM4CR.4	PWM4CR.3	PWM4CR.2	PWM4CR.1	PWM4CR.0
位名称						EPWM4I	EC4T2SI	EC4T1SI

①　EPWM4I：PWM4 中断使能位。

0——关闭 PWM4 中断；

1——使能 PWM4 中断，当 C2IF 被硬件置 1 时，可向 CPU 申请中断。

②　EC4T2SI：PWM4 的 T2 匹配发生波形翻转时的中断控制位。

0——关闭 PWM4 的 T2 翻转时中断；

1——使能 PWM4 的 T2 翻转时中断，当 PWM 波形发生器内部计数值与 T2 计数器所设定的值匹配时，PWM4 的波形发生翻转，同时 C4IF 被硬件置 1 时，若此时 EPWM4I 为 1，则程序会跳转到相应中断入口执行中断服务程序。

③　EC4T1SI：PWM2 的 T1 匹配发生波形翻转时的中断控制位。

0——关闭 PWM4 的 T1 翻转时中断；

1——使能 PWM4 的 T1 翻转时中断，当 PWM 波形发生器内部计数值与 T1 计数器所设定的值匹配时，PWM4 的波形发生翻转，同时 C4IF 被硬件置 1 时，若此时 EPWM4I 为 1，则程序会跳转到相应中断入口执行中断服务程序。

8. PWM5 的控制寄存器：PWM5CR

PWM5CR 是 PWM5 的控制寄存器，字节地址为 FF34H，不可位寻址。PWM5CR 结构及位名称如表 12-22 所示。

表 12-22　PWM5CR 结构及位名称表

位　号	PWM5CR.7	PWM5CR.6	PWM5CR.5	PWM5CR.4	PWM5CR.3	PWM5CR.2	PWM5CR.1	PWM5CR.0
位名称						EPWM5I	EC5T2SI	EC5T1SI

①　EPWM5I：PWM5 中断使能控制位。

0——关闭 PWM5 中断；

1——使能 PWM5 中断，当 C3IF 被硬件置 1 时，可向 CPU 申请中断。

② EC5T2SI：PWM5T2 匹配发生波形翻转时的中断控制位。

0——关闭 PWM5T2 翻转时中断；

1——使能 PWM5T2 翻转时中断。当 PWM 波形发生器内部计数值与 T2 计数器所设定的值匹配时，PWM5 的波形发生翻转，同时 C5IF 被硬件置 1 时，若此时 EPWM5I 为 1，则程序会跳转到相应中断入口执行中断服务程序。

③ EC5T1SI：PWM5T1 匹配发生波形翻转时的中断控制位。

0——关闭 PWM5T1 翻转时中断；

1——使能 PWM5T1 翻转时中断。当 PWM 波形发生器内部计数值与 T1 计数器所设定的值匹配时，PWM5 的波形发生翻转，同时 C5IF 被硬件置 1 时，若此时 EPWM5I 为 1，则程序会跳转到相应中断入口执行中断服务程序。

9. PWM6 的控制寄存器：PWM6CR

PWM6CR 是 PWM6 的控制寄存器，字节地址为 FF44H，不可位寻址。PWM6CR 结构及位名称如表 12-23 所示。

表 12-23　PWM6CR 结构及位名称表

位　号	PWM6CR.7	PWM6CR.6	PWM6CR.5	PWM6CR.4	PWM6CR.3	PWM6CR.2	PWM6CR.1	PWM6CR.0
位名称						EPWM6I	EC6T2SI	EC6T1SI

① EPWM6I：PWM6 中断使能控制位。

0——关闭 PWM6 中断；

1——使能 PWM6 中断，当 C6IF 被硬件置 1 时，可向 CPU 申请中断。

② EC6T2SI：PWM6T2 匹配发生波形翻转时的中断控制位。

0——关闭 PWM6T2 翻转时中断；

1——使能 PWM6T2 翻转时中断。当 PWM 波形发生器内部计数值与 T2 计数器所设定的值匹配时，PWM6 的波形发生翻转，同时 C6IF 被硬件置 1 时，若此时 EPWM6I 为 1，则程序会跳转到相应中断入口执行中断服务程序。

③ EC6T1SI：PWM6T1 匹配发生波形翻转时的中断控制位。

0——关闭 PWM6T1 翻转时中断；

1——使能 PWM6T1 翻转时中断。当 PWM 波形发生器内部计数值与 T1 计数器所设定的值匹配时，PWM6 的波形发生翻转，同时 C6IF 被硬件置 1 时，若此时 EPWM6I 为 1，则程序会跳转到相应中断入口执行中断服务程序。

10. PWM7 的控制寄存器：PWM7CR

PWM7CR 是 PWM7 的控制寄存器，字节地址为 FF54H，不可位寻址。PWM7CR 结构及位名称如表 12-24 所示。

表 12-24　PWM7CR 结构及位名称表

位　号	PWM7CR.7	PWM7CR.6	PWM7CR.5	PWM7CR.4	PWM7CR.3	PWM7CR.2	PWM7CR.1	PWM7CR.0
位名称						EPWM7I	EC7T2SI	EC7T1SI

① EPWM7I：PWM7 中断使能控制位。

0——关闭 PWM7 中断；

1——使能 PWM7 中断，当 C7IF 被硬件置 1 时，可向 CPU 申请中断。

② EC7T2SI：PWM7T2 匹配发生波形翻转时的中断控制位。

0——关闭 PWM7T2 翻转时中断；

1——使能 PWM7T2 翻转时中断。当 PWM 波形发生器内部计数值与 T2 计数器所设定的值匹配时，PWM7 的波形发生翻转，同时 C7IF 被硬件置 1 时，若此时 EPWM7I 为 1，则程序会跳转到相应中断入口执行中断服务程序。

③ EC7T1SI：PWM7T1 匹配发生波形翻转时的中断控制位。

0——关闭 PWM7T1 翻转时中断；

1——使能 PWM7T1 翻转时中断。当 PWM 波形发生器内部计数值与 T1 计数器所设定的值匹配时，PWM7 的波形发生翻转，同时 C7IF 被硬件置 1 时，若此时 EPWM7I 为 1，则程序会跳转到相应中断入口执行中断服务程序。

12.4　应用项目 13：LED 灯光亮度控制系统 2

1. 性能要求

用 STC15W4K32S4 单片机增强型 PWM 模块、2 个按键、LED 灯电路构成 LED 灯亮度控制系统。当按 K0 键时，LED 灯变亮；当按 K1 键时，LED 灯变暗。

2. 硬件电路

LED 灯亮度控制系统电路如图 12-2 所示，用 STC15W4K32S4 的 P3.2 控制 LED 灯变亮，P3.3 控制 LED 灯变暗，P2.2(PWM4)为 PWM 输出，控制 LED 灯。

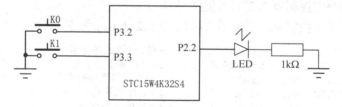

图 12-2　LED 灯亮度控制系统 2 电路图

3. 应用程序设计

编程分析　这是 STC15W4K32S4 系列单片机增强型 PWM 应用项目，本项目使用 PWM4。根据功能要求和图 12-2，当 K0 按下时，P2.2 输出高电平时间变长，直到一直输出高电平(亮度最大)；当 K1 按下时，P2.2 输出高电平时间变短，直到一直输出低电平(亮度最低)。即通过改变 P2.2 脚输出信号的脉宽来实现 LED 灯亮度控制。

1) LED 灯亮度控制系统 2 编程要点

① 按钮 K0 按下，P2.2 脚输出信号的脉宽增加，LED 灯亮度增强。P2.2 脚输出信号的脉宽增加有两种实现方法：减小 PWM4T1H、PWM4T1L 的值(最小值为 0)或增大 PWM4T2H、PWM4T2L 的值(最大值等于 PWMCH、PWMCL 的值)。

② 按钮 K1 按下，P2.2 脚输出信号的脉宽变窄，LED 灯亮度减弱。P2.2 脚输出信号的脉宽变窄有两种实现方法：增大 PWM4T1H、PWM4T1L 的值或减小 PWM4T2H、PWM4T2L 的值，但前者的值班还能大于后者。

2) LED 灯亮度控制系统 2 程序流程图

LED 灯亮度控制系统 2 的流程图如图 12-3 所示。

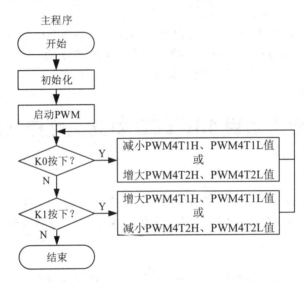

图 12-3　LED 灯亮度控制系统 2 流程图

3) LED 灯亮度控制系统 2 应用程序

① LED 灯亮度控制系统汇编语言源程序(T12_1.asm)如下：

```
        P2M0      equ    096h       ;端口2模式寄存器0
        P2M1      equ    095h       ;端口2模式寄存器1
P_SW2     equ    0Bah               ;外设端口切换寄存器
PWMCFG    equ    0f1h               ;PWM配置寄存器
PWMCR     equ    0f5h               ;PWM控制寄存器
PWMFDCR   equ    0f7h               ;PWM外部异常控制寄存器
PWMif     equ    0F6H               ;PWM标志寄存器
PWMC      equ    0fff0h             ;PWM计数器
PWMCH     equ    0fff0h
PWMCL     equ    0fff1h
PWMCKS    equ    0fff2h             ;PWM时钟选择寄存器
PWM4T1    equ    0ff20h             ;PWM4翻转寄存器1
PWM4T1H   equ    0ff20h
PWM4T1L   equ    0ff21h
PWM4T2    equ    0ff22h             ;PWM4翻转寄存器2
PWM4T2H   equ    0ff22h
PWM4T2L   equ    0ff23h
PWM4CR    equ    0ff24h             ;PWM4控制寄存器
K0        BIT P3.2
```

```
          K1      BIT P3.3
          ORG     0000H                   ;主程序
          AJMP    MAIN
              ORG 00B3H
                LJMP    PWM
          ORG     0100H
MAIN:     MOV     SP,#7FH                  ;设置堆栈指针
          Mov     P_SW2,#80h              ;MOVX类指令的操作对象为扩展SFR(XSFR)
          Mov     dptr,#PWM4CR            ;设定PWM4为p2.2，关中断
          Mov     a,#0
          Movx    @dptr,a
          Mov     p2m0,#04h               ;设置PWM输出端口为强输出
          Mov     p2m1,#0
          Mov     dptr,#PWMCL
          mov     a,#0ffh                 ;设定PWM计数值为0ffffh
          movx    @dptr,a
          mov     dptr,#PWMCH
              MOV     A,#7FH
          movx    @dptr,a
          Mov     dptr,#PWM4T1H
          mov     a,#0                    ;设定第4通道PWM上升沿时间为0
          movx    @dptr,a
          mov     dptr,#PWM4T1L
          movx    @dptr,a
          mov     dptr,#PWM4T2L           ;设定第4通道PWM下降沿时间为03ffh
          mov     a,#0ffh
          movx    @dptr,a
          mov     dptr,#PWM4T2H
          mov     a,#3fh
          movx    dptr,a
              mov     PWMCFG,#0           ;PWM4初始为低电平
              mov     dptr,#PWMCKS
          mov     a,#0                    ;设主频为12MHz，PWMCKS=11
          movx    @dptr,a
          mov     PWMCR,#0C4h             ;使能PWM计数器，使能PWM4输出
              Mov     P_SW2,#00h          ;取消扩展SFR(XSFR)操作
              SETB    EA
              LJMP    $
PWM:      MOV     A,PWMIF
          ANL     A,#0BFH
          MOV PWMIF,A                     ;清除中断标志
          JB      K0,LOOP1
          Mov     P_SW2,#80h              ;MOVX类指令的操作对象为扩展SFR(XSFR)
          mov     dptr,#PWM4T2L
movx      a,@dptr
          CLR     C
          SUBB    A,#0F0H
          mov     dptr,#PWM4T2H
          movx    a,@dptr
          SUBB    A,#7FH
          JC      lop1
          ljmp    LOPP
lop1:     inc dptr
          movx    a,@dptr                 ;LED灯变亮
          ADD A,#16                       ;步距为16
          movx    @dptr,a
          mov     dptr,#PWM4T2H
          movx    a,@dptr
```

```
                ADDC      A,#0
                movx      @dptr,a
                ljmp      LOPP
LOOP1:  JB    K1,LOpP
                Mov       P_SW2,#80h        ;MOVX类指令的操作对象为扩展SFR(XSFR)
                mov       dptr,#PWM4T2L
            movx    a,@dptr
                CLR       C
                SUBB      A,#17
                mov       dptr,#PWM4T2H
                movx      a,@dptr
                SUBB      A,#0H
                JNC       lop2
                ljmp      LOPP
lop2:   inc   dptr
                movx      a,@dptr           ;LED灯变暗
                CLR       C
                SUBB      A,#16             ;步距为16
                MOVX      @DPTR,A
                mov       dptr,#PWM4T2H
                movx      a,@dptr
                SUBB      A,#0H
                MOVX      @DPTR,A
LOPP:   Mov     P_SW2,#00h                 ;取消扩展SFR(XSFR)操作
                reti
            END
```

② LED 灯亮度控制系统 C51 语言源程序(T12_1.c)如下：

```c
#include <stc15.h>
#include <IO_init.h>
#define CYCLE   0x1000L          //定义PWM周期
sbit    K0=P3^2;
sbit    K1=P3^3;
void main()
{
        IO_init();
    P_SW2 |= 0x80;               //使能访问XSFR
    PWMCFG = 0x00;               //配置PWM的输出初始电平为低电平
    PWMCKS = 0x00;               //选择PWM的时钟为Fosc/1
    PWMC = CYCLE;                //设置PWM周期
    PWM4T1 = 0x0000;             //设置PWM4第1次反转的PWM计数
    PWM4T2 = 0x0001;             //设置PWM4第2次反转的PWM计数
                                 //占空比为(PWM4T2-PWM4T1)/PWMC
    PWM4CR = 0x00;               //选择PWM4输出到P2.2,不使能PWM4中断
    PWMCR = 0x04;                //使能PWM信号输出
    PWMCR |= 0x40;               //使能PWM归零中断
    PWMCR |= 0x80;               //使能PWM模块
    P_SW2 &= ~0x80;
    EA = 1;
    while (1);
}
void pwm_isr() interrupt 22 using 1      //增强型PWM中断函数
{   static int val = 0;
    if (PWMIF & 0x40)
    {
        PWMIF &= ~0x40;
        if(!K0)
```

```
        {
        val++;
    if (val >= CYCLE) val = CYCLE;
        }
        if(!K1)
        {
    val--;
    if (val <= 1) val= 1;
        }
    }
    P_SW2 |= 0x80;
    PWM4T2 = val;
    P_SW2 &= ~0x80;
}
```

4. LED 灯亮度系统 2 操作流程单

(1)　LED 灯亮度系统 2 电路板已经焊接好。

(2)　编译应用程序。

①　运行 Keil 仿真平台。

②　新建并设置项目"LED 灯亮度系统 2"。

③　新建并编辑应用程序 T12_1.asm 或 T12_1.c。

④　将应用程序 T12_1.asm 或 T12_1.c 添加到项目"LED 灯亮度系统 2"中。

⑤　编译应用程序生成代码文件"LED 灯亮度系统 2.hex"。

(3)　下载应用程序代码。

①　运行 ISP 下载程序。

②　正确选择 CPU 型号。要求：与电路板一致。

③　连接电路板与计算机，正确选择通信端口。注意：安装 CH340 驱动程序。

④　正确设置硬件选项。要求：选择使用内部 IRC 时钟，频率为 12MHz。

⑤　打开程序文件"LED 灯亮度系统 2.hex"。

⑥　单击"下载"按钮，按一下电路板上的"程序下载"按键。注意：STC 单片机下载程序代码时要求"冷启动"，按下"程序下载"按键对单片机断电，松开"程序下载"按键对单片机上电。

⑦　观察 ISP 下载界面，等待下载完成。

(4)　观察运行结果并记录。

(5)　按下 K0 键(一直按着)，观察运行结果并记录。

(6)　按下 K1 键(一直按着)，观察运行结果并记录。

(7)　得出结论。

本 章 小 结

本章介绍了 STC15W4K32S4 系列单片机中增强型 PWM 工作原理及应用，知识要点如下。

(1)　STC15W4K32S4 系列单片机内部集成了 6 路独立的增强型 PWM 波形发生器。6

路增强型 PWM 波形发生器共用一个 15 位的 PWM 计数器，PWM 计数器归零时可申请中断和触发外部事件(启动 ADC 转换)；每路 PWM 用两个可编程的计数器 T1 和 T2 用于控制其输出翻转(实现占空比的可设定)，并且其初始电平可程序设定；PWM 波形发生器具有对 P2.4 管脚电平异常和比较器结果异常进行监控的功能，发生异常时，可紧急关闭 PWM 输出。

(2) STC15W4K32S4 单片机中 6 路增强型 PWM 输出端口默认为 PWM2：P3.7；PWM3：P2.1；PWM4：P2.2；PWM5：P2.3；PWM6：P1.6；PWM7：P1.7。

也可以使用特殊功能寄存器 PWMnCR(n=2～7)的相应位将 PWM 输出端口切换到：PWM2_2：P2.7；PWM3_2：P4.5；PWM4_2：P4.4；PWM5_2：P4.2；PWM6_2：P0.7；PWM7_2：P0.6。

注意：所有与 PWM 有关的端口，在单片机上电复位后均为高阻输入状态，必须在程序中将这些端口设置为输出模式。

(3) 对增强型 PWM 波形发生器的操作实际上也是通过相关特殊功能寄存器实现的。

① PWM 配置寄存器：PWMCFG。PWMCFG 是增强型 PWM 波形发生器的配置寄存器，用来设定 6 路增强型 PWM 输出端口的初始电平及 PWM 计数器归零时是否触发 ADC 转换。

② PWM 控制寄存器：PWMCR。PWMCR 是增强型 PWM 波形发生器的控制寄存器，它决定了 PWM 计数器是否开始计数、PWM 计数器归零是否允许中断及输出端口是否为 PWM 输出。

注意：

① 必须在完成 PWM 的所有设置(包括 T1 和 T2 设置、初始电平设置、异常触发设置、PWM 中设置等)后，再使 ENPWM 位为 1，启动 PWM 计数器开始计数。

② 在 PWM 工作过程中，若使 ENPWM=0，则 PWM 计数器立即停止计数；再次使 ENPWM=1，则 PWM 计数器从 0 开始重新计数。

③ PWM 中断标志寄存器：PWMIF。PWMIF 用来存放增强型 PWM 各中断标志位。

④ PWM 外部异常控制寄存器：PWMFDCR。PWMFDCR 实现增强型 PWM 外部异常状态的控制。

⑤ 外围设备切换控制寄存器 2：P_SW2。由于有关增强型 PWM 的特殊功能寄存器大部分为 XSFR(地址分布在扩展 RAM 区)，欲对其操作，必须将 P_SW2 的 EAXSFR 位设置为 1。

⑥ PWM 计数器。PWM 计数器是一个 15 位的寄存器，由 PWMCH(字节地址为 FFF0H)和 PWMCL(字节地址为 FFF1H)组成，可设定 1～32767 之间的任意值作为增强型 PWM 的周期。PWM 波形发生器内部的计数器从 0 开始计数，每个 PWM 时钟周期递增 1，当内部计数器的计数值达到 PWM 计数器所设定的 PWM 周期时，PWM 波形发生器内部的计数器将会从 0 重新开始计数，硬件将 PWM 归零中断标志位 CBIF 置 1，向 CPU 申请中断。

⑦ PWM 时钟选择寄存器：PWMCKS。PWMCKS 选择增强型 PWM 时钟来源于定时器 T2 的溢出脉冲还是系统时钟经分频器分频后的时钟，若选后者，则 PWM 时钟=系统时钟/(PS[3:0]+1)，系统时钟分频系数 PS[3:0]也由 PWMCKS 设定。

⑧　PWMn(n=2～7)的翻转计数器。PWMn 有两个 15 位的翻转计数器寄存器 PWMnT1 和 PWMnT2，PWMnT1 由 PWMnT1H 和 PWMnT1L 组成，PWMnT2 由 PWMnT2H 和 PWMnT2L 组成，PWMnT1 和 PWMnT2 均可设定 1～32767 之间的任意值。当 PWM 内部计数器的计数值达到 PWMnT1 和 PWMnT2 所设定值时，PWMn 的输出波形将发生翻转。

⑨　PWMn 的控制寄存器：PWMnCR。PWMnCR 是 PWMn 的控制寄存器，其用来选择 PWMn 的输出管脚，控制 PWMn 中断、PWMnT2 匹配发生波形翻转时的中断及 PWMnT1 匹配发生波形翻转时的中断是否开放。

(4)　增强型 PWM 波形发生器的中断控制。

增强型 PWM 波形发生器的中断也是通过相关特殊功能寄存器实现的，与增强型 PWM 波形发生器中断有关的特殊功能寄存器及其相应位如表 12-14 所示。

①　中断优先级控制。中断优先级控制寄存器 IP2 实现 PWM 异常检测中断优先级、PWM 中断优先级控制。

注意：中断优先级控制寄存器 IP2 的内容中只能用字节操作指令来更新。

②　中断标志。增强型 PWM 标志寄存器 PWMIF 存放相关中断标志位；外部异常控制寄存器 PWMFDCR 的 FDIF 位存放 PWM 异常检测中断标志。

③　PWM 中断控制。增强型 PWM 中断控制是由相关 SFR 的相应位实现的。

思考与练习

1. 简述利用增强型 PWM 脉宽调制输出功能完成 D/A 转换的工作原理。

2. 增强型 PWM 输出信号周期由什么决定？怎样修改？

3. 怎样修改增强型 PWM 输出信号的占空比？试举例说明。

4. 所有与增强型 PWM 有关的端口，在单片机上电复位后什么状态？在实际应用中应注意什么？

5. 增强型 PWM 计数器是多少位的寄存器？增强型 PWM 的周期是多少？

6. 应用项目 12 和应用项目 13 都实现 LED 灯亮度控制，试分析其异同。

第13章 单片机 SPI 接口应用

学习要点：本章主要介绍 STC15W4K32S4 系列单片机 SPI 的基本结构、工作原理、使用方法及实际应用，读者要理解、掌握 SPI 并能用它解决实际问题。

知识目标：了解单片机 SPI 的基本结构，掌握 SPI 的工作原理及使用方法，熟练使用 SPI 解决实际问题。

STC15W4K32S4 系列单片机内部集成了另一种高速串行通信接口——SPI 接口。SPI 是全双工、高速、同步串行通信总线，有两种操作模式：主模式和从模式。在主模式中，支持高达 3Mb/s 以上的传输速率，从模式的传输速率限制在 SYSCLK/4 以内，具有传输完成标志和写冲突标志。

13.1 SPI 结构

STC15W4K32S4 系列单片机 SPI 内部结构框图如图 13-1 所示。

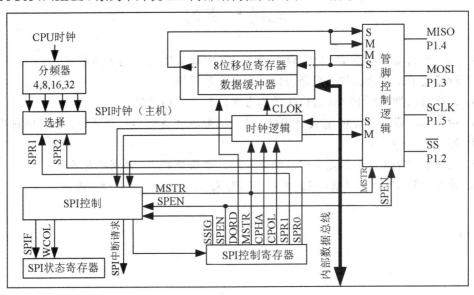

图 13-1 SPI 内部结构框图

STC15W4K32S4 系列单片机 SPI 的核心是一个 8 位移位寄存器和数据缓冲器，数据可以同时发送和接收，在 SPI 数据的传输过程中，发送和接收的数据都存储在数据缓冲器中。

对于主模式，若要发送一个字节数据，只需将这个数据写到 SPDAT 寄存器中，主模式下 $\overline{SS}$ 信号不是必需的；但在从模式下，必须在 $\overline{SS}$ 信号变为有效并接收到合适的时钟信号后，方可进行数据传输。在从模式下，如果一个字节传输完成后 $\overline{SS}$ 信号变为高电平，这个字节立即被硬件逻辑标志为接收完成，SPI 接口准备接收下一个数据。

13.2　与 SPI 功能有关的特殊功能寄存器

对 SPI 的操作实际上也是通过相关特殊功能寄存器实现的，与 SPI 有关的特殊功能寄存器如表 13-1 所示。

表 13-1　与 SPI 有关的特殊功能寄存器(位)

符　号	描　述	地址	位地址及符号								复位值
			B7	B6	B5	B4	B3	B2	B1	B0	
SPCTL	SPI 控制寄存器	CEH	SSIG	SPEN	DORD	MSTR	CPOL	CPHA	SPR1	SPR0	0000 0100b
SPSTAT	SPI 状态寄存器	CDH	SPIF	WCOL							00xxxxxxb
SPDAT	SPI 数据寄存器	CFH									0000 0000b
IE	中断控制寄存器	A8H	EA								0000 0000b
IE	中断控制寄存器 2	AFH							ESPI		x000 0000b
IP2	中断优先级寄存器 2	B5H							PSPI		xxxxxx00b
AUXR1 P_SW1	辅助寄存器 1	A8H	EA				SPI_S1	SPI_S0			0000 0000b

1. SPI 控制寄存器：SPCTL

SPCTL 是 SPI 控制寄存器，字节地址为 CEH，不可位寻址。SPCTL 结构及位名称、位地址如表 13-2 所示。

表 13-2　SPCTL 结构及位名称、位地址表

位　号	SPCTL.7	SPCTL.6	SPCTL.5	SPCTL.4	SPCTL.3	SPCTL.2	SPCTL.1	SPCTL.0
位名称	SSIG	SPEN	DORD	MSTR	CPOL	CPHA	SPR1	SPR0

① SSIG：$\overline{SS}$ 引脚忽略控制位。

0——$\overline{SS}$ 脚用于确定器件为主机还是从机；

1——由 MSTR 位(位 4)确定器件为主机还是从机。

② SPEN：SPI 使能位。

0——SPI 被禁止，所有 SPI 引脚都作为 I/O 口使用；

1——SPI 使能。

③ DORD：设定 SPI 发送和接收数据的位顺序。

0——先发送数据字的 MSB(最高位)；

1——先发送数据字的 LSB(最低位)。

④ MSTR：主/从模式选择位(见 SPI 主从模式选择表)。

⑤ CPOL：SPI 时钟极性设置位。

0——SCLK 空闲时为低电平，SCLK 的前沿为上升沿而后沿为下降沿；

1——SCLK 空闲时为高电平，SCLK 的前沿为下降沿而后沿为上升沿。

⑥ CPHA：SPI 相位选择。

0——SPI 数据在 $\overline{SS}$ 为低(SSIG=0)时被驱动，在 SCLK 的后时钟沿被改变，在前时钟沿被采样(SSIG=1 时的操作未定义)；

1——SPI 数据在 SCLK 的前时钟沿被驱动，在后时钟沿被采样。

⑦ SPR1、SPR0：SPI 时钟速率选择控制位。SPI 时钟频率选择如表 13-3 所示。

表 13-3 SPI 时钟频率选择

SPR1	SPR0	SPI 时钟频率(SCLK)
0	0	CPU_CLK/4
0	1	CPU_CLK/8
1	0	CPU_CLK/16
1	1	CPU_CLK/32

其中，CPU_CLK 是 CPU 时钟。

2. SPI 状态寄存器：SPSTAT

SPSTAT 是 SPI 状态寄存器，存放 SPI 的有关标志，字节地址为 CDH，不可位寻址。SPSTAT 结构及位名称、位地址如表 13-4 所示。

表 13-4 SPSTAT 结构及位名称、位地址表

位　号	SPSTAT.7	SPSTAT.6	SPSTAT.5	SPSTAT.4	SPSTAT.3	SPSTAT.2	SPSTAT.1	SPSTAT.0
位名称	ENPWM	SPIF	WCOL					

① SPIF：SPI 传输完成标志位。

当一次串行传输完成时，硬件置位 SPIF，可向 CPU 申请中断；当 SPI 处于主模式且 SSIG=0 时，如果 $\overline{SS}$ 为输入并被驱动为低电平，SPIF 也将置位，表示"模式改变"。SPIF 标志通过软件向其写入 1 清零。

② WCOL：SPI 写冲突标志位。

在数据传输过程中如果向 SPI 数据寄存器 SPDAT 写入数据，则 WCOL 将置位。WCOL 标志通过软件向其写入 1 清零。

3. SPI 数据寄存器：SPDAT

SPI 数据寄存器 SPDAT 用来存放 SPI 发送或接收到的数据，字节地址为 F6H，不可位寻址。

4. 中断允许寄存器：IE 和 IE2

IE 和 IE2 是中断控制寄存器，IE 字节地址为 A8H，可位寻址。IE 结构及与 SPI 有关的位名称如表 13-5 所示。

表 13-5 IE 结构及与 SPI 有关的位名称表

位 号	IE.7	IE.6	IE.5	IE.4	IE.3	IE.2	IE.1	IE.0
位名称	EA							

① EA：CPU 中断控制位。

0——关闭 CPU 中断；

1——开放 CPU 中断。

② IE2 字节地址为 AFH，不可位寻址。IE2 结构及与 SPI 有关的位名称如表 13-6 所示。

表 13-6 IE2 结构及与 SPI 有关的位名称表

位 号	IE2.7	IE2.6	IE2.5	IE2.4	IE2.3	IE2.2	IE2.1	IE2.0
位名称								ESPI

ESPI：SPI 中断允许控制位。

0——禁止 SPI 中断；

1——允许 SPI 中断。

5. IP2：中断优先级控制寄存器

IP2 是中断优先级控制寄存器，字节地址为 B5H，不可位寻址。IP2 结构及与 SPI 有关的位名称如表 13-7 所示。

表 13-7 IP2 结构及与 SPI 有关的位名称表

位 号	IP2.7	IP2.6	IP2.5	IP2.4	IP2.3	IP2.2	IP2.1	IP2.0
位名称								PSPI

PSPI：SPI 优先级控制位。

0——SPI 为低优先级中断；

1——SPI 为高优先级中断。

6. AUXR1：辅助寄存器 1

AUXR1 是辅助寄存器 1，控制 SPI 的输出可配置在不同的 I/O 端口，字节地址为 A2H，不可位寻址，AUXR1 与 SPI 有关的位名称如表 13-8 所示。

表 13-8 AUXR1 结构及与 SPI 有关的位名称表

位号	AUXR1.7	AUXR1.6	AUXR1.5	AUXR1.4	AUXR1.3	AUXR1.2	AUXR1.1	AUXR1.0
位名称					SPI_S1	SPI_S0		

SPI_S1、SPI_S0：SPI 输出端口选择位，对应于 4 种选择，如表 13-9 所示。

表 13-9 SPI 输出端口选择表

SPI_S1	SPI_S0	SPI 输出端口
0	0	SPI 输出在：P1.2/SS,P1.3/MOSI,P1.4/MISO,P1.5/SCLK

SPI_S1	SPI_S0	SPI 输出端口
0	1	SPI 输出在：P2.4/SS,P2.3/MOSI,P2.2/MISO,P2.1/SCLK
1	0	SPI 输出在：P5.4/SS,P2.5/MOSI,P2.6/MISO,P2.7/SCLK
1	1	无效

13.3 SPI 数据通信

SPI 接口有 SCLK、MOSI、MISO 和 $\overline{\text{SS}}$ 四个管脚，可以通过 AUXR1 寄存器中的 SPI_S1 和 SPI_S0 位定义在不同的端口上。

(1) SCLK(SPI Clock，串行时钟信号)：串行时钟信号在主器件上是输出信号，在从器件上是输入信号，用于同步主器件和从器件之间在 MOSI 和 MISO 线上的串行数据。当主器件启动一次数据传输时，自动产生 8 个 SCLK 时钟周期信号给从机。在 SCLK 信号的每个跳变处(上升沿或下降沿)移出一位数据。所以，一次数据传输可以传输一个字节的数据。

(2) MOSI(Master Out Slave In，主出从入)：主器件的输出和从器件的输入，用于主器件到从器件的串行数据传输。当 SPI 作为主器件时，该信号是输出信号；当 SPI 作为从器件时，该信号是输入信号。STC15 系列单片机的 SPI 数据传输时最高位在前，最低位在后。根据 SPI 规范，多个从机可以共享一根 MOSI 信号线。在时钟边界的前半周期，主机将数据传送到 MOSI 信号线上，从机在该边界处获取该数据。

(3) MISO(Master In Slave Out，主入从出)：主器件的输入和从器件的输出，用于从器件到主器件的串行数据传输。当 SPI 作为主器件时，该信号是输入信号；当 SPI 作为从器件时，该信号是输出信号。STC15 系列单片机的 SPI 数据传输时最高位在前，最低位在后。根据 SPI 规范，一个主机可以连接多个从机，因此，主机的 MISO 信号线会连接到多个从机上，当主机与一个从机通信时，其他从机应将其 MISO 引脚置为高阻状态。

SCLK、MOSI 和 MISO 通常和两个或更多个 SPI 器件连接在一起。数据通过 MOSI 由主机传送到从机，通过 MISO 由从机传送到主机。SCLK 信号在主模式时为输出，在从模式时为输入。如果 SPI 系统被禁止，即 SPEN(SPCTL.6)=0(复位值)，这些管脚都可作为普通 I/O 口使用。

(4) $\overline{\text{SS}}$(Slave Select，从机选择信号)：这是一个输入信号，主器件用它来选择处于从模式的 SPI 模块。主模式和从模式下，$\overline{\text{SS}}$ 的使用方法不同。在主模式下，SPI 接口只能有一个主机，不存在主机选择问题，该模式下 $\overline{\text{SS}}$ 不是必需的。主模式下通常将主机的 $\overline{\text{SS}}$ 管脚通过 10kΩ的上拉电阻以确保其为高电平。每一个从机的 $\overline{\text{SS}}$ 接主机的 I/O 口，由主机控制电平 I/O 口来选择从机。在从模式下，不管发送还是接收，$\overline{\text{SS}}$ 信号必须有效。因此，在一次数据传输开始之前必须使 $\overline{\text{SS}}$ 为低电平。SPI 主机可以使用 I/O 口选择一个 SPI 器件作为当前从机。

SPI 从机通过其 $\overline{\text{SS}}$ 脚确定是否被选择。如果满足下列条件之一，$\overline{\text{SS}}$ 就被忽略。

① SPI 系统被禁止，即 SPEN=0。

② SPI 被配置为主机，即 MSTR=1 并且 P1.2/$\overline{\text{SS}}$ 通过 P1M0.2 和 P1M1.2 配置为输出。

③ $\overline{\text{SS}}$ 脚被忽略，即 SSIG=1，该脚配置用于 I/O 口功能。

注意： 即使 SPI 被配置为主机(MSTR=1)，在 P1.2/$\overline{\text{SS}}$ 被配置为输入且 SSIG=0 时，它仍然可以通过拉低 $\overline{\text{SS}}$ 脚配置为从机。要使能该特性，应当置位 SPIF。

13.3.1 SPI 接口的数据通信方式

STC15 系列单片机的 SPI 接口数据通信有 3 种方式：单主机-单从机方式、双器件方式(器件可互为主机和从机)和单主机-多从机方式。

1. 单主机-单从机方式

单主机-单从机方式的连接图如图 13-2 所示。

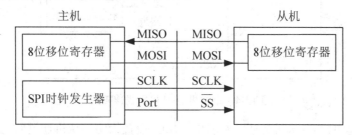

图 13-2 单主机-单从机方式连接图

在图 13-2 中，从机的 SSIG=0，$\overline{\text{SS}}$ 用于从机选择。SPI 主机可以使用任何端口(包括 P1.2/$\overline{\text{SS}}$)来驱动从机的 $\overline{\text{SS}}$ 脚。主机和从机的 8 位移位寄存器连接成一个循环的 16 位移位寄存器。当主机通过指令向其 SPDAT 寄存器写入一个字节数据时，立即启动一个连续的 8 位移位通信过程：主机的 SCLK 引脚向从机的 SCLK 引脚发送 8 个脉冲，在这 8 个脉冲的驱动下，主机 SPI 的 8 位移位寄存器中的数据移动到了从机 SPI 的 8 位移位寄存器中，与此同时，从机 SPI 的 8 位移位寄存器中的数据移动到了主机 SPI 的 8 位移位寄存器中，即主机向从机发送数据的同时，又从机中接收了数据。

2. 双器件方式

双器件方式的连接图如图 13-3 所示。

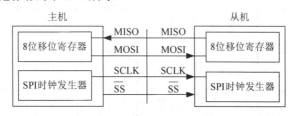

图 13-3 双器件方式连接图

图 13-3 为双器件互为主从的情况。当没有 SPI 操作时，两个器件都可配置为主机 (MSTR=1)，将 SSIG 清零并将 P1.2($\overline{\text{SS}}$)配置为准双向模式。当其中一个器件启动传输时，

它可将 P1.2/$\overline{SS}$ 配置为输出并驱动为低电平，这样就强制另一个器件变为从机。

在互为主从的情况下，两个器件也可配置为忽略 $\overline{SS}$ 脚的 SPI 从模式。当一方要主动发送数据时，先检测 $\overline{SS}$ 脚的电平，如果 $\overline{SS}$ 脚是高电平，就将自己设置成忽略 $\overline{SS}$ 脚的主模式，将 P1.2/$\overline{SS}$ 配置为输出并驱动为低电平，这样就强制另一个器件变为从机。

3. 单主机-多从机方式

单主机-多从机方式的连接图如图 13-4 所示。

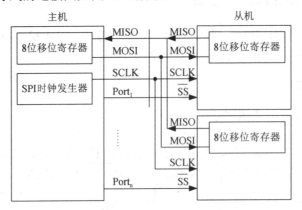

图 13-4　单主机-多从机方式连接图

图 13-4 为单主机-多从机方式，从机的 SSIG 设置为 0，从机通过对应的 $\overline{SS}$ 信号被选中，SPI 主机可使用任何端口(包括 P1.2/$\overline{SS}$)来驱动从机的 $\overline{SS}$ 脚。在该模式下，所有从机的 MISO、MOSI 和 SCLK 均为输入，不会发生总线冲突。

13.3.2　对 SPI 进行配置

STC15 系列单片机进行 SPI 通信时，主机和从机的选择由 SPEN、SSIG、$\overline{SS}$ 引脚 (P1.2)和 MSTR 联合控制。主/从模式的配置、模式使用和传输方向如表 13-10 所示。

表 13-10　SPI 主从机模式选择表

SPEN	SSIG	$\overline{SS}$ (P1.2)	MSTR	主/从模式	MISO(P1.4)	MOSI(P1.3)	SCLK(P1.5)	备　注
0	×	P1.2	×	SPI 功能禁止	P1.4	P1.3	P1.5	SPI 禁止，P1.2～P1.5 为普通 I/O 口
1	0	0	0	从机模式	输出	输入	输入	选择作为从机
1	0	1	0	从机模式未被选中	高阻	输入	输入	未被选中，MISO 为高阻状态，以避免总线冲突
1	0	0	1→0	从机模式	输出	输入	输入	$\overline{SS}$ 配置为输入或准双向口，被选择为从机。当 $\overline{SS}$ 变低电平时，MSTR 将清零
1	0	1	1	主(空闲)	输入	高阻	高阻	主机空闲时 MOSI 和 SCLK 为高阻状态以避免总线冲突，用户必须根据 CPOL 设定将 SCLK 脚上拉或下拉，不能悬浮
				主(激活)		输出	输出	主机激活时，MOSI 和 SCLK 为推挽输出
1	1	$\overline{SS}$	0	从	输出	输入	输入	
1	1	$\overline{SS}$	1	主	输入	输出	输出	

13.3.3　注意事项

1. 从机注意事项

作为从机，当 CPHA=0 时，SSIG 必须为 0(即不能忽略 $\overline{SS}$ 脚)，$\overline{SS}$ 脚必须置低并且在每个连续的串行字节发送完后须重新设置为高电平。如果 SPDAT 寄存器在 $\overline{SS}$ 有效(低电平)时执行写操作，那么将导致一个写冲突错误。CPHA=0 且 SSIG=0 时的操作未定义。

当 CPHA=1 时，SSIG 可以置 1(即可以忽略 $\overline{SS}$ 脚)。如果 SSIG=0，$\overline{SS}$ 脚连续传输之间保持低有效(即一直固定为低电平)。这种方式有时适用于具有单固定主机和单从机驱动 MISO 数据线的系统。

2. 主机注意事项

在 SPI 中，传输总是由主机启动的。如果 SPI 使能(SPEN=1)并选择作为主机，主机对 SPI 数据寄存器的写操作将启动 SPI 时钟发生器和数据的传输。在数据写入 SPDAT 之后半个到一个 SPI 位时间，数据将出现在 MOSI 脚。

需要注意的是，主机可以通过将对应器件的 $\overline{SS}$ 脚驱动为低电平实现与之通信。写入主机 SPDAT 寄存器的数据从 MOSI 脚移出发送到从机的 MOSI 脚。

传输完一个字节后，SPI 发生器停止，传输完成标志(SPIF)置位并产生一个中断申请。主机和从机 CPU 的两个移位寄存器可以看作是一个 16 位的循环移位寄存器，当主机数据从主机 MOSI 移位传送到从机的同时，从机数据也以相反的方向从 MISO 传输到主机，即在一个移位周期中，主机和从机实现了数据相互交换。

13.3.4　通过SS改变模式

如果 SPEN=1、SSIG=0 且 MSTR=1，SPI 使能为主机模式，若将 $\overline{SS}$ 脚配置为输入或准双向模式，另外的一个主机可将该 $\overline{SS}$ 脚驱动为低电平，从而将该器件选择为 SPI 从机并向其发送数据。

此时，为了避免争夺总线，SPI 系统执行以下动作。

(1) MSTR 清零使 CPU 变成从机，这样 SPI 就变成从机，MOSI 和 SCLK 强制变成输入模式，而 MISO 则变为输出模式。

(2) SPIF 标志位置位，若 SPI 中断被使能，则产生 SPI 中断。

用户使用 SPI 时，必须一直对 MSTR 位进行检测，若该位被一个从机选择所清零而用户想继续将 SPI 作为主机，这时，就必须重新置位 MSTR，否则就进入从机模式。

13.3.5　写冲突

SPI 在发送时为单缓冲，在接收时为双缓冲。这样，在前一次发送尚未完成之前，不能将新的数据写入 SPDAT，若此时对 SPDAT 进行写操作，WCOL 位将置位以指示数据冲突。在这种情况下，当前发送的数据继续发送，而新写入的数据将丢失。

当对主机或从机进行写冲突检测时，主机发生写冲突的情况是很罕见的，因为主机有完全控制权。但从机有可能发生写冲突，因为主机启动传输时，从机无法进行控制。

接收数据时，接收到的数据会传送到一个并行读数据缓冲区，这样将释放移位寄存器以进行下一个数据的接收。但必须在下个数据完全移入之前从数据寄存器中读出接收到的数据，否则，前一次接收到的数据将丢失。

WCOL 可通过软件向其写入 1 清零。

13.3.6 SPI 的数据格式

时钟相位控制位 CPHA 允许用户设置采样和改变数据的时钟边沿，时钟极性控制位 CPOL 允许用户设置时钟极性。因此，CPHA 设定不同时对应的 SPI 时序也有所不同。

当 CPHA=0 时，SPI 从机传输格式如图 13-5 所示。

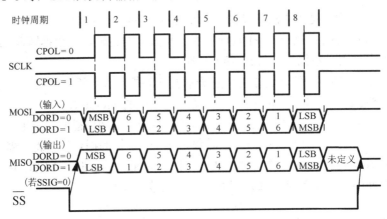

图 13-5　SPI 从机传输格式(1)

当 CPHA=1 时，SPI 从机传输格式如图 13-6 所示。

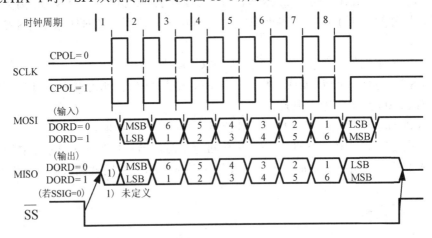

图 13-6　SPI 从机传输格式(2)

当 CPHA=0 时，SPI 主机传输格式如图 13-7 所示。

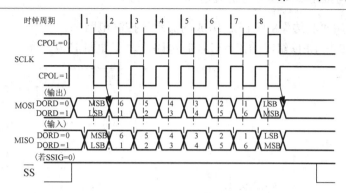

图 13-7　SPI 主机传输格式(1)

当 CPHA=1 时，SPI 主机传输格式如图 13-8 所示。

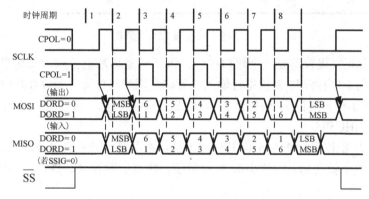

图 13-8　SPI 主机传输格式(2)

SPI 接口的时钟信号线 SCLK 有 Idle 和 Active 两种状态：Idle 状态是指在不进行数据传输或数据传输完成后 SCLK 所处的状态；Active 状态是指数据正在进行传输时 SCLK 所处的状态。

如果 CPOL=0，Idle 状态为低电平，Active 状态为高电平；

如果 CPOL=1，Idle 状态为高电平，Active 状态为低电平。

主机总是在 SCLK=Idle 状态时，将下一位要发送的数据置于数据线 MOSI 上。

从 Idle 状态到 Active 状态的转变称为 SCLK 前沿；从 Active 状态到 Idle 状态的转变称为 SCLK 后沿，一个 SCLK 前沿和后沿构成一个 SCLK 周期，一个 SCLK 周期传输一位数据。

13.4　应用项目 14：流水灯控制系统 2

1. 性能要求

使用 SPI 接口实现 8 只发光二极管"亮"与"灭"控制。

2. 硬件电路

在与本书配套的实验电路板上有 16 只发光二极管组成了一个"心形"图案，如图 13-9

所示，本项目采用"右边"8 只 LED 组成的流水灯控制电路。

用"右边"8 只 LED 组成的流水灯控制电路原理图如图 13-9 所示。

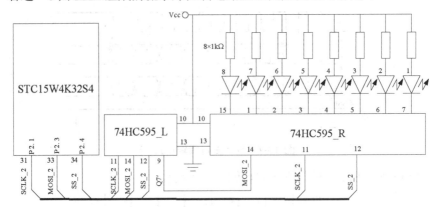

图 13-9 流水灯电路图

由于每只发光二极管需要一个端口控制，为了节省单片机管脚，在这里，我们通过单片机上的 SPI 同步串行口与 8 位串行输入并行输出同步移位寄存器 74HC595 扩展了 8 个 I/O 口，这是 I/O 口扩展的另一种方法。74HC595 芯片可以"级链"，本项目中控制 LED 灯的是第二片 74HC595。

74HC595 为 8 位串行输入/8 位并行输出移位寄存器，具有高阻关断状态(三态)，将串行输入的 8 位数字转变为并行输出的 8 位数字，用来驱动发光二极管，其功能如表 13-11 所示。

表 13-11 74HC595 功能表

SHCP	STCP	OE	MR	DS	Q7'	Qn
×	×	L	Qn	×	NC	MR
×	↑	L	L	×	L	L
×	×	H	L	×	L	Z
↑	×	L	H	H	Q6	NC
×	↑	L	H	×	NC	Qn'
↑	×	L	H	×	Q6	Qn'

表中 Qn(n=0～7)为并行数据输出，Q7'为串行数据输出，MR 为主复位，SHCP 为移位寄存器时钟输入，STCP 为存储寄存器时钟输入，OE 为输出使能，DS 为串行数据输入。

3. 应用程序设计

这也是流水灯控制，只是使用了单片机的 SPI 口，并用 74HC595 作为外围芯片驱动 LED。

1) 流水灯控制系统 2 编程要点

根据图 13-9，单片机 SPI 为主模式。"8 只 LED 依次循环点亮"的控制算法是：让 1 号发光二极管亮，则从 SPI 输出 01111111b，十六进制数为 07FH(汇编语言表示法)或

0x7f(C51 表示法)。

表 13-12 是流水灯控制项目的单片机 SPI 输出的数据与发光二极管亮灭的对应关系。

表 13-12　流水灯控制系统输出数据表

SPI	P2.4	发光二极管亮状态
01111111b	↑	1 号发光二极管亮
10111111b	↑	2 号发光二极管亮
11011111b	↑	3 号发光二极管亮
11101111b	↑	4 号发光二极管亮
11110111b	↑	5 号发光二极管亮
11111011b	↑	6 号发光二极管亮
11111101b	↑	7 号发光二极管亮
11111110b	↑	8 号发光二极管亮

2)　流水灯控制系统 2 程序流程图

流水灯控制系统应用程序设计思路是"依次将表 13-12 的数据取出并从 SPI 送出，SPI 口的每次输出都要间隔一定时间，不断循环"，流水灯控制系统程序流程图如图 13-10 所示。

3)　流水灯控制系统 2 应用程序

①　汇编语言源程序(T13_1.asm)：

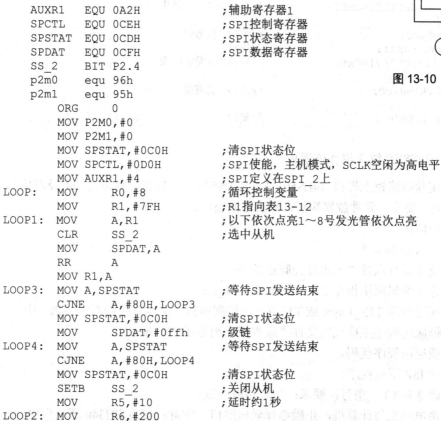

图 13-10　流水灯控制
程序流程图

```
AUXR1    EQU 0A2H           ;辅助寄存器1
SPCTL    EQU 0CEH           ;SPI控制寄存器
SPSTAT   EQU 0CDH           ;SPI状态寄存器
SPDAT    EQU 0CFH           ;SPI数据寄存器
SS_2     BIT P2.4
p2m0     equ 96h
p2m1     equ 95h
         ORG   0
         MOV P2M0,#0
         MOV P2M1,#0
         MOV SPSTAT,#0C0H   ;清SPI状态位
         MOV SPCTL,#0D0H    ;SPI使能，主机模式，SCLK空闲为高电平
         MOV AUXR1,#4       ;SPI定义在SPI_2上
LOOP:    MOV   R0,#8        ;循环控制变量
         MOV   R1,#7FH      ;R1指向表13-12
LOOP1:   MOV   A,R1         ;以下依次点亮1～8号发光管依次点亮
         CLR   SS_2         ;选中从机
         MOV   SPDAT,A
         RR    A
         MOV R1,A
LOOP3:   MOV A,SPSTAT       ;等待SPI发送结束
         CJNE   A,#80H,LOOP3
         MOV SPSTAT,#0C0H   ;清SPI状态位
         MOV   SPDAT,#0ffh  ;级链
LOOP4:   MOV   A,SPSTAT     ;等待SPI发送结束
         CJNE   A,#80H,LOOP4
         MOV SPSTAT,#0C0H   ;清SPI状态位
         SETB  SS_2         ;关闭从机
         MOV   R5,#10       ;延时约1秒
LOOP2:   MOV   R6,#200
```

```
          LCALL   DELAY              ;详见例3-20
          DJNZ    R5,LOOP2
          DJNZ    R0,LOOP1
          LJMP    LOOP               ;循环
```

② C51 语言源程序(T13_1.c):

```
#include<STC15.h>
#include <IO_init.h>             //I/O口初始化
sbit ss_2=P2^4;                  //从机选择
unsigned char code Table[]={0x7f,0xbf,0xdf,0xef,0xf7,0xfb,0xfd,0xfe};
void delay(unsigned inti)        //延时函数,详见例4-2
     {
        unsigned int j;
            for(j=0;j<i;j++)
            {;}
     }
main( )
{   unsigned char j;
IO_init();                       //I/O口初始化
SPSTAT=0xc0;                     //清SPI状态位
SPCTL=0xd0;                      //SPI使能,主机模式
AUXR1=4;                         //SPI定义在SPI_2上
while(1)                         //无限循环!
{                                //k的值为00000001b
for(j=0;j<8;j++)                 //控制1~8号发光管依次点亮
{ ss_2=0;                        //选中从机
   SPDAT =Table[j];              //SPI输出数据
   while(SPSTAT!=0x80)           //等待SPI发送结束
      {;}
SPSTAT=0xc0;                     //清SPI状态位
   SPDAT =0xff;                  //级链
   while(SPSTAT!=0x80)           //等待SPI发送结束
      {;}
   SPSTAT=0xc0;                  //清SPI状态位
ss_2=1;
  delay (65500);                 //延时
}}}
```

4. 流水灯控制系统 2 操作流程单

(1) 在实验电路板上焊接 74LS595_L、74LS595_R、发光二极管 1~8 及对应的 8 个 1kΩ限流电阻。要求:元件放置端正,焊点饱满整洁。

(2) 编译应用程序。

① 运行 Keil 仿真平台。

② 新建并设置项目"流水灯控制系统_SPI"。

③ 新建并编辑应用程序 T13_1.asm 或 T13_1.c。

④ 将应用程序 T13_1.asm 或 T13_1.c 添加到项目"流水灯控制系统_SPI"中。

⑤ 编译应用程序生成代码文件"流水灯控制系统_SPI.hex"。

(3) 下载应用程序代码。

① 运行 ISP 下载程序。

② 正确选择 CPU 型号。要求:与电路板一致。

③ 连接电路板与计算机,正确选择通信端口。注意:安装 CH340 驱动程序。

④ 正确设置硬件选项。要求：选择使用内部 IRC 时钟，频率为 12MHz。

⑤ 打开程序文件"流水灯控制系统_SPI.hex"。

⑥ 单击"下载"按钮，按一下电路板上的"程序下载"按键。注意：STC 单片机下载程序代码时要求"冷启动"，按下"程序下载"按键对单片机断电，松开"程序下载"按键对单片机上电。

⑦ 观察 ISP 下载界面，等待下载完成。

(4) 观察运行结果并记录。

(5) 修改应用程序中的"延时时间"，编译并下载程序，观察运行结果并记录。

(6) 得出结论。

本 章 小 结

本章介绍了 STC15W4K32S4 系列单片机 SPI 接口工作原理及应用，知识要点如下。

(1) STC15W4K32S4 系列单片机 SPI 的核心是一个 8 位移位寄存器和数据缓冲器，数据可以同时发送和接收，在 SPI 数据的传输过程中，发送和接收的数据都存储在数据缓冲器中。对于主模式，若要发送一个字节数据，只需将这个数据写到 SPDAT 寄存器中，但在从模式下，必须在 SS 信号变为有效并接收到合适的时钟信号后，方可进行数据传输。

(2) 对 SPI 的操作实际上也是通过相关特殊功能寄存器实现的。

SPI 控制寄存器 SPCTL 用于确定器件为主机还是从机、SPI 使能、设定 SPI 发送和接收数据的位顺序、主/从模式选择位、SPI 时钟极性设置、SPI 相位选择及 SPI 时钟速率选择。

SPI 状态寄存器 SPSTAT 中存放 SPI 传输完成标志和 SPI 写冲突标志，这两个标志通过软件向其写入 1 清零。

SPI 数据传送结束可以向 CPU 申请中断，但必须先在 IE 中开放中断、在 IE2 中允许 SPI 中断及在 IP2 中设置 SPI 的中断优先级。

可以通过辅助寄存器 1(AUXR1)控制 SPI 输出在不同的 I/O 端口，这要视具体应用电路而定。

(3) SPI 接口有 SCLK、MOSI、MISO 和 SS 四个管脚。串行时钟信号 SCLK 在主器件上是输出信号，在从器件上输入信号，用于同步主器件和从器件之间在 MOSI 和 MISO 线上的串行数据；MOSI 是主器件的输出和从器件的输入，用于主器件到从器件的串行数据传输；MISO 是主器件的输入和从器件的输出，用于从器件到主器件的串行数据传输；SS 是一个输入信号，主器件用它来选择处于从模式的 SPI 模块。主模式和从模式下，SS 的使用方法不同。

STC15 系列单片机的 SPI 数据传输时最高位在前，最低位在后。根据 SPI 规范，一个主机可以连接多个从机。

(4) STC15 系列单片机的 SPI 接口数据通信有单主机-单从机方式、双器件方式(器件可互为主机和从机)和单主机-多从机方式等 3 种方式，用户视具体应用选定。

(5) 选择 SPI 通信时要先对器件进行配置，主/从模式的配置、模式使用和传输方向如

表 13-10 所示。

(6) SPI 通信注意事项如下。

① 作为从机，当 CPHA=0 时，SSIG 必须为 0(即不能忽略 $\overline{SS}$ 脚)，$\overline{SS}$ 脚必须置低并且在每个连续的串行字节发送完后须重新设置为高电平；当 CPHA=1 时，SSIG 可以置 1(即可以忽略 $\overline{SS}$ 脚)。

② 传输总是由主机启动的。主机可以通过将对应器件的 $\overline{SS}$ 脚驱动为低电平实现与之通信。传输完一个字节后，SPI 发生器停止，传输完成标志(SPIF)置位并产生一个中断申请。

③ 主机和从机 CPU 的两个移位寄存器可以看作是一个 16 位的循环移位寄存器，当主机数据从主机 MOSI 移位传送到从机的同时，从机数据也以相反的方向从 MISO 传输到主机，即在一个移位周期中，主机和从机实现了数据相互交换。

(7) SPI 可以通过 $\overline{SS}$ 改变模式。如果 SPEN=1、SSIG=0 且 MSTR=1，SPI 使能为主机模式，若将 $\overline{SS}$ 脚配置为输入或准双向模式，另外的一个主机可将该 $\overline{SS}$ 脚驱动为低电平，从而将该器件选择为 SPI 从机并向其发送数据。因此，用户使用 SPI 时，必须一直对 MSTR 位进行检测，若该位被一个从机选择所清零而用户想继续将 SPI 作为主机，这时，就必须重新置位 MSTR，否则就进入从机模式。

(8) SPI 在发送时为单缓冲，在前一次发送尚未完成之前，不能将新的数据写入 SPDAT，若此时对 SPDAT 进行写操作将发生数据冲突而将 WCOL 位置位以指示，在这种情况下，当前发送的数据继续发送，而新写入的数据将丢失。

接收数据时，接收到的数据会传送到一个并行读数据缓冲区，这样将释放移位寄存器以进行下一个数据的接收，但必须在下个数据完全移入之前从数据寄存器中读出接收到的数据，否则，前一次接收到的数据将丢失。

(9) 时钟相位控制位 CPHA 允许用户设置采样和改变数据的时钟边沿，时钟极性控制位 CPOL 允许用户设置时钟极性。因此，CPHA 设定不同时对应的 SPI 数据传输格式也有所不同，一定要注意。

思考与练习

1. STC15W4K32S4 系列单片机同步串行通信有什么特点？

2. 简述 STC15W4K32S4 系列单片机 SPI 接口的数据通信过程。

3. 简述 SPI 串口用途。

4. 请列出与 SPI 功能有关的特殊功能寄存器并加以说明。

5. SPI 功能怎样进行配置？

6. SPI 在应用中要注意什么？

参 考 文 献

[1] 丁向荣. 单片机原理与应用项目教程[M]. 北京：清华大学出版社，2015.

[2] 李珍. 单片机应用技术项目式教程[M]. 北京：清华大学出版社，2015.

[3] 李文华. 单片机应用技术[M]. 北京：人民邮电出版社，2016.

[4] 王静霞. 单片机应用技术[M]. 北京：电子工业出版社，2015.

[5] 王玉民. 单片机应用技术[M]. 北京：高等教育出版社，2014.